Die Schatten der Schöpfung

Im Gedenken an Andrej Sacharow und Yakov Zeldovich

Michael Riordan David N. Schramm

Die Schatten der Schöpfung

Dunkle Materie und die Struktur des Universums

Aus dem Amerikanischen
von Steffen Pauly

Mit 66 Abbildungen

Spektrum Akademischer Verlag Heidelberg · Berlin · New York

Anschrift des Übersetzers:

Dr. Steffen Pauly
Im Weiher 79
W-6900 Heidelberg

Originaltitel: The Shadows of Creation. Dark Matter and the Structure of the Universe.
Aus dem Amerikanischen übersetzt von Steffen Pauly

Erstausgabe der amerikanischen Ausgabe bei W. H. Freeman and Company, New York, 1991

Die Deutsche Bibliothek – CIP-Einheitsaufnahme

Riordan, Michael:
Die Schatten der Schöpfung : dunkle Materie und die Struktur des Universums /
Michael Riordan & David N. Schramm. Mit einem Vorw. von Stephen W. Hawking.
Aus dem Amerikan. übers. von Steffen Pauly. – Heidelberg ; Berlin ; New York :
Spektrum, Akad. Verl., 1993
Einheitssacht.: The shadows of creation <dt.>
ISBN 3-86025-067-1
NE: Schramm, David N.:

Lektorat: Peter Ackermann
Produktion und Umschlaggestaltung: Susanne Tochtermann
Satz: H&S Team für Fotosatz GmbH, Heidelberg
Druck und Verarbeitung: Druckerei und Verlag Bitsch GmbH, Birkenau

Spektrum Akademischer Verlag Heidelberg · Berlin · New York

EIN VERLAG DER SPEKTRUM FACHVERLAGE GMBH

Gedruckt auf umweltfreundlichem Papier

Inhalt

Vorwort

Ich war auf der High School, als ich das erste Mal hörte, daß das Licht von entfernten Galaxien zum roten Ende des Spektrums verschoben sei. Dies bedeute, wurde mir gesagt, daß die Galaxien sich von uns fortbewegen und daß sich das Universum ausdehnt, aber ich glaubte es nicht. Ich dachte, es müsse irgendeine andere Erklärung für die Rotverschiebung des Lichtes geben. Vielleicht wurde das Licht müde und röter, wenn es diese große Entfernung zurücklegt. Ein im wesentlichen statisches Universum schien viel natürlicher als ein expandierendes. Wohin expandierte es, und was hätte die Expansion auslösen können?

Es gibt allerdings einen guten Grund, warum das Universum nicht statisch sein sollte. Das 1687 von Newton vorgeschlagene Gesetz der allgemeinen Schwerkraft besagt, daß jeder Körper im Universum jeden anderen Körper anzieht. Daraus ergibt sich, daß wenn diese Körper zu einer Zeit relativ zueinander ruhen, sie anfangen, aufeinander zuzufallen. Das mag sich so anhören, als ob die Schwerkraft dafür sorgt, daß alles im Universum dichter zusammenrückt, statt sich weiter wegzubewegen. Man könnte jedoch genausogut annehmen, daß Objekte im Universum sich voneinander fortbewegen, aber daß die Rate der Trennung durch die Schwerkraft verlangsamt wird. Das Entscheidende ist, daß sich das Universum entweder ausdehnen oder zusammenziehen muß. Es kann nicht statisch bleiben, wenn die Schwerkraft anziehend wirkt.

Nach unserem Verständnis des frühen Universums sollten sich Objekte mit einer Rate auseinanderbewegen, die gerade schnell genug ist, daß die Schwerkraft sie nie ganz zum Halten bringen und wieder zusammenfallen lassen kann. Aber sie sollten sich kein bißchen schneller als mit dieser kritischen Rate voneinander wegbewegen, die von der Menge der Materie im Universum abhängen wird.

Wir können die Rate messen, mit der sich Objekte auseinanderbewegen, aber die Menge der Materie, die wir im Universum sehen können, reicht nicht aus, um diese Ausdehnungsrate wesentlich zu verlangsamen. Also gibt es zwei Möglichkeiten; entweder ist unser Verständnis des sehr frühen Universums völlig falsch, oder es gibt eine andere Form der Materie im Universum, die wir nicht nachweisen konnten. Die zweite Möglichkeit scheint wahrscheinlicher, aber die nötige Menge der fehlenden „dunklen" Materie ist gewaltig; sie beträgt etwa das Hundertfache der Materie, die wir direkt beobachten können. Dieses Buch dreht sich um die fehlende Materie und die Formen, die sie annehmen könnte. Es erzählt von der Suche nach dem größten Teil des Universums; der Teil, den wir tatsächlich sehen können, ist nur die Spitze eines Eisbergs, um ein anderes Bild zu verwenden. Was kann dieser unsichtbare Bestandteil sein? Sind es Schwarze Löcher oder eine neue und unbekannte Art von Elementarteilchen? Die Suche nach 99 Prozent des Universums ist eröffnet.

Stephen Hawking 2. Mai 1990

1. Das Universum des Urknalls

Eines späten Abends im Jahr 1979 machte Alan Guth eine Entdeckung, die den Lauf der modernen Physik ändern sollte. Vor kurzem hatten die Verbindungen zwischen Elementarteilchen, den kleinsten Dingen am Grunde des Seins, und der Kosmologie, dem Studium der größten vorstellbaren Strukturen, die Neugier des 32jährigen Wissenschaftlers am Stanford Linear Accelerator Center in Menlo Park (Kalifornien) geweckt. Was er von seinen Gleichungen in dieser dunklen Dezembernacht erfuhr, setzte eine Kette von Ereignissen in Bewegung, die letztlich unsere Ideen vom gesamten Universum umkrempeln sollte.

Guth versuchte ein verzwicktes Problem zu lösen, das damals eine seltsame Gruppe von Wissenschaftlern ärgerte, die diese beiden Disziplinen zu verkuppeln suchten. Wenn ihre Ideen richtig waren, dann hätten äußerst schwere Teilchen (magnetische Monopole genannt) in ungeheurer Menge vorhanden sein sollen. Das Universum hätte nur so davon *wimmeln* sollen, aber tatsächlich war nicht ein einziges davon je beobachtet worden. Nicht eines.

Was Guth in dieser schicksalsträchtigen Nacht erreichte war, einen natürlichen Weg zu finden, um diese unerwünschten Teilchen verschwinden zu lassen und dadurch den beunruhigenden Widerspruch aufzulösen. Wenn das Universum unmittelbar nach seiner Geburt in bestimmter Weise explodiert wäre, dann wäre der Raum zu solch enormen Ausmaßen angeschwollen, daß diese schwerfälligen Teilchen praktisch nicht existent wären. Nur einige wenige Verirrte würden in all den Billionen von Billionen Kubiklichtjahren übrigbleiben, die von der Erde aus sichtbar sind. Kein Wunder, daß niemand je welche gefunden hatte!

Das war jedoch nur der Anfang. Guths Urexplosion, die er „Inflation" nannte, nach dem hartnäckigen Geldproblem der 70er Jahre, machte eine Menge anderer Dinge klar. Die Inflation fand ein empfängliches Publikum unter den Physikern, die an der Kosmologie arbeiteten; sie wurde beinahe über Nacht zum Evangelium.

Die Inflation hatte auch eine verblüffende, unausweichliche Konsequenz. Wenn sie der Wahrheit entsprach, dann mußte es im Universum viel mehr Materie geben, als irgend jemand sich vorher hatte vorstellen können. Beinahe *hundertmal* mehr als die Astronomen mit ihren Teleskopen sehen konnten!

Während der siebziger Jahre mehrten sich die Zeichen, daß etwas am Himmel nicht stimmte. Mehr Materie schien in den Tiefen des Raumes zu lauern, als sich dem Auge offenbarte: Ein Stoff, der irgendwie nicht leuchtete, aber dennoch einen Einfluß darauf hatte, wie sich Sterne bewegten und Galaxien wirbelten. „Dunkle Materie", wie sie alsbald genannt wurde, schien eine unsichtbare Reisende in der großen, gähnenden Leere des Raumes zu sein.

Bis zum Meilenstein der Guthschen Entdeckung konnten sich jedoch nur wenige Wissenschaftler vorstellen, daß es so *viel* dunkle Materie geben könnte. Untersuchungen der himmlischen Häufigkeit leichter Elemente – Wasserstoff, Helium und Lithium – setzten eine klare Grenze. Wenn die dunkle Materie aus normalen Atomen bestünde, wie wir sie auf der Erde finden, dann könnte es vielleicht zehn- oder fünfzehnmal soviel wie von der im Universum sichtbaren Materie geben, aber nicht mehr. Hundertmal soviel kam überhaupt nicht in Frage.

Inflation bedeutete also, daß der überwiegende Teil der Materie im Universum – 90 Prozent davon oder mehr – absolut und vollständig verschieden von dem Stoff ist, auf dem wir laufen, mit dem wir essen und den wir atmen. Diese exotische dunkle Materie gibt kein Licht ab und verschluckt es nicht, ja sie reflektiert das Licht nicht einmal. Sie kann nicht aus den Atomen und Molekülen bestehen, die die meisten von uns für selbstverständlich halten. Und sie könnte der gewöhnlichste Stoff des Universums sein. *Wir* sind diejenigen, die aus ungewöhnlichem Zeug gemacht sind.

Diese dramatische Erkenntnis hatte sich aus einer Quasi-Revolution der Kosmologie entwickelt, die sich seit Mitte der sechziger Jahre ereignet hatte. Viele Beobachtungen und Versuche lieferten eine überwältigende Unterstützung für eine Geschichte der Schöpfung – die des Urknalls oder des Big Bang –, der die meisten Wissenschaftler heute zustimmen. Sie unterscheiden sich vielleicht bei den genauen Einzelheiten, aber beinahe alle würden bejahen, daß unser Universum mit einem ungeheuren Ausbruch vor etwa 10 bis 20 Milliarden Jahren begann. In diesem Moment wurden seine gesamte Materie und Energie geboren; sogar Raum und Zeit entstanden.

Vielleicht das größte Rätsel, das in diesem Bild eines Urknalls des Universums bleibt, ist die Frage der dunklen Materie. Vorher gedacht als ein leeres Nichts, abgesehen von verstreuten sichtbaren Sternen, Gasen und Staub, scheint der Raum nun mit einem unbeschreiblichen Nebel gefüllt zu sein, der weite Teile seiner riesigen Ausdehnung durchdringt.

Was ist dunkle Materie? Wie entstand sie? Und wie beeinflußt sie die sichtbaren Objekte des Universums? Dies sind die Fragen, die heute die Neugier von Physikern und Kosmologen wecken.

* * *

Kosmologen früherer Zeitalter hatten wiederholt Schwierigkeiten mit der Leere. Etwas im menschlichen Herzen schreckt vor dem Gedanken an ein absolutes Nichts zurück. In ihren unablässigen Anstrengungen, eine vernünftige Ordnung im scheinbaren Chaos des Himmels auszumachen, haben die Menschen sich auf unsichtbare Wesen oder Stoffe berufen, die hinter der sichtbaren Fassade des Seins lauern. Etwas *anderes* mußte draußen im Raum sein, das die leuchtenden Kugeln stützt und ihre Bewegungen bestimmt sowie die Muster, denen sie folgen.

Für primitive Kulturen beherbergte der Nachthimmel unsichtbare Wesen und Einflüsse, die nach ihrer Vorstellung das irdische Geschehen lenkten. Alle möglichen Arten von Göttern und Geistern bewohnten, wie man annahm, diese Dunkelheit und offenbarten ihre Gegenwart nur durch diverse Konstellationen, die sich über die antiken Himmel erstreckten.

Die kultivierteren Griechen stellten sich ihre Himmel als ein Königreich überirdischer Perfektion vor, voll von einer vollkommenen Substanz, genannt Äther. Ein ganz anderer Stoff als ihre vier grundlegenden Elemente – Erde, Luft, Wasser und Feuer – war der Äther für sie eine ewige, unveränderliche Flüssigkeit, eine „fünfte Substanz“, in der Sonne, Mond, Planeten und Sterne ihre geordneten Bahnen zogen. Aristoteles kristallisierte den Äther und machte daraus einen Feststoff statt einer Flüssigkeit. Er lehrte, daß alle Himmelskörper sich um die Erde auf majestätischen Sphären aus hartem, durchsichtigem Kristall drehten.

Der im zweiten Jahrhundert nach Christus in Alexandria wirkende Astronom Claudius Ptolemäus ging noch einen Schritt über Aristoteles' kristallene Sphären hinaus.

Um die etwas ungleichmäßige, wandernde Bewegung der Planeten zu erklären, fügte er kleinere Sphären hinzu, die auf den größeren rollten, welche die Erde umgaben. Die Planeten bewegten sich auf diesen kleineren Sphären in Bahnen, die „Epizykel" und „exzentrische Bahnen" genannt wurden. Ptolemäus' Modell des Universums stimmte mit den beobachteten Bewegungen der Planeten erstaunlich gut überein – so gut sogar, daß seine Ideen im Mittelmeerraum über tausend Jahre vorherrschten.

Im Jahre 1543 veröffentlichte der polnische Astronom Nikolaus Kopernikus schließlich sein Meisterwerk, *De Revolutionibus*, in dem er ein heliozentrisches Modell des Universums beschrieb – eines, in dem sich die Planeten um die Sonne und nicht um die Erde drehten. Seine Tat, die Menschheit aus dem Zentrum des Universums zu entfernen, fast im gesamten christlichen Europa als ketzerisch angesehen, hatte gewaltige theologische und philosophische Folgen. Das Buch wurde für über ein Jahrhundert zum Brennpunkt einer Kontroverse zwischen weltlichen und kirchlichen Autoritäten.

Mit einer finanziellen Unterstützung, die einen modernen Wissenschaftler neidisch macht, baute der dänische, adlige Astronom Tycho Brahe die genauesten Beobachtungsinstrumente, die es gegen Ende des 16. Jahrhunderts vor der Erfindung des Fernrohrs gab. Die riesige Menge präziser Daten, die er über die Bewegung der Planeten sammelte, wurde schließlich von seinem Assistenten Johannes Kepler verwendet, um eine Variante des kopernikanischen Modells des Universums zu entwickeln. In dieser Version bewegten sich die Planeten entlang elliptischer Bahnen anstatt auf den idealen, vollkommenen Kreisen, die für Jahrhunderte von den alten Griechen und ihren geistigen Erben hochgehalten worden waren. Kepler benutzte Brahes Werte auch, um zwei andere empirische Gesetze der Planetenbewegung zu entwickeln.

Die tiefere, zugrundeliegende physikalische Erklärung für Keplers empirische Gesetze wurde von der folgenden Generation der Wissenschaftler und Philosophen des 17. Jahrhunderts aufgedeckt. In diesem Zeitalter, dem Zeitalter der Aufklärung, wurde die wissenschafliche Methode geboren. 1687 gab Isaac Newton, ein einsiedlerischer, mystischer englischer Physiker und Mathematiker, der an der Universität Cambridge tätig war, sein Prinzip der universellen Schwerkraft bekannt, das auf den Keplerschen Gesetzen beruht. Die Kraft der *Gravitation* war es, was die Planeten dazu brachte, ihren elliptischen Bahnen um die Sonne zu folgen.

Newton und andere führende Wissenschaftler seiner Zeit tauschten praktisch die kristallenen Sphären des Aristoteles und Ptolemäus gegen ein leeres Nichts ein. Der Raum zwischen den Himmelskörpern wurde völlig frei. Was diese Kugeln oben hielt und ihre Bewegungen bestimmte, war nicht eine Substanz wie der Äther, sondern eine universelle Kraft. Newtons Gravitationsgesetz gab nicht nur einen vollständigen Rahmen ab, in dem sich die Bewegungen der Planeten um die Sonne verstehen ließen, sondern auch die der Monde um die Planeten; Äpfel, die vom Baum herabfallen, und schließlich auch Galaxien, die sich umeinander bewegen – alles in einem leeren Raum.

Im 19. Jahrhundert gab es für den Äther ein kurzes Comeback als ein alles durchdringendes Medium, durch das Lichtwellen als schnelle Schwingungen rasten. Der lichtfortpflanzende Äther, wie er genannt wurde, war ein phantastischer Stoff – leichter als Luft und steifer als Stahl. Er entstand in einer Theorie, die von dem schottischen Physiker James Clerk Maxwell entwickelt wurde, der Elektrizität und Magnetismus zu einer einzigen, einheitlichen „elektromagnetischen" Kraft verband. Eine Folgerung aus Maxwells berühmten Gleichungen war die Existenz von elektromagnetischen Wellen, von denen Licht eine Form darstellt. Aber worin bewegten sich diese Wellen? Weil eine Welle eine Störung ist, wie die Kräuselungen auf der Oberfläche eines Teiches, mußte es eine Art Medium geben (wie das Wasser im Teich), das Schwingungen ausführte, während die Lichtwellen hindurch wanderten, so stellten es sich die Physiker Ende letzten Jahrhunderts vor. So wurde der Äther geboren – ein allgegenwärtiges Medium, das angeblich Licht übertrug.

Aber wiederholte Versuche, diesen Äther unmittelbar nachzuweisen, endeten mit Fehlanzeigen. 1905 zeigte Albert Einstein schließlich, daß er völlig unnötig war. Seine Spezielle Relativitätstheorie gestattete es dem Licht, ohne Anstrengung auf ewig durch den leeren Raum zu reisen; diese Theorie verbannte auch die absolute Länge und Zeit aus dem Universum. Der Raum wurde wieder zur Leere, nur mit leuchtenden Klumpen, genannt Sterne (und großen Schwärmen davon, genannt Galaxien), sehr spärlich gefüllt.

Während der letzten 20 Jahre jedoch wuchs unter den Wissenschaftlern wieder der Verdacht, daß „da draußen" sehr viel mehr *ist* als die dünne Konzentration an leuchtenden Objekten, die in den Fernrohren sichtbar ist. Der Raum wird nicht länger als ein leeres, gestaltloses Nichts angesehen. Er scheint stattdessen eine Art unsichtbarer, fast unbeschreiblicher Substanz zu enthalten, die sehr wohl den Großteil der Materie im Universum darstellen könnte. So seltsam ist diese dunkle Materie jedoch, daß es anmaßend sein könnte, sie überhaupt „Materie" zu nennen. Sie ist der Äther von heute.

* * *

Bis in die zwanziger Jahre dieses Jahrhunderts dachten die meisten Astronomen und Kosmologen, daß das Universum ein statisches Gebilde sei, das nur aus den Sternen besteht, die unsere eigene Galaxie, die Milchstraße, bilden. Dieses schlichte Bild wurde plötzlich von dem zentralen Werk Edwin Hubbles zerstört. Der meisterliche Basketballer und Rhodes-Stipendiat Hubble, der die Juristerei verlassen hatte, um sich an der Universität Chicago mit Astronomie zu beschäftigen, zeigte, daß fadenscheinige himmlische Objekte, damals „Nebel" genannt, in der Tat *außerhalb* der Milchstraße lagen. Sie sind selbst gesonderte Galaxien, riesige Klumpen und Wirbel, die viele Millionen Sterne enthalten. Bald danach beobachtete er, daß diese Galaxien oft zu „Haufen" gruppiert waren – enorme Archipele, jeder für sich viele Galaxien umfassend.

Während er die hellsten Galaxien dieser Haufen studierte, bemerkte Hubble etwas Merkwürdiges an dem Licht, daß sie aussandten. Abhängig von der Temperatur der Oberfläche, emittiert ein Stern ein charakteristisches Spektrum elektromagnetischer Strahlung, das im sichtbaren Bereich ein Maximum hat. Die Sonne, zum Beispiel, scheint leicht gelblich, weil ihr Spektrum ein Maximum bei Wellenlängen hat, die gelbem Licht entsprechen. Aber das Licht einer entfernten Galaxie, beobachtete Hubble, war im allgemeinen zum roten Teil des Spektrums verschoben, zu größeren Wellenlängen. In anderen Worten: der Abstand zwischen aufeinanderfolgenden Wellenbergen hatte zugenommen – als ob die Lichtwellen während ihrer langen Reise zur Erde irgendwie gestreckt worden waren, wie eine auseinandergezogene Sprungfeder.

Das Ausmaß, in dem sich die Lichtwellenlängen einer Galaxie veränderten, ihre „Rotverschiebung" genannt, bot Hubble eine Möglichkeit, die Geschwindigkeit der Galaxie zu messen. (Die Polizei nutzt ein ähnliches Prinzip bei Radarkontrollen.) Ein ruhendes Atom wird Licht bei einer Gruppe von charakteristischen Wellenlängen emittieren oder absorbieren, die seine „Atomlinien" genannt werden. Natrium, zum Beispiel, hat zwei deutliche gelbe Linien in seinem Emissionsspektrum. Hubble und seine Mitarbeiter maßen die Wellenlänge der Atomlinien im Licht entfernter Galaxien und fanden, daß sie fast immer *länger* waren als die der ruhenden Atome, wie sie im Labor beobachtet werden.

Solche Rotverschiebungen bedeuten eine Bewegung hoher Geschwindigkeit der Lichtquelle *weg* von unserer eigenen Galaxie. (In gleicher Weise ist der Pfeifton eines Zuges, der sich von uns wegbewegt, tiefer, zu größeren Wellenlängen verschoben.) Hubbles detaillierte Untersuchungen deuteten daraufhin, daß die Rotverschiebung mit zunehmender Entfernung der Galaxie größer wurde, eine Tatsache, die er 1929 in einer berühmten Arbeit veröffentlichte. Je tiefer er ins Weltall schaute, desto schneller schienen die Galaxien vor der Milchstraße zu flüchten. Das Universum dehnte sich aus.

Der schwierigste Teil der Hubbleschen Analyse war es, die Entfernung zu einer anderen Galaxie oder zu einem Haufen genau zu bestimmen. Auf der Erdoberfläche bestimmen wir Entfernungen mit Bandmaßen und Triangulation. Wir können die Entfernung zur Sonne oder zu den Planeten genau messen, indem wir die Zeit bestimmen, die ein Radarpuls braucht, um dort abzuprallen und zur Erde zurückzukommen – und dann dieses Zeitintervall mit der Lichtgeschwindigkeit multiplizieren. Aber sogar die benachbarten Sterne sind zu weit entfernt, um Radar einzusetzen, und nur zu den nächstgelegenen Sternen kann die Entfernung durch Triangulation bestimmt werden, wobei die scheinbare Verschiebung ihrer Position benutzt wird, die bei der Umkreisung der Sonne durch die Erde auftritt. Was die Galaxien anbetrifft, sind diese Techniken hoffnungslos.

Um diese Beschränkungen zu überwinden, baute Hubble eine Entfernungsskala auf, die auf der wahren Helligkeit einiger sehr heller Sterne beruht. Diese werden

Albert Einstein und Edwin Hubble im Jahre 1930. Einstein blickt durch das 2,5-Meter-Teleskop auf dem Mount Wilson, mit dem Hubble entdeckte, daß sich die Galaxien von der Milchstraße wegbewegen.

„veränderliche Cepheiden" genannt und sind in benachbarten Galaxien wie dem Andromedanebel (auch als M31 bekannt) zu sehen. Indem er die scheinbare Helligkeit dieser Sterne mit ihrem wahren Wert verglich, konnte er die Entfernung zu den benachbarten Galaxien feststellen. (Eine Lichtquelle erscheint um so schwächer, je weiter entfernt sie ist. Ihre scheinbare Helligkeit nimmt mit dem Quadrat des Abstands ab.) Dies war genau die Methode, die Hubble verwandte, um zu beweisen, daß Spiralnebel wie M31 zu weit weg waren, um Teil der Milchstraße zu sein, und Galaxien für sich sein mußten.

Diese Methode konnte nur für benachbarte Galaxien benutzt werden, in denen die veränderlichen Cepheiden als einzelne Sterne aufgelöst und daher als Bezugspunkte oder „Standardkerzen" verwendet werden konnten. Jenseits einiger Millionen Lichtjahre (ein Lichtjahr ist die Entfernung, die das Licht in einem Jahr zurücklegt, ungefähr 9 Billionen Kilometer) ließ sich dieses Verfahren nicht mehr anwenden, und Hubble mußte zu anderen Methoden Zuflucht nehmen. Um den Abstand zu sehr entfernten Haufen zu bestimmen, benutzte er die hellsten Galaxien in ihnen als Standardkerzen; indem er ihre scheinbare Helligkeit mit einem Standardwert verglich, konnte er ihre Entfernung abschätzen.

In seiner 1929 erschienenen Veröffentlichung zeigte Hubble, daß die Fluchtgeschwindigkeit v eines Haufens proportional zu seiner Entfernung d von der Milchstraße ist, oder $v = Hd$. Die Proportionalitätskonstante H ist heute als „Hubblekonstante" bekannt und gibt die Rate wieder, mit der sich das Universum ausdehnt. Die Gleichung deutet daraufhin, daß die Ausdehnung gleichmäßig in alle Richtungen erfolgt.

Die Hubblekonstante gilt für alle Haufen in der gegenwärtigen Epoche des Universums. Wenn wir jedoch außerordentlich große Entfernungen betrachten, hat das unsere

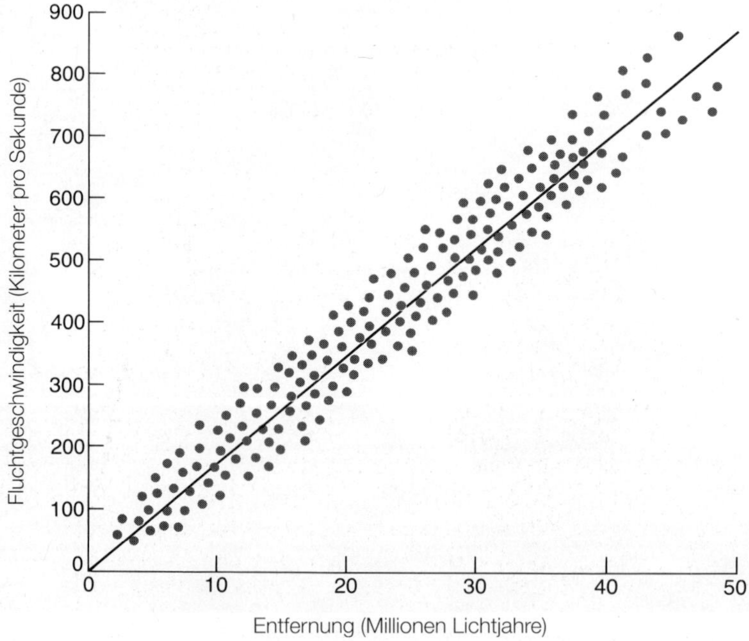

Der lineare Zusammenhang zwischen Fluchtgeschwindigkeit und Abstand einer Galaxie, der 1929 von Hubble entdeckt wurde. Die Steigung der Geraden ist als die Hubble-Konstante H bekannt.

Teleskope treffende Licht so lange gebraucht, um uns zu erreichen, daß wir tatsächlich sehen, wie diese Haufen vor vielen Millionen und sogar Milliarden Jahren aussahen. Daher hat die Hubble-„Konstante", die für jenes Zeitalter bestimmt wird, einen anderen Wert als in der heutigen Zeit (obwohl solch ein Unterschied in der Praxis schwer festzustellen ist). Sie gibt die Rate der Ausdehnung in jener früheren Epoche wieder – eine Rate, die tatsächlich vor Millionen Jahren *schneller* war als heute. Die Ausdehnung des Universums wird langsamer.

* * *

Der nächste wesentliche Fortschritt in der Kosmologie kam in den sechziger Jahren, als die kosmische Hintergrundstrahlung zum erstenmal beobachtet wurde. Dieses sanfte, allgegenwärtige Glühen der Mikrowellenstrahlung wurde 1964 zufällig von Arno Penzias und Robert Wilson entdeckt, die damals im Bell Telephone Laboratory in Holmdel, New Jersey, arbeiteten. Die zwei jungen Radioastronomen hatten Zugang zu einer großen, hornförmigen Antenne, die ursprünglich entwickelt worden war, um die ersten Echo- und Telstar-Kommunikationssatelliten zu verfolgen. Während sie versuchten, dieses Gerät den Zwecken der Radioastronomie anzupassen, bemerkten sie das beständige Summen eines Radiorauschens in ihrer Anlage.

Ganz gleich wohin Penzias und Wilson ihr Horn ausrichteten, das Summen war immer da. Und seine Stärke war deutlich über dem spezifizierten Rauschpegel ihrer

Robert Wilson (links) und Arno Penzias, die 1964 die kosmische Hintergrundstrahlung entdeckten. Hinter ihnen steht die Mikrowellenantenne, welche sie für ihre epochale Arbeit einsetzten, die den Lauf der modernen Kosmologie veränderte.

Antenne. Es zunächst nur als störenden „Hintergrund“ betrachtend, verbrachten sie Monate damit, es zu beseitigen, jedoch ohne Erfolg. Sie kletterten sogar ins Horn und schrubbten einige stinkende Hinterlassenschaften der Tauben weg, die sich dort angesammelt hatten. Dennoch blieb das Summen. Dieses „Rauschen“ verhielt sich genau so wie das Signal einer Mikrowellenstrahlung, die gleichmäßig aus allen Richtungen des Weltalls kam. Es entsprach dem, was ein schwarzer Körper aussendet, der auf eine Temperatur von drei Grad über dem absoluten Nullpunkt, oder drei Kelvin (3 K), abgekühlt ist.

Es war Penzias und Wilson unbekannt, daß dieses gleichmäßige Glühen schon 1948 der spleenige russisch-amerikanische Physiker George Gamow und seine Kollegen Ralph Alpher und Robert Herman vorausgesagt hatten. Sie hatten vorgeschlagen, daß dieses Glühen das Überbleibsel einer äußerst heißen, intensiven Strahlung sein sollte, die freigesetzt worden wäre, wenn das Universum mit einer gewaltigen Explosion begonnen hätte. Während sich das Universum ausdehnte, wäre diese Strahlung auf einige Kelvin abgekühlt, was dem Mikrowellenbereich des elektromagnetischen Spektrums entspräche.

Ungefähr zur gleichen Zeit, zu der Penzias und Wilson sich damit quälten, das „Rauschen“ in ihren Apparaten loszuwerden, begannen die Princetoner Physiker Robert Dicke, James Peebles und David Wilkinson, ihre eigene Radioantenne aufzubauen. Ihr Ziel war es, nach der kosmischen Hintergrundstrahlung zu suchen, die Gamow und seine Kollegen vohergesagt hatten. Nachdem sie von der zufälligen Entdeckung der Bell-Wissenschaftler erfahren hatten, stellten sie schnell ihre Antenne fertig und bestätigten die epochale Entdeckung. Es gab tatsächlich einen sanften Schein einer Mikrowellenstrahlung, einer Temperatur von ungefähr drei Kelvin entsprechend, die gleichmäßig aus allen Richtungen eintraf.

Bis in die frühen sechziger Jahre gab es zwei wesentliche kosmologische Theorien, die versuchten, die Expansion des Universums zu erklären, die Hubble in den Zwanzigern beobachtet hatte. Die „Steady-State-Theorie“, Ende der Vierziger von den Astrophysikern der Universität Cambridge Fred Hoyle, Hermann Bondi und Thomas Gold verfaßt, hielt dafür, daß Materie kontinuierlich erzeugt würde, um die gähnende Leere auszufüllen, die nach und nach durch das sich ausdehnende Weltall entstand. Die Big-Bang-Idee, von Gamow und Mitarbeitern vertreten (der Name dafür wurde von Hoyle in einem heiteren Augenblick bei einer BBC-Radiosendung geliefert) behauptete, daß alle Materie und Energie des jetzigen Universums in einem einzigen Augenblick vor Milliarden von Jahren geschaffen worden waren, in einem unermeßlichen, urzeitlichen Feuerball.

Vor Penzias' und Wilsons Entdeckung lagen diese beiden rivalisierenden kosmologischen Theorien gleichauf. Es gab keine überzeugenden Beobachtungstests, die den Wissenschaftlern geholfen hätten, sich für die eine oder andere Theorie zu entscheiden. Aber die kosmische Hintergrundstrahlung war im Rahmen des Steady-State-Universums schwer zu begründen, wohingegen sie eine natürliche Folge des Urknalls war.

Um den Ursprung dieser Strahlung besser zu verstehen, beachten Sie, daß jedes ausgedehnte Stück Materie – wie Ihr eigener Körper, die Wand eines Zimmers oder die Sonne – durch eine charakteristische Temperatur beschrieben werden kann. Diese Temperatur ist 37 Grad Celcius für Ihren Körper, ungefähr 20 Grad für die Wand und etwa 5000 Kelvin für die Oberfläche der Sonne. Als das Universum während des Urknalls zu einem dichten Plasma zusammengequetscht war, hatte es auch seine eigene, charakteristische Temperatur. Jedes einzelne Objekt hat heute natürlich eine andere Temperatur, aber damals in der fernen Vergangenheit gab es nur eine einzige, gleichmäßige Temperatur für das ganze Universum.

Ein Objekt mit einer charakteristischen Temperatur gibt ein besonderes Spektrum elektromagnetischer Strahlung ab, das nur von dieser Temperatur abhängt. Je heißer der Körper, desto höher die Frequenz und desto kürzer die Wellenlänge der ausgesandten elektromagnetischen Wellen. Erhitzen Sie einen Schürhaken im Kaminfeuer, und er wird rot zu glühen anfangen, dann gelb und schließlich weiß, während er heißer und heißer wird.

Weil jedwede Strahlung, die von dem dichten, heißen Plasma des Urknalls emittiert wurde, niemals das Universum verlassen konnte, muß sie immer noch durch den Weltraum ziehen. Auch wenn die scheinbare Temperatur dieser Strahlung sich abgekühlt haben könnte, weil die Hubble-Expansion die kurzen Wellenlängen zu längeren gestreckt hat, muß sie dennoch weiterhin existieren. Weil die Energie erhalten bleibt, konnte die Strahlung nicht einfach verschwinden. Dies ist im wesentlichen das Argument, das Gamow und seine Kollegen vorbrachten, aber das war beinahe 20 Jahre, bevor Penzias und Wilson einen Hinweis auf die übriggebliebene Strahlung fanden – ein schwacher Rest der kolossalsten Explosion, die je stattfand.

Weitere Beweise für den Urknall begannen sich Mitte der sechziger Jahre anzusammeln. Ungefähr zum Zeitpunkt von Penzias' und Wilsons Entdeckung bewiesen Hoyle, Peebles und andere Wissenschaftler, daß so eine heiße urzeitliche Explosion etwa ein Viertel der Masse im bekannten Universum zu Helium gebacken hätte, das leichteste Element nach dem Wasserstoff. Die natürliche Häufigkeit dieses Elements, die von den Astronomen beobachtet wurde, kam der Vorhersage sehr nahe und verlieh der Idee des Urknalls zusätzliche Unterstützung.

In der Steady-State-Kosmologie war das Universum niemals dichter als es heute ist, so daß der einzige Weg, schwerere Elemente aus Wasserstoff aufzubauen, der des thermonuklearen Brennens in den Kernen der Sterne gewesen wäre. In der Sonne, zum Beispiel, werden Wasserstoffatome ständig zu Heliumatomen zusammengeschmolzen, wobei Energie frei wird. Letztendlich verschmilzt das Helium selbst zu Kohlenstoff und Sauerstoff. Solches thermonukleares Brennen in massiven Sternen erzeugt den Großteil der schweren Elemente, vom Kohlenstoff und Sauerstoff bis hin zum Eisen. Aber die Summe all dieser Elemente, die schwerer als Helium sind, macht nur ungefähr zwei Prozent der sichtbaren Masse des Universums aus. Folglich ist es sehr unwahrscheinlich, daß das thermonukleare Brennen in den Sternen jemals soviel eines einzelnen Elements wie Helium erzeugt hätte (das fast 25 Prozent der beobachtbaren Masse des Universums beiträgt).

Die verbleibenden Verfechter der Steady-State-Kosmologie hatten ein letztes Argument gegen den Urknall. Sie bemerkten ganz richtig, daß die kosmische Hintergrundstrahlung eine besondere Form des Spektrums haben mußte, entsprechend der Strahlung, die ein schwarzer Körper aussendet. Dies ist ein idealer Körper, der jedwede Strahlung absorbiert, aber keine reflektiert. Solch ein Schwarzkörper-Spektrum, das von Gamow vorhergesagt worden war, hätte ein Maximum bei einer Wellenlänge von etwa einem Millimeter. In den sechziger Jahren waren die einzigen verläßlichen Messungen nur bei größeren Wellenlängen gemacht worden, bei denen die Strahlung die Atmosphäre durchdringen und Antennen auf dem Boden erreichen konnte.

Bis 1974 war jedoch die kosmische Hintergrundstrahlung bei vielen verschiedenen Wellenlängen aufgenommen worden. Besonders wichtig bei dieser Anstrengung war die Arbeit von Paul Richards an der University of California in Berkeley. Mit ballongetragenen Radioantennen, die bis hoch in die Stratosphäre aufstiegen, konnte er die Mikrowellenstrahlung bei Wellenlängen messen, die von der Erdatmosphäre verschluckt werden. Andere setzten ihre Antenne in hochfliegende Jets und ballistische Raketen. Diese Beobachtungen in großen Höhen bestätigten schließlich, daß das

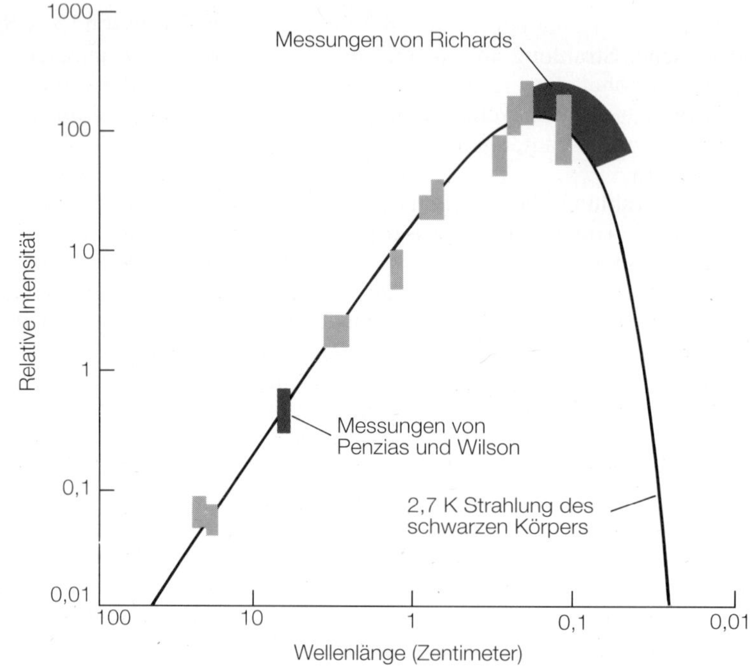

Spektrum der kosmischen Hintergrundstrahlung, wie es bis Mitte der siebziger Jahre gemessen worden war. Das Spektrum hat ein Maximum bei einer Wellenlänge von etwa einem Millimeter (0,1 Zentimeter) und hat die Form des Spektrums eines schwarzen Körpers bei 2,7 Kelvin.

genaue Spektrum der Hintergrundstrahlung tatsächlich bei einem Millimeter ein Maximum und die nötige Gestalt für schwarze Körper hatte. Die Urknall-Kosmologie hatte Bestand. Steady-State-Ideen gerieten in Vergessenheit.

* * *

Die beständige „Hubble-Expansion" des Universums hatte gewaltige Folgen für die Kosmologie. Um das Phänomen besser zu verstehen, stellen Sie sich das Universum als riesige Masse eines Rosinenbrotteigs vor, der in einem enormen Ofen gebacken wird. Die Rosinen, die im Teig verstreut sind, sollen die einzelnen Haufen von Galaxien darstellen. Während der Teig aufgeht, entfernen sich die Rosinen voneinander. Je weiter die Rosinen auseinander sind, desto mehr Teig haben sie zwischen sich, der sich in der Hitze ausdehnt, so daß sie sich um so schneller voneinander entfernen. Das ist genau das, was wir im Universum erleben; ersetzen Sie die Rosinen durch Haufen von Galaxien und denken Sie sich den Teig als das Gefüge des Weltraums selbst, das sich streckt und ausdehnt, seit die Zeit begann.

Ein wichtiger Aspekt dieser Art von Expansion ist die Tatsache, daß Formen und Anordnungen *gleich* bleiben, während die Zeit vergeht; sie werden nur größer: Der Brotlaib sieht immer noch aus wie ein Brotlaib, wenn der Teig aufgeht. Bei anderen Arten von Expansion ist das nicht der Fall. Wenn ein Knallfrosch explodiert, zum Beispiel, sieht er aus wie Fetzen von Papier und Rußspuren verbrannten Pulvers – nicht wie ein größerer Knallfrosch. Solch eine Expansion folgt dem Hubbleschen Gesetz nicht, das besagt, daß die relative Geschwindigkeit zwischen zwei einzelnen

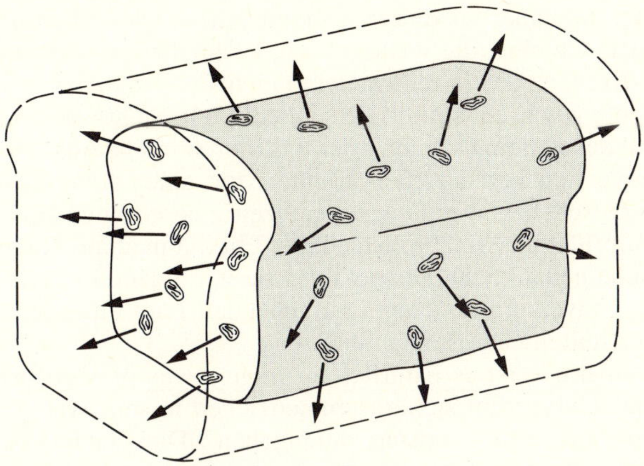

Ein „Rosinenbrot"-Modell des Universums. Beim Aufgehen des Teigs bleibt die gleiche allgemeine Anordnung erhalten, während sich die Rosinen beständig voneinander wegbewegen. Je weiter zwei Rosinen voneinander entfernt sind, desto schneller trennen sie sich.

Objekten, seien es Rosinen oder Haufen, immer proportional zu ihrem Abstand voneinander sein muß. Die Hubble-Expansion ist eine sehr sanfte, gleichmäßige Ausdehnung, frei von Turbulenzen.

Nun nehmen wir an, wir möchten in die Zeit *zurück*blicken und sehen, wie das Universum zu früheren Zeitpunkten aussah. Tatsächlich tun Sie das jedesmal, wenn Sie in die Tiefen des Weltalls schauen. Das Licht, das heute von einer benachbarten Galaxie wie M31 ankommt, brauchte Millionen von Jahren, um die Erde zu erreichen. Dieses Licht bringt Informationen, was in der Galaxie zu unserer prähistorischen Zeit passierte, als dieses altehrwürdige Licht ausgesandt wurde. Mit einem starken Teleskop können wir Blicke *Milliarden* von Jahren in die Zeit zurück werfen, indem wir die schwachen Lichtreste aufnehmen, die vor langer Zeit die entferntesten Objekte verließen, welche heute sichtbar sind.

In einem Urknalluniversum gibt es jedoch eine Grenze, wie weit wir sehen können, genannt unser „Horizont". Wir können nur so weit sehen, wie das Licht in den schätzungsweise 15 Milliarden Jahren gewandert ist, die seit der Abkühlung des urzeitlichen Feuerballs vergangen sind. (Die Zeit, wie wir sie kennen, *begann* übrigens erst mit dem Urknall.) Wenn wir in Gedanken eine Kugelschale um unsere Galaxie zeichnen, mit einem Radius gleich dieser Entfernung – etwa 15 Milliarden Lichtjahre –, stellt diese Kugelschale unseren Horizont dar. Ein Beobachter in der Milchstraße kann nur Ereignisse wahrnehmen, die *innerhalb* dieser Kugelschale passieren, nicht außerhalb.

Jeder Beobachter im Universum hat einen ähnlichen Horizont. Um dies zu verstehen, stellen Sie sich jede einzelne Rosine in unserem Teigklumpen als von einer gedachten Kugel umgeben vor, jede mit dem gleichen Radius. Während die Zeit vergeht, dehnt sich der Teig aus und die Horizontkugeln wachsen auch, jede mehr Rosinen und mehr Teig umfassend. Dieses Konzept eines Horizonts ist einzigartig für die Urknall-Kosmologie. (Horizonte hätten keine Bedeutung in der Steady-State-Kosmologie, weil sie keinen Ursprung der Zeit besitzt.)

Im frühen Universum war die Entfernung zum Horizont viel kürzer als heute. Als es nur ein Jahr alt war, zum Beispiel, konnte das Licht nur ein einziges Lichtjahr zurückgelegt haben, so daß der Horizont damals ein Lichtjahr entfernt war. Zwei beliebige Objekte, die näher als dieser Abstand waren, wären miteinander in Verbindung gewesen. Alle Objekte, die weiter als ein Lichtjahr voneinander entfernt waren, konnten von der Existenz des jeweils anderen nichts wissen. Aber als die Zeit verging und diese Horizonte wuchsen, kamen sie schließlich in Sichtweite voneinander.

Stellen Sie sich desweiteren vor, daß wir uns (durch irgendein unergründliches Mittel) aus dem Universum herausziehen könnten, um einen Aussichtspunkt zu haben, von dem wir das Geschehen aller Dinge gleichzeitig beobachten können. Natürlich ist das absurd. Es entpricht unserem vollständigen Entkommen aus Raum und Zeit. Aber es ist eine nützliche gedankliche Perspektive, die wir eigentlich schon benutzt haben, als wir von dem Universum als einem aufgehenden Laib eines Rosinenbrotes sprachen, mit darin verteilten Galaxienhaufen.

Aus dieser Perspektive ist es natürlich zu fragen, was passiert, wenn wir die Zeit umkehren und das Universum sich zusammenziehen lassen. Was passiert, wenn der Laib plötzlich zusammenfällt, anstatt aufzugehen? Die Galaxienhaufen (Rosinen) kommen sich näher und näher, bis sie anfangen, sich zu berühren und zu überlappen. Alles wird heißer und heißer, weil die gleiche Gesamtmenge an Energie in einem kleiner und kleiner werdenden Volumen zusammengedrängt wird. Die Dichte der Materie nimmt mit abnehmendem Volumen ständig zu.

Schließlich wird alles so heiß und so dicht, daß die Materie aufbricht in eine brodelnde Brühe subatomarer Teilchen, die Physiker ein „Plasma" nennen, in dem Kern- und Elementarteilchenphysik bestimmend sind . Dies ist genau das, was mit dem Universum in den ersten Minuten seines Daseins passierte. Im frühesten Bruchteil einer Sekunde, vermuten wir, entstanden der gesamte Raum und die Zeit, alle Energie und Materie aus vollkommen symmetrischen Bedingungen, die wir heute nur in abstrakten mathematischen Gleichungen erleben können.

Die Geschichte des Universums war vom frühesten Zeitpunkt an durch ständig wachsende Asymmetrie und zunehmende Komplexität geprägt. Während der Weltraum sich ausdehnte und die Temperatur sich abkühlte, begannen sich Teilchen anzusammeln und Strukturen fingen an, sich aus diesem ultraheißen, gestaltlosen Plasma zu formen. Schließlich entstanden Haufen und Galaxien, Sterne, Planeten und sogar das Leben selbst. Zumindest in einer Ecke, wo die Bedingungen ideal waren, entwikkelten sich intelligente Wesen bis zu dem Punkt, wo sie beginnen konnten, diese phantastischen Ursprünge zu begreifen. Vor allem anderen ist das Universum des Urknalls ein *evolutionäres* Universum voller Entwicklungsmöglichkeiten.

* * *

Trotz seiner geordneten Hubble-Expansion hat das Universum einige bemerkenswerte Veränderungen mitgemacht, seit es vor etwa 15 Milliarden Jahren begann. Als es eine Sekunde alt war, war es gleichmäßig mit subatomaren Teilchen gefüllt – den Elektronen, Protonen und Neutronen, die die gewöhnliche Materie bilden, plus Lichtteilchen, genannt „Photonen". Es gab auch „Positronen" in großer Zahl, die Gegenstücke der Elektronen aus Antimaterie, und riesige Horden äußerst leichter Teilchen, genannt „Neutrinos", von denen wir sehr viel mehr im nächsten Kapitel sagen werden.

Die Temperatur des Universums nach einer Entwicklung von einer Sekunde war ungefähr 10 Milliarden Grad (oder 10^{10} K, in wissenschaftlicher Schreibweise), was ungefähr die Temperatur ist, bei der Atomkerne zerfallen. Dies ist ungefähr tausendmal heißer als der Kern der Sonne, und einemillionmal heißer als ihre Oberfläche.

Die Dichte des Universums – die Gesamtmenge an Materie und Energie in einem gegebenen Einheitsvolumen – war in diesem Moment etwa zehn Kilogramm pro

Kubikzentimeter. Zum Vergleich: Wasser hat eine Dichte von einem, Blei von zehn Gramm pro Kubikzentimeter. Das Universum war im Alter von einer Sekunde also tausendmal dichter als Blei. Ein Stück davon in der Größe eines Tennisballs würde ungefähr so viel wie ein Auto wiegen!

Zu der Zeit, als das Universum einige Minuten alt war, hatten sich alle Neutronen mit den Protonen verbunden, um schwerere Kerne wie Helium zu bilden. Die Positronen hatten den größten Teil der Elektronen vernichtet und dabei noch mehr Photonen erzeugt. Vereinzelte Protonen und Elektronen durchzogen noch dieses glühendheiße Plasma. Die Temperatur war auf einige hundert Millionen Grad gefallen, immer noch viel heißer als der Kern der Sonne, und die Dichte war auf etwa ein hundertstel Gramm pro Kubikzentimeter gesunken (schwerer als Luft, aber leichter als Styropor). Eine große Einkaufstüte voll davon würde weniger als ein Pfund wiegen.

Nicht viel veränderte sich in den nächsten rund hunderttausend Jahren. Das Universum setzte seine beständige Hubble-Expansion fort, allmählich abkühlend bis seine Temperatur wenige tausend Grad erreicht hatte (dies ist ungefähr die Temperatur von schmelzendem Schwefel, die sich christliche Theologen im Mittelalter als Temperatur der Hölle dachten). An diesem Punkt war seine Dichte nur ungefähr ein Milliardstel eines billionstel Gramm pro Kubikzentimeter (oder 10^{-21} g/cm^3), was viel weniger dicht ist als das beste Vakuum, das sich in irdischen Laboratorien erreichen läßt. Ein Ballon von der Größe der Erde, gefüllt mit diesem Zeug, würde um die zwei Tonnen wiegen, etwa soviel wie ein kleiner Lastwagen.

Zu dieser Zeit hatten sich die Elektronen, die das Universum durchflogen, so weit verlangsamt, daß sie von den viel schwerfälligeren Atomkernen eingefangen werden konnten. Es bildete sich ein Gas aus elektrisch neutralen Atomen von Wasserstoff und Helium – plus einer kleinen Spur Lithium, dem nächstleichteren Element. Vor diesem Augenblick war das Universum ein glühendes Plasma wie das innerhalb von Neon-

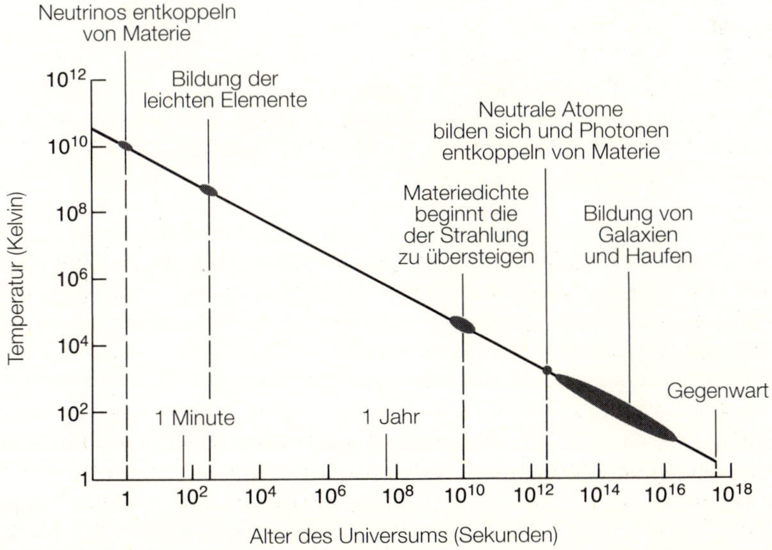

Die zeitliche Entwicklung der mittleren Temperatur des Universums, von dem Moment, in dem es eine Sekunde alt war, bis zum heutigen Tag. Während sich das Universum ausdehnt, fallen sowohl die Temperatur als auch die Dichte ständig.

röhren. Photonen waren in diesem Plasma gefangen, weil sie bereitwillig mit allen geladenen Teilchen in Wechselwirkung standen. Als diese geladenen Teilchen in elektrisch neutralen Atomen gebunden waren, konnten sich die Photonen plötzlich losreißen und überallhin bis ins Unendliche streunen. Äonen später würden Penzias und Wilson schließlich die schwachen Überreste dieser Photonen mit einer Mikrowellenantenne nachweisen und eine Revolution der Kosmologie auslösen.

Als die Hubble-Expansion über diesen Zeitpunkt hinaus weiterging, begannen kleine Materieansammlungen durch Gravitationskräfte aus dem immer dünneren Gas herauszuwachsen. Als das Universum eine Milliarde Jahre alt war, etwa ein Fünftel des heutigen Alters der Erde, hatten diese Ansammlungen Sterne, Galaxien und Haufen von Galaxien hervorgebracht. Die jungen Galaxien und Haufen entwickelten sich fort und verteilten sich weit umher, während die Zeit verging. Sie bildeten das Universum, wie wir es heute am Himmel beobachten.

Das sichtbare Universum hat heute eine Temperatur von drei Kelvin und eine durchschnittliche Dichte von etwa Hundertmilliardstel eines Billionstel eines billionstel Gramm pro Kubikzentimeter (10^{-31} g/cm^3). Ein damit gefüllter, erdgroßer Ballon würde weniger als ein Floh wiegen! Das meiste dieser Materie ist in Klumpen konzentriert, wo die Dichte extrem hoch ist im Vergleich zum Durchschnitt des Universums – in Galaxien, Sternen und Planeten. Zwischen ihnen dehnt sich in riesigen Weiten das vollkommenste Vakuum, das sich denken läßt, mit kaum einem einzigen, einsamen Atom, das in jedem Kubikmeter wohnt.

* * *

Zusätzlich zu einem Beginn der Zeit läßt die Urknall-Kosmologie auch ein Ende der Zeit zu. Das Universum kann auch vergehen. Wenn es genug Materie gibt, wird die Schwerkraft eines Tages die Überhand gewinnen und die scheinbar unerbittliche Hubble-Expansion zügeln. Alles wird beginnen nach innen zurückzufallen. Anstatt daß die Galaxien und Haufen sich ständig voneinander wegbewegen, werden sie anfangen, sich zu nähern. In solch einem Fall wird das Universum schließlich zu einer extrem hohen Dichte und Temperatur zusammengepreßt werden – ein Zustand, den bestimmte Kosmologen den „Big Crunch" getauft haben, zu deutsch das „Große Knirschen". Kurz danach werden Raum und Zeit, wie wir sie kennen, aufhören zu bestehen. Glücklicherweise könnte solch ein Desaster frühestens in vielen Milliarden Jahren passieren, wenn überhaupt.

Wenn das Universum andererseits zu wenig Materie besäße, dann wäre die Gravitation niemals in der Lage, die Hubble-Expansion aufzuhalten, die dann buchstäblich für *immer* weiterginge. Das Weltall würde sich weiterhin strecken und die Zeit hörte niemals auf. Die Materie wäre immer spärlicher verteilt und die Durchschnittstemperatur des Universums sänke unaufhaltsam gegen den absoluten Nullpunkt ab. Schließlich würden alle Sterne ihren Brennstoffvorrat verbrauchen und absterben. Das Universum wäre am Ende ein extrem kaltes, lebloses Reich, das nur von Gas, Staub und den schwarzen Zindern der Zwergsterne bevölkert wäre. Wir nennen dieses trostlose Szenario den „Big Chill", zu deutsch das „Große Frieren". Auch dies könnte frühestens in einigen Milliarden Jahren passieren.

Wir können diese beiden Szenarien mit dem Abschuß einer Rakete vergleichen. Wenn die Rakete zuwenig Schub hat, um die „Fluchtgeschwindigkeit" von etwa elf Kilometern in der Sekunde zu erreichen, fällt sie zurück zur Erde und zerschellt – wie es eine Interkontinentalrakete tut. Wenn sie andererseits genug Schub hat, kann sie der Erdanziehung entfliehen und wird weiter bis in den interstellaren Raum hinaufschießen, wie es die interplanetarischen Sonden Voyager 1 und 2 getan haben, nachdem sie an den Planeten vorbeigeflogen waren. Sowohl für die Raketen als auch für das Universum gilt: Ob die Dinge zurückfallen oder nicht ist lediglich eine Frage des Gleichgewichts zwischen der auswärts gerichteten Geschwindigkeit und der einwärts ziehenden Gravitation.

Zwischen diesen beiden extremen Fällen gibt es jedoch auch einen mittleren Weg. Wenn die Rakete die Fluchtgeschwindigkeit *genau* erreicht (und eine passende Bahnkurve hat), wird sie die Erde als Satellit umkreisen. Wenn in ähnlicher Weise ein genaues Gleichgewicht zwischen der Hubble-Expansion der Galaxien und ihrer einwärts gerichteten Anziehungskraft eingestellt ist, dann wird sich das Universum unaufhörlich, aber mit langsamerer Geschwindigkeit ausdehnen. Es bekommt nie ganz die Kurve. In diesem Fall tritt immer noch der Big Chill ein, aber fast unmerklich.

Die Grenzlinie zwischen diesen beiden Szenarien, dem Big Crunch und dem Big Chill, ist markiert durch die von den Kosmologen so genannte „kritische Dichte". Dies ist die durchschnittliche Dichte der Materie, ungefähr fünf Millionstel eines Billionstel eines billionstel Gramm pro Kubikzentimeter (oder $5 \cdot 10^{-30}$ g/cm^3) die notwendig ist, um die Expansion des Universums aufzuhalten, aber nie gänzlich umzukehren. Dies ist sehr wenig Materie – ungefähr ein Wasserstoffatom alle 10 Kubikmeter. Es ist die Dichte, die Sie erzielten, wenn Sie irgendwie diese Seite verdampften und deren Atome in einem Volumen hundertmal größer als das der Erde verteilten. Wenn die durchschnittliche Dichte des Universums *größer* als dieser kritische Wert ist, dann ist die Schwerkraft stark genug, um den Big Crunch zu erzwingen. Wenn sie kleiner oder gleich der kritischen Dichte ist, bekommen wir den Big Chill.

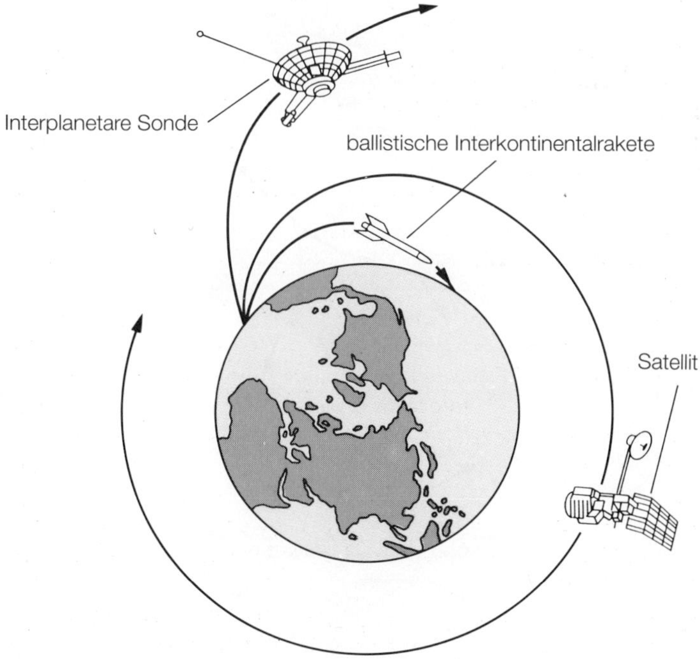

Drei mögliche Verläufe eines Raketenstarts. Abhängig von der Geschwindigkeit, die sie erreicht, kann die Rakete zurück zur Erde fallen, einen Satelliten in die Umlaufbahn bringen oder eine interplanetare Sonde ins ferne Weltall schicken.

Kosmologen verwenden einen wichtigen Parameter, geschrieben Ω (und „Omega" genannt, der letzte Buchstabe des griechischen Alphabets), um die Dichte des Universums zu beschreiben. Omega ist das Verhältnis der tatsächlichen Dichte zu dem kritischen Wert. Wenn es größer als eins herauskommt, dann wird das Universum schließlich im Big Crunch enden; wenn es kleiner oder gleich eins ist, bekommen wir den Big Chill. In dem speziellen Fall, daß Ω genau gleich eins ist, sprechen wir vom Universum als „kritischem" Universum. Der Wert von Omega bestimmt das Schicksal des Universums.

Nach Einsteins Allgemeiner Relativitätstheorie, in der die Schwerkraft durch eine Krümmung des Raumes beschrieben wird, können wir die verschiedenen Möglichkeiten für Ω zur Gesamtkrümmung des Universums in Beziehung setzen. Natürlich ist es schwer, diese leichte Krümmung wahrzunehmen, genauso wie es schwierig ist festzustellen, daß die Erdoberfläche gekrümmt ist, wenn Sie in einem Kornfeld in Illinois stehen (oder in einem Dithmarscher Kohlfeld [Anmerkung des Übersetzers]). Um die Krümmung des Universums nachzuweisen, bedarf es extrem präziser Messungen über gewaltige Distanzen (Milliarden von Lichtjahren). Zur Zeit bleiben solche Messungen ohne schlüssiges Ergebnis.

Ein Universum mit Ω größer als eins hat die Geometrie einer geschlossenen dreidimensionalen Oberfläche einer vierdimensionalen Kugel. Um sich dies zu veranschaulichen, betrachten Sie eine zweidimensionale Analogie. Stellen Sie sich das Univer-

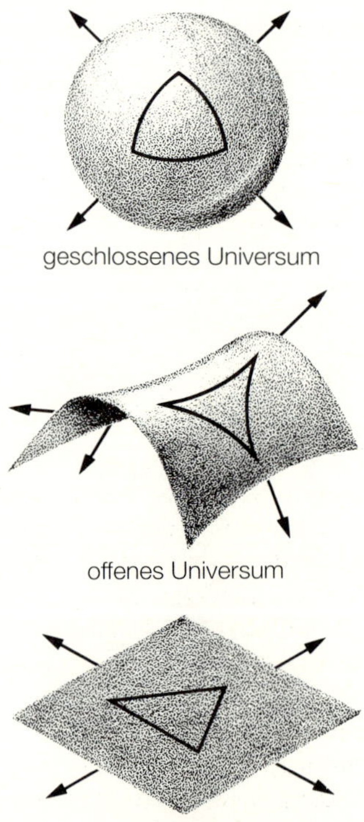

Drei mögliche Geometrien des Universums: sphärisch, hyperbolisch und flach. Im ersten Fall ist das Universum geschlossen, entsprechend einem Ω größer als eins; in den anderen beiden Fällen ist es offen, entsprechend einem Ω kleiner oder gleich eins.

sum als einen expandierenden kugelförmigen Ballon im gewöhnlichen Raum vor, mit Galaxienhaufen als verstreuten Punkten auf seiner Oberfläche. Ein Horizont ist in diesem Bild ein Kreis, der auf der Oberfläche um einen gegebenen Punkt herum gezeichnet ist. Solch ein „geschlossenes" Universum enthält nur eine endliche Menge Raum, die schließlich vollständig in jedem expandierenden Horizont enthalten sein wird. In einem geschlossenen Universum ist der Raum so gekrümmt, daß die Winkelsumme eines Dreiecks *größer* als die 180 Grad ist, die nach der gewohnten euklidischen Geometrie zu erwarten sind. Genau dies werden Sie feststellen, wenn sie ein Dreieck auf die Oberfläche eines Ballons zeichnen und die Winkel zusammenzählen.

Ein Universum mit Ω kleiner als eins hat, was die Wissenschaftler eine „hyperbolische" Geometrie nennen, die sich unaufhörlich nach außen erstreckt und eine unendliche Menge an Raum enthält. In diesem Fall ist die beste zweidimensionale Analogie die einer sattelförmigen Oberfläche, die mit ihren Kanten in die Unendlichkeit hinausreicht, und auf der alle Punkte die gleichen räumlichen Eigenschaften haben wie der Sattelpunkt selbst. Die Winkelsumme des Dreiecks im hyperbolischen Raum ist immer *kleiner* als 180 Grad. In solch einem „offenen", unendlichen Universum kann ein expandierender Horizont niemals alles umfassen, ganz gleich, wie lange Sie darauf warten.

Zwischen dem offenen und dem geschlossenen Universum liegt das Universum mit Ω gleich eins – ein Universum, das genau die kritische Dichte besitzt. Die Geometrie in solch einem Universum ist die flache, euklidische Geometrie, die die meisten von uns in der Schule lernen – in der sich zwei parallele Geraden niemals schneiden und die Winkel im Dreieck zusammen immer 180 Grad ergeben. Hierfür ist die zweidimensionale Entsprechung eine flache Ebene, die sich in alle Richtungen unendlich ausdehnt. Wie im hyperbolischen Fall bedeutet solch ein flaches Universum eine unbegrenzte Menge an Raum, dies ist also ein spezielles Beispiel für ein offenes Universum. Ein sehr spezielles Beispiel, wie wir sehen werden.

Die modernen Vorstellungen eines offenen und geschlossenen Universums haben ihren Ursprung in der Arbeit des russischen Mathematikers Alexander Friedmann. Während des Ersten Weltkrieges diente er als Ballonfahrer, um die Wirkung von Bombardierungen aus der Luft an der Ostfront zu überwachen. Nach dem Krieg begann er sich für Einsteins Allgemeine Relativitätstheorie zu interessieren und ihre Gleichungen auf die Dynamik des Universums anzuwenden. 1922 veröffentlichte er einen Artikel mit dem Titel „Über die Krümmung des Raumes", in dem er ein Universum beschrieb, das an einem Punkt der Raumzeit explodierte und mit einem großen Zusammenbruch endete – was wir heute als geschlossenes Universum erkennen. Aber diese Veröffentlichung erschien sieben Jahre vor Hubbles berühmter Entdeckung, und damals war noch niemand sehr an einem solchen dynamischen, veränderlichen Universum interessiert. Sogar Einstein, damals von einem statischen, unveränderlichen Universum sehr angetan, fand die Idee „verdächtig".

Zwei Jahre später schlug Friedmann noch einen weiteren wilden Gedanken vor – ein offenes Universum, das sich unaufhörlich ausdehnt. Er veröffentlichte auch diese Idee, aber wieder hörte niemand zu. Unglücklicherweise starb Friedmann an einer Lungenentzündung, die er sich auf einem Ballonflug zugezogen hatte, bevor seine mathematischen Einsichten in das Universum 1929 durch Hubble bestätigt wurden.

Ob wir in einem offenen oder geschlossenen Universum leben, bleibt zur Zeit eine ungelöste Frage. Die meisten Kosmologen bevorzugen heute stark den speziellen Fall eines offenen Universums mit einer flachen Geometrie, aber die Beobachtungen sind im Moment nicht in der Lage, diese Vorhersage überzeugend zu verifizieren. Solch ein flaches Universum, mit Ω genau gleich eins, scheint für unser Verständnis dafür notwendig, wie das Universum sich für Milliarden von Jahren fortwährend ausdehnen konnte, ohne bis jetzt einen Big Crunch oder Big Chill zu erreichen. Und wenn Alan Guths inflationäres Szenario richtig ist, muß Ω genau gleich eins sein. Aber die moderne Wissenschaft ist auf Beobachtung und Experiment gegründet und nicht auf theoretische Neigungen. Was wissen wir mit Sicherheit?

Wenn wir einfach die Galaxien in einem großen Volumen des Weltraums zusammenzählen, diese Zahl mit der durchschnittlichen Masse der sichtbaren Sterne einer Galaxie malnehmen und durch das Gesamtvolumen teilen, dann sollten wir die durchschnittliche Dichte der sichtbaren Materie abschätzen können. Aber das Ergebnis einer solchen Schätzung ist nur ungefähr ein halbes Prozent der kritischen Dichte, oder ein Ω von 0,005. Die einzelnen Messungen, die für diese Schätzung nötig sind, könnten gnügend große Abweichungen enthalten, um Ω doppelt so groß werden zu lassen, aber nicht mehr. Die leuchtende Materie könnte also höchstens ein Prozent zu dem beitragen, was zum Erreichen der kritischen Dichte notwendig ist. Wenn die Idee der Inflation richtig ist, heißt das, daß es fast *hundertmal* mehr Materie gibt, die wir nicht sehen können.

Indem man die Bewegungen der Sterne und des Gases innerhalb benachbarter Galaxien untersucht, wie ausführlich im dritten Kapitel dargestellt, kommt man zu dem Schluß, daß es sehr viel mehr nicht sichtbare Materie darin und darum herum gibt, möglicherweise das Zehnfache dessen, was mit unseren Teleskopen sichtbar ist. Vielleicht liefern Wolken von Gas und Staub, Planeten von der Größe des Jupiter, dunkle Sterne oder sogar Schwarze Löcher den bestimmenden Beitrag zur Gesamtmasse einer Galaxie, nicht die leuchtenden Sterne. Sogar wenn man die unsichtbare Masse zusammenzählt, die mit den Galaxien verbunden zu sein scheint, erzielen wir jedoch nur ein Ω von etwa 0,1 – immer noch weit von der kritischen Dichte entfernt.

Indem wir uns als nächstes der Synthese der leichten Elemente während des Urknalls zuwenden, dem Thema des vierten Kapitels, schließen wir, daß gewöhnliche, Feld-, Wald- und Wiesen-Materie, die uns aus dem alltäglichen Leben vertraut ist, höchstens 15 Prozent der kritischen Dichte beitragen kann, oder Ω gleich 0,15. Nur etwas mehr, und es gäbe andere Anteile leichter Elemente, als wir im Universum heute beobachten. Dieser Grenzwert steht in grober Übereinstimmung mit der Dichte, die wir oben aus der Bewegung der Galaxien abgeschätzt haben, aber stimmt in keiner Weise mit einem Ω von eins überein.

Die kritische Dichte zu erreichen, setzt nicht nur voraus, daß der überwiegende Teil der Materie im Universum dunkel ist; er muß auch eine neue und seltsame Art von Materie sein, die anders ist als die vertrauten Elektronen, Protonen und Neutronen, aus denen unser Körper und alles um uns herum besteht. Und ein Großteil dieser mysteriösen dunklen Materie kann sich nicht einmal in der Nähe der sichtbaren Aggregate sammeln, andernfalls würden wir ihre Existenz längst indirekt nachgewiesen haben – durch den Einfluß ihrer Schwerkraft auf deren Bewegungen.

Was diese dunkle Materie ist, und wo genau sie sich versteckt, ist eines der größten Rätsel, vor denen die Wissenschaft heute steht.

2. Die Teilchen-Connection

Zu Beginn dieses Jahrhunderts, als Einstein, Friedmann und Hubble den Horizont der Menschheit um das gesamte Universum erweiterten, tauchten andere Wissenschaftler ins *Innere* der Materie und versuchten, die submikroskopischen Strukturen des Universums aufzudecken. Dies waren hauptsächlich Europäer, darunter so erlauchte Namen wie J. J. Thomson, Ernest Rutherford, Niels Bohr, Werner Heisenberg, Erwin Schrödinger und James Chadwick. Zwischen 1895 und 1930 nahmen diese Männer und andere das Atom auseinander und entdeckten das neue Reich der darin herumschwirrenden „subatomaren“ Teilchen. Dabei entwickelten sie die Theorie der Quantenmechanik, eine der Bastionen der modernen Physik. Sie vermuteten allerdings kaum, daß ihre Untersuchungen der kleinsten Objekte, die es gibt, eines Tages zu einem tieferen Verständnis der größten Strukturen im Universum führen würden.

Ursprünglich von den alten griechischen Philosophen Leukipp und Demokrit vorgeschlagen, war das „unteilbare“ Atom, aus dem die gewöhnliche Materie besteht, erst in der zweiten Hälfte des neunzehnten Jahrhunderts auf eine solide empirische Grundlage gestellt worden. Aber die Wissenschaftler zeigten schnell, daß diese Atome doch nicht wirklich unteilbar oder „elementar“ sind. Stattdessen sind sie aus viel kleineren Bruchstücken aufgebaut. Die glänzenden britischen Physiker J. J. Thomson und Ernest Rutherford wiesen den Weg mit zwei Schlüsselexperimenten in den Jahren 1895 und 1910. Im Inneren jedes Atoms entdeckten sie winzige, negativ geladene Teilchen, genannt „Elektronen“, die um einen sehr kleinen, positiv geladenen Kern kreisen, der rund zweitausendmal schwerer und als „Atomkern“ bekannt ist.

Diese neue Sicht der Materie hatte sich jedoch kaum durchgesetzt, als Rutherford und sein Kollege an der Universität Cambridge, James Chadwick, zeigten, daß der Atomkern *seinerseits* aus winzigen Einzelteilen besteht. Kaum einen billionstel Zentimeter messend, zerfällt ein Kern in positiv geladene Teilchen, genannt „Protonen“,

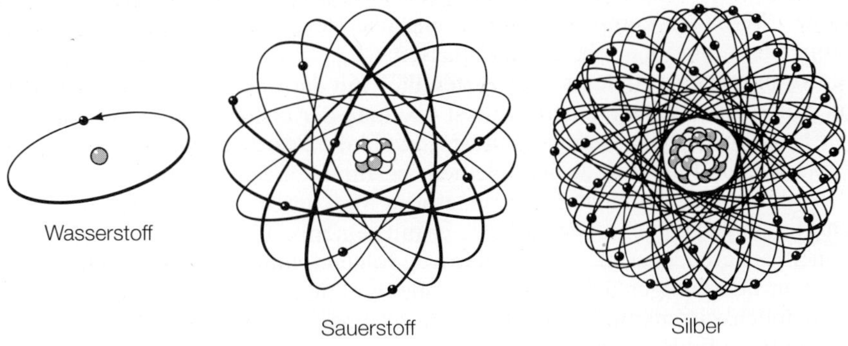

Atome des Wasserstoffs, des Sauerstoffs und des Silbers. Ihre Atomkerne, die aus Protonen und Neutronen zusammengesetzt sind, sind von einer Wolke aus Elektronen umgeben; gleiche Anzahlen von Elektronen und Protonen im jeweiligen Atom machen es elektrisch neutral.

und elektrisch neutrale Teilchen, als „Neutronen" bekannt. Ein Wasserstoffatom, zum Beispiel, hat nur ein einziges rasendes Elektron, das um einen Kern herumwirbelt, der aus einem einsamen Proton besteht. Ein normales Sauerstoffatom hat acht Elektronen, die um einen Kern mit acht Protonen und acht Neutronen darin kreisen. Uran, das schwerste natürlich vorkommende Atom, hat einen beachtlichen Schwarm von 92 Elektronen, die einen Kern umgeben, der aus 92 Protonen und mindestens 140 Neutronen aufgebaut ist. ,

Um eine Vorstellung von den relativen Größen zu bekommen, um die es dabei geht, stellen Sie sich vor, daß ein Atom irgendwie um einen Faktor von einer Billion vergrößert wird. Dann hätte es fast die Maße eines Fußballstadions. Die Elektronen wären kleiner als winzige Flöhe, die auf den Zuschauerrängen umherhüpfen. Und der Kern in der Mitte des Atoms würde kaum die Größe einer Stubenfliege erreichen, die im Mittelkreis herumsummt. Ein riesiger Teil des Atoms ist leerer Raum; über 99,9 Prozent seiner gesamten Masse sind in seinem winzig kleinen Kern konzentriert.

Der bei weitem bestimmende Beitrag zur Masse aller gewöhnlichen, aus Atomen zusammengesetzten Materie ist in den Protonen und Neutronen ihrer Atomkerne konzentriert. Ein Proton wiegt 1836mal soviel wie ein Elektron, und ein Neutron etwas mehr, 1839mal soviel. Beide sind Mitglieder einer Klasse von Teilchen, die die Physiker „Baryonen" nennen, ein Name, der aus dem griechischen Wort *barys* abgeleitet wurde, das „schwer" bedeutet. Das Elektron andererseits gehört zu einer anderen Klasse von Teilchen, die als „Leptonen" bekannt sind, von dem griechischen *leptos* für „klein". Alle Materie, die wir sehen können, ist aus Baryonen und Leptonen gemacht.

Was die Elektronen dazu anhält, um den Kern zu wirbeln, anstatt in alle möglichen Richtungen davon zu fliegen, ist eine anziehende Kraft, die als elektromagnetische Kraft bekannt ist – dieselbe Kraft, die für den Blitz und den elektrischen Strom verantwortlich ist. Genauso wie schwere Körper die Gravitationskraft ausüben, die Monde Planeten und Planeten die Sonne umkreisen läßt, üben geladene Teilchen elektrische und magnetische Kräfte aufeinander aus. Positiv geladene Protonen im Kern ziehen die negativ geladenen Elektronen an, halten sie in der Nähe und machen so das Atom im Ganzen elektrisch neutral.

Tatsächlich „kreisen" die Elektronen nicht auf wohldefinierten Bahnen wie denen, denen die Planeten folgen, wenn sie die Sonne umkreisen. Nach Rutherfords Entdekkung des Atomkerns im Jahre 1910 versuchte der junge dänische Theoretiker Niels Bohr solch ein „planetarisches" Modell des Atoms auszutüfteln, wobei den Elektronen sehr spezielle Gruppen von Bahnen zugewiesen wurden. Dieses Bohr-Rutherford-Modell funktionierte für das einfachste Atom, den Wasserstoff, ganz gut, aber es konnte das Verhalten komplizierterer Atome wie Helium nicht erklären, die weitere Elektronen in ihrem Innern herumrasen lassen.

Die Lösung dieses Problems kam letztendlich mit der Entwicklung der Quantenmechanik Mitte der zwanziger Jahre. Zuerst erkannte der brillante deutsche Theoretiker Werner Heisenberg, daß es unmöglich ist, sowohl die Position als auch den Impuls eines subatomaren Teilchens zu irgendeinem bestimmten Zeitpunkt *genau* zu bestimmen. Es gibt immer ein nicht zu verringerndes Maß an Unbestimmtheit, das in diese beiden Messungen eingeht. Dies drückte er mit seiner berühmten „Unschärferelation" aus. Einem anderen, aber gleichwertigen Weg folgend, führte der österreichische Physiker Erwin Schrödinger die Idee der „Wellenfunktion" eines Teilchens ein, die die Wahrscheinlichkeit angibt, dieses Teilchen zu einer bestimmten Zeit an einem bestimmten Ort zu finden.

Also ist eine angemessene Weise, sich ein Atom zu denken, es als einen Nebel oder eine Wolke von Elektronen zu betrachten, die den zentralen Kern umgeben. Die Wolke stellt die Wellenfunktion dieser Teilchen dar, die die Wahrscheinlichkeit bestimmt, ein Elektron zu finden, sollten wir jemals versuchen, eine Messung an einem bestimmten Punkt zu machen. Innerhalb der Wolke gibt es verschiedene „Energieniveaus", die den verschiedenen Energien der Elektronen entsprechen, die nur einen bestimmten Satz von definierten Werten annehmen können – wie in dem alten Bohr-Rutherfordschen Modell des Atoms.

Indem man einem Atom Energie zuführt, sagen wir durch Erhitzen, können wir eines seiner Elektronen vorübergehend in ein energiereicheres Niveau befördern. Danach sich selbst überlassen, kehrt das Atom schnell in den bevorzugten „Grundzustand" zurück. Das Elektron nimmt sein ursprüngliches, niedrigeres Energieniveau wieder ein, und das Atom emittiert ein Lichtteilchen, oder Photon. Es sind diese Photonen, die die Netzhaut unserer Augen treffen und uns erlauben, Gegenstände um uns herum zu sehen, so daß wir nicht in sie hineinlaufen.

Etwas Ähnliches passiert, wenn wir einen eisernen Schürhaken im Kaminfeuer erhitzen: Die Eisenatome werden angeregt und fangen an, Photonen auszusenden. Wenn wir den Schürhaken lange genug erhitzen, fängt er an zu glühen – erst ein dunkles Rot, dann gelb, wenn er heißer wird, und schließlich ein blendendes Weiß, wenn er extrem heiß wird. Das längerwellige rote Licht wird durch einen Strom von Photonen niedrigerer Energie verursacht; kürzerwelliges gelbes und weißes Licht stammt von Photonen höherer Energie, die zahlreicher emittiert werden, sobald die Temperatur des Schürhakens steigt.

Durch das Feuer ihrer intensiven thermonuklearen Prozesse, die ihren innersten Kern aufwühlen, erzeugt die Sonne in ähnlicher Weise Licht. Ebenso die Myriaden von Sternen, die in der Nacht zu sehen sind: Hitze steigt langsam aus den nuklearen Öfen in den Kernen dieser Sterne auf und hält ihre leuchtenden Oberflächen auf einer Temperatur von vielen tausend Grad. Kühlere Sterne haben eine rötliche Färbung und die heißesten sind bläulich oder rein weiß. Ein durchschnittlicher Stern wie unsere Sonne präsentiert sich mit einem gelblichen Farbton, Zeugnis einer gemäßigten Oberflächentemperatur.

Alles Licht, das unser tägliches Dasein durchdringt, stammt aus atomaren oder molekularen Prozessen wie den oben beschriebenen, durch die Atome oder ihre Elektronen aneinanderstoßen und sichtbare Photonen aussenden. Auch unsichtbare Photonen werden oft emittiert – im infraroten und ultravioletten Teil des elektromagnetischen Spektrums. Sehr niederenergetische Photonen, auch als „Radiowellen" und „Mikrowellen" bekannt, treten auf, wann immer Elektronen in einer Antenne oder einem Hohlraum durchgerüttelt werden. Photonen verschiedenster Sorten und Farben entstehen, weil Atome der normalen Materie beständig Umwandlungen von einem Materiezustand in den anderen unterworfen sind. Diese Photonen sind das wesentliche Mittel, durch das wir die Existenz der Materie erkennen. Hier auf der Erdoberfläche wird unser Sehvermögen unterstützt durch Hören, Fühlen, Schmecken und Riechen. Aber um die Anwesenheit von Materie außerhalb unseres Planeten nachzuweisen, können wir uns nur auf das verlassen, was wir sehen (sichtbares Licht), oder auf andere Formen elektromagnetischer Strahlung, die wir mit Hilfe von ausgeklügelten Instrumenten wahrnehmen können.

* * *

In der Quantenmechanik kann man sich die elektromagnetische Kraft, die die Elektronen bei den Atomkernen hält, so vorstellen, daß sie durch den *Austausch* von Photonen auftritt. In diesem Bild emittiert ein Elektron ein Photon, das daraufhin von einem der Protonen innerhalb des Kerns absorbiert wird, und umgekehrt. Die Photonen in dieser Weise wieder und wieder austauschend, bleiben Elektron und Kern in enger Verbindung miteinander – zwei vertraute Handelspartner in der subatomaren Wirtschaft. Photonen sind die „Träger" der elektromagnetischen Kraft, die Atome zusammenklebt.

Dies ist jedoch nicht die einzige Kraft, die auf subatomare Teilchen wirkt. Nachdem Chadwick und Rutherford gezeigt hatten, daß der Atomkern aus Protonen und Neutronen zusammengesetzt ist, wurde eine sehr starke Kraft benötigt, um sie zusammenzubinden. Andernfalls würden, sich selbst überlassen, alle positiv geladenen Protonen im Kern sich gegenseitig abstoßen und der Kern würde einfach explodieren. Wie Sie wissen, stoßen sich gleichnamige Ladungen ab. Darum muß es *etwas* geben, das sie in diesem winzigen Kügelchen zusammengepackt hält. 1935 sagte der japanische Theoretiker Hideki Yukawa voraus, daß solch eine starke Kraft durch eine neue Sorte von Teilchen übertragen werde, später „Mesonen" getauft (nach dem griechischen Wort *mesos* für „Mitte"), die etwa 200mal so schwer wie ein Elektron sein mußten.

Als die Physiker begannen, in den vom Himmel herabregnenden Schauern kosmischer Strahlung nach Mesonen zu suchen, entdeckten sie eine Unmenge bis dahin unerwarteter neuer Teilchen. Mit der 264fachen Elektronenmasse paßte das „Pion" zu Yukawas Vorhersage. Zwischen den Protonen und Neutronen hin und her springend, können Pionen in der Tat Atomkerne sehr stramm zusammenbinden. Aber was waren das für andere Teilchen – die sogenannten Müonen, Kaonen, Lambdas, Sigmas und Xis –, die auch in den Teilchendetektoren auftauchten?

In Ermangelung einer befriedigenden Theorie, um alle diese neuen Teilchen zu erklären, begannen die Physiker der fünfziger Jahre, sie nach ihren wesenhaften Eigenschaften zu klassifizieren – Masse, Ladung, Spin und andere, weniger vertraute Wesenszüge. Das „Müon" entpuppte sich als Lepton wie das Elektron, obwohl es ungefähr 200mal schwerer ist; keines spürt irgendeine Wirkung der Starken Wechselwirkung. Die Lambdas, Sigmas und Xis wurden als Baryonen wie die Protonen und Neutronen eingestuft, weil sie schwerere Teilchen waren, die die Starke Kraft *spürten*. Mit mittleren Massen ausgestattet, fallen das Pion und das Kaon in eine Kategorie von Teilchen, die als Mesonen bekannt sind – der ursprünglich für Yukawas Überträger der starken Kraft geprägte Name.

Theoretische und experimentelle Fortschritte der sechziger Jahre bewiesen allerdings, daß Mesonen und Baryonen letztendlich *keine* Elementarteilchen sind. Stattdessen sind sie aus noch winzigeren Einheiten aufgebaut, die „Quarks" genannt werden und 1964 von zwei Theoretikern, Murray Gell-Mann und George Zweig vom California Institute of Technology (CalTech), vorhergesagt wurden. Als ein weltmännischer, universell belesener Mann mit einem Talent, neue Worte zu erfinden, prägte Gell-Mann den ulkigen Namen für diese Teilchen aus einer Zeile in James Joyce' Roman *Finnegans Wake* (deutscher Titel: *Finnegans Nachtwache*), »Three quarks for Muster Mark!«.

Erst Ende der sechziger Jahre begannen jedoch überzeugende Beweise für die Quarks aufzutauchen, in Experimenten, die am Stanford Linear Accelerator Center (SLAC) durchgeführt wurden. Eine Gruppe von Physikern vom Massachusetts Institute of Technology (MIT) und SLAC, angeführt von Jerome Friedman, Henry Kendall und Richard Taylor, bombardierte Protonen und Neutronen mit hochenergetischen Elektronen, die der Beschleuniger lieferte. Ein Bruchteil in großen Winkeln abprallender Elektronen wurde beobachtet – als ob diese auf etwas Hartes und Winziges innendrin gestoßen waren. Nachfolgende Experimente, die in den Siebzigern am

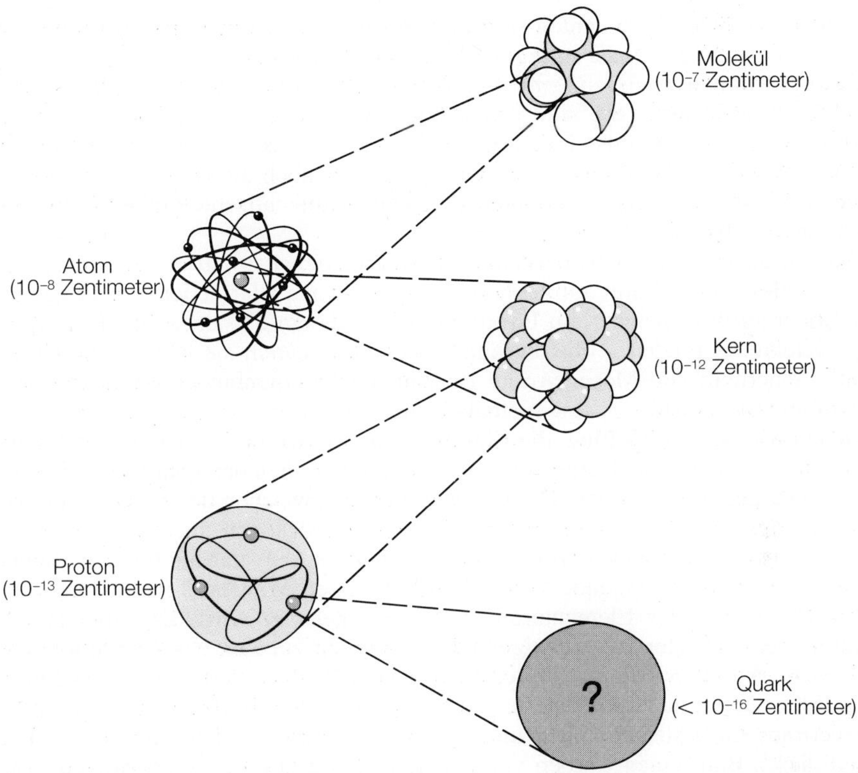

Die zusammengesetzte Struktur der gewöhnlichen Materie. Molküle werden aus Atomen aufgebaut, welche Kerne aus Protonen und Neutronen enthalten, die ihrerseits aus Quarks bestehen, die von Gluonen zusammengehalten werden. Soweit wir heute wissen, haben die Quarks keine innere Struktur, aber die Physiker haben nur Messungen bis auf 10^{-16} Zentimeter gemacht.

SLAC und anderen Beschleunigern auf der ganzen Welt durchgeführt wurden, bestätigten, daß in der Tat Quarks die fundamentalen Bausteine aller Kernmaterie sind.

In der ursprünglichen Theorie, die von Gell-Mann und Zweig vorgeschlagen wurde, gab es drei unterschiedliche Arten von Quarks (was ein Grund war, ihnen diesen Namen zu geben) – genannt „up" oder *u*-, „down" oder *d*- und „strange" oder *s*-Quark. Anders als Protonen und Elektronen, die ganzzahlige elektrische Ladungen tragen (+1 und –1), haben diese Quarks *gebrochene* Ladungen von $^2/_3$ und $-^1/_3$. Weil gebrochene Ladungen niemals in der Natur nachgewiesen worden waren, hatten die meisten Physiker (einschließlich Gell-Mann selbst) zuerst große Schwierigkeiten, die Idee ernstzunehmen. Es waren die MIT-SLAC-Experimente, die im Inneren von Protonen und Neutronen herumfliegende Quarks nachwiesen, welche die Physiker ermutigten, sie als *reale* Teilchen zu akzeptieren. Ein Berg indirekter Beweise bezeugt heute ihre Existenz.

Baryonen sind aus drei einzelnen Quarks aufgebaut, und Mesonen bestehen aus einem Quark plus einem „Antiquark" – dem Gegenstück eines Quarks in der Antimaterie. Das Proton, zum Beispiel, ist aus zwei up-Quarks plus einem down-Quark gemacht; das Neutron enthält zwei down-Quarks und ein up-Quark. Pionen sind aus einem up-Quark plus einem anti-down-Quark oder aus einem down-Quark plus einem anti-up-Quark. Die sogenannten seltsamen (strange) Mesonen und Baryonen enthalten zumindest ein einzelnes strange- oder anti-strange-Quark.

Soweit wir heute wissen, sind Leptonen und Quarks die letzten Bausteine der gewöhnlichen Materie. Sie sind unglaublich winzige Objekte, viel weniger als ein Millionstel eines milliardstel Zentimeter im Durchmesser. In einem Atom von der Größe eines Fußballstadions wären Quarks immer noch zu klein, um sie zu sehen. Nach allem, was wir wissen, könnten sie sogar mathematische Punkte mit überhaupt gar keiner Größe sein!

Was an diesen Quarks bemerkenswert ist, ist offensichtlich die Tatsache, daß sie niemals allein in der Natur auftauchen. Die geselligsten aller Teilchen kommen nur zu zweit oder zu dritt daher. Kein Physiker hat jemals ein einsames Quark in irgendeinem Detektor gefunden – obwohl einige wenige *dachten*, sie hätten. Die Kraft, die Quarks innerhalb von Mesonen und Baryonen zusammenbindet, ist anscheinend so unglaublich stark, daß sie diese niemals losläßt.

Genau wie bei den Kräften, die Elektronen an die Kerne binden und Protonen und Neutronen innerhalb der Kerne, wird diese Kraft zwischen den Quarks durch Teilchen übertragen, genannt Gluonen. Die Gluonen hüpfen zwischen den Quarks hin und her und schließen diese auf ewig in den Grenzen der Mesonen und Baryonen ein. Die Gluonen selbst sitzen auch darin fest und tauchen in der Natur nie für sich allein auf.

Dieses zusammenhängende Bild der subatomaren Welt ist Teil dessen, was das „Standardmodell" der Elementarteilchenphysik genannt wird. Es entwickelte sich während der sechziger und siebziger Jahre, ungefähr zur Zeit der Revolution, die zur Standard-Urknallkosmologie führte, die in Kapitel 1 diskutiert wurde. Das Standardmodell behauptet, daß alle Materie (oder zumindest der gewöhnliche Stoff, mit dem wir vertraut sind) aus Leptonen und Quarks zusammengesetzt ist. Die Kräfte zwischen diesen Bausteinen werden von anderen Elementarteilchen übertragen, wie den Photonen und Gluonen, die unter der etwas technischen Bezeichnung „Eichbosonen" zusammengefaßt werden.

Das Standardmodell gibt an, wie sich subatomare Teilchen bei hohen Energien, und wenn sie sehr nahe aneinander geraten, verhalten. Das sind genau die Bedingungen,

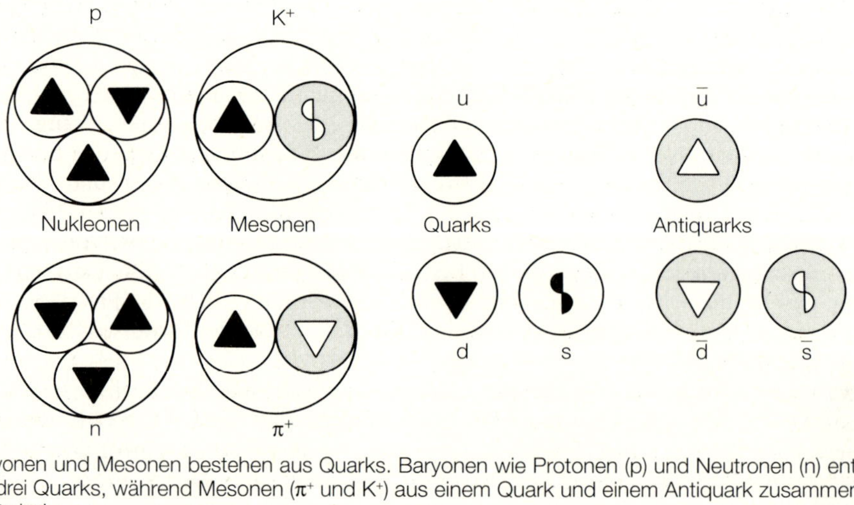

Baryonen und Mesonen bestehen aus Quarks. Baryonen wie Protonen (p) und Neutronen (n) enthalten drei Quarks, während Mesonen (π^+ und K^+) aus einem Quark und einem Antiquark zusammengesetzt sind.

die während der ersten Sekunde der Existenz des Universums herrschten – als die Temperatur mehr als 10 Milliarden Grad betrug. Die Teilchen rasten damals mit ungeheuren Geschwindigkeiten umher, nahe der Lichtgeschwindigkeit, wiederholt aufeinander treffend und sich von einer Sorte in die andere umwandelnd.

Das Standardmodell hat sich als ein unschätzbares Werkzeug für Physiker erwiesen, die die genauen Einzelheiten dessen nachvollziehen wollen, was in den ersten Augenblicken des Urknalls geschah. Untersuchungen der Materie unter den äußerst heftigen Bedingungen, die fast täglich von erdgebundenen Teilchenbeschleunigern reproduziert werden, haben eine solide Grundlage an gesicherten Fakten erzeugt, auf die kosmologische Überlegungen über den Ursprung des Daseins gestützt werden können.

* * *

Außer dem Elektron und dem Müon gibt es andere Arten von Leptonen im Standardmodell. „Neutrinos" sind neutrale, äußerst leichte Teilchen, die mit der Materie nur sehr schwach wechselwirken. Sie wurden 1930 von dem österreichischen Theoretiker Wolfgang Pauli erdacht, der vorschlug, daß solch ein Teilchen für die Abfuhr großer Mengen an Energie verantwortlich sein könnte, die nach gewissen radioaktiven Zerfällen zu fehlen schien. Wenige Jahre später formulierte der italienische Physiker Enrico Fermi (der den Neutrinos eigentlich ihren Namen gab) eine Theorie, die die Zerfälle auf der Grundlage der Emission dieser geisterhaften Teilchen erklärte.

Es vergingen jedoch mehr als 20 Jahre, bis die Neutrinos schließlich entdeckt wurden. So schwach ist ihre Wechselwirkung mit Materie, daß sie leicht Millionen Kilometer von Blei durchdringen, ohne je anzuhalten. Sie können direkt durch den riesigen leeren Raum im Inneren eines Atoms segeln, ohne es überhaupt zu stören. Obwohl es viele indirekte Beweise für ihre Existenz gab, wurden sie bis 1956 nicht unmittelbar beobachtet, als Clyde Cowan und Frederick Reines im Los Alamos National Laboratory die Neutrinos nachwiesen, die aus einem Kernreaktor in South Carolina hervorsprühten.

Es gibt auch eine Anzahl verschiedener Sorten Neutrinos, jede mit einem bestimmten geladenen Lepton verbunden. Ein „Elektron-Neutrino" ist eng mit dem Elektron verschwistert und ein „Müon-Neutrino" mit dem Müon. 1962 führten Leon Lederman, Melvin Schwartz und Jack Steinberger von der Columbia University ein Experiment am Brookhaven National Laboratory aus, das zeigte, daß, wann immer ein geladenes Pion zerfällt, dieses ein Müon und ein Müon-Neutrino emittiert – aber niemals ein Elektron-Neutrino. Wenn andererseits ein Atomkern zerfällt, emittiert er ein Elektron und ein Elektron-Neutrino (oder ihre Antiteilchen), aber nie ein Müon-Neutrino. Im Standardmodell tauchen Leptonen immer paarweise auf.

Soweit wir wissen, sind Neutrinos stabile Elementarteilchen, die nicht zerfallen. Sie können aus dem radioaktiven Zerfall der Atomkerne entstehen, aber sind nicht Bestandteil der normalen Materie – zumindest nicht der im üblichen Sinne. Es gibt riesige Schwärme von ihnen, die im Universum umhereilen – Überbleibsel des Urknalls, die sich nie mit dem alltäglichen Dasein eines Atoms abfinden können. Neutrinos sind die Vagabunden der subatomaren Gesellschaft.

Der einzige Weg, auf dem Neutrinos mit normaler Materie wechselwirken können, ist der durch eine äußerst schwache Kraft, als „Schwache Wechselwirkung" bekannt, die tausendemale schwächer als die Elektromagnetische Kraft ist. Die Schwache Kraft reicht nur über Abstände von weniger als einem Millionstel eines milliardstel Zentimeters oder ungefähr den hundertsten Teil des Protonendurchmessers. Darum sind Neutrinos so durchdringende Teilchen. Sie wechselwirken nur, wenn sie in diese kurze Entfernung zu anderen Leptonen oder Quarks geraten – und das passiert nur sehr sporadisch.

Wenn Sie bis hierher gelesen haben, könnten Sie nun vermuten, daß auch die Schwache Wechselwirkung von einem Teilchen übertragen wird, und Sie hätten im wesentlichen recht. Tatsächlich wird sie nicht von einem, sondern von zwei Vektorbosonen übertragen, die als „W"- und „Z"-Teilchen bekannt sind. Sie wurden in den fünfziger und sechziger Jahren von theoretischen Physikern vorhergesagt und schließlich 1983 durch eine große internationale Zusammenarbeit unter Führung des italienischen Physikers Carlo Rubbia entdeckt. Das W trägt eine elektrische Ladung von entweder +1 oder –1; das Z ist jedoch elektrisch neutral wie das Photon und das Gluon. Beide sind extrem massiv – fast *einhundertmal* schwerer als das Proton.

Wenn Sie ein Neutrino einem Elektron oder Quark vor den Bug schießen, tritt es mit ihnen nur in Wechselwirkung, indem es W- und Z-Teilchen hin- und zurückschickt. Es kann keine Photonen oder Gluonen austauschen. Weil das W und das Z jedoch so schrecklich schwerfällig sind, muß das Neutrino sehr nahe kommen, damit ein Austausch stattfinden kann. Es ist ein wenig so wie mit zwei Spielern, die sich Bälle hin und her werfen. Wenn sie leichte Tennisbälle werfen, können sie weit umherschweifen und einander ohne große Schwierigkeiten erreichen. Aber um einen schweren Medizinball zu übergeben, müssen sie sich auf wenige Meter nähern und ihn praktisch von einem zum anderen *reichen*.

Auf diese W- und Z-Teilchen wird man jedoch nie in gewöhnlicher Materie stoßen. Sie sind viel zu schwer und haben nur die allerkürzeste Lebensdauer als Überträger der Schwachen Wechselwirkung. Um sie zu erzeugen, mußten Rubbia und seine Kollegen ungeheure Mengen an Energie in einem sehr winzigen Volumen konzentrieren. Dies erreichten sie, indem sie hochenergetische Protonen auf ihre Antiteilchen

Luftaufnahme des CERN-Laboratoriums und seiner Umgebung nahe Genf in der Schweiz. Das W- und das Z-Teilchen wurden 1983 in dem mit SPS bezeichneten kreisförmigen Speicherring entdeckt. Seit 1989 werden Z-Teilchen in Mengen in dem größeren Ring, als LEP bekannt, erzeugt.

(Antiprotonen) schossen, mit Hilfe einer gewaltigen Teilchenkanone von 7 Kilometern Umfang an der europäischen Kernforschungseinrichtung CERN in der Nähe von Genf (Schweiz). Einmal hergestellt, zerfallen diese massiven W- und Z-Teilchen fast augenblicklich in Paare von Quarks oder Leptonen – plus haufenweise Energie. Sie überleben weniger als ein Billionstel einer billionstel Sekunde.

Heute produzieren Teilchenkanonen, die Elektronen in Positronen (ihr Antimaterie-Gegenstück) schmettern, reichliche Mengen an Z-Teilchen zur detaillierten Untersuchung ihrer Eigenschaften. Ein großer Ringbeschleuniger mit 27 Kilometern Umfang, genannt LEP (Large Electron-Positron Collider), begann 1989 im CERN zu arbeiten, ebenso wie eine kleinere, fünf Kilometer lange Maschine im SLAC, genannt Stanford Linear Collider (SLC). LEP sollte eines Tages in der Lage sein, auch große Zahlen von W-Teilchen zu produzieren.

Das letzte Mal, da es so große Zahlen von W- und Z-Teilchen gab, war während der frühesten Augenblicke des Urknalls. In der ersten Billionstelsekunde waren die Temperaturen extrem hoch, und die Teilchen flogen sogar mit größeren Energien herum, als heute durch LEP oder SLC erzeugt werden. Wenn zwei solcher Teilchen aufeinandergeschmettert wurden, wie es häufig passierte, da alles so dicht gepackt war, brachten sie oft ein W- oder Z-Teilchen hervor. Indem sie diese massiven Teilchen zum erstenmal seit über 10 Milliarden Jahren in Mengen produzieren, bieten die modernen Teilchenbeschleuniger dem Wissenschaftler einen flüchtigen Einblick in die Bedingungen, die ganz am Anfang des Universums herrschten.

* * *

Es gibt einige weitere Elementarteilchen im Standardmodell. Die meisten von ihnen sind instabil wie das W und das Z. Sie wurden in den siebziger Jahren in Teilchenbeschleunigern und -kanonen in den Vereinigten Staaten entdeckt. SPEAR, ein ringför-

Luftaufnahme des Stanford Linear Accelerator Center (SLAC). Die Quarks wurden in dem großen Betongebäude in der Mitte entdeckt, nahe dem Ende des 3,2 Kilometer langen Linearbeschleunigers; diese Anlage liefert nun hochenergetische Elektronen und Positronen in die Halle rechts unten, wo sie sich gegenseitig unter Erzeugung von Z-Teilchen vernichten.

miger Elektron-Positron-Speicherring, war in dieser Hinsicht besonders ergiebig. Ein drittes Lepton, das „Tau"-Teilchen τ, und ein viertes Quark, das „charm"-Quark, tauchten erstmalig in dieser Maschine auf.

Im Standardmodell wird angenommen, daß Quarks wie die Leptonen nur paarweise auftreten. Aber in den frühen Siebzigern gab es nur drei bekannte Quarks – up, down und strange. Die Physiker konnten das up- und das down-Quark paaren, aber das strange-Quark hatte keinen offensichtlichen Gefährten. Einige Theoretiker schlugen deshalb vor, daß es ein viertes, noch unentdecktes Quark geben sollte, und einige Experimentatoren zogen aus, um es zu suchen.

Der erste Hinweis auf seine Existenz kam etwas überraschend 1974, als Physiker unter der Leitung von Burton Richter vom SLAC ein Meson am SPEAR entdeckten, das sie „Psi" nannten, oder Ψ. Zu ungefähr dieser Zeit fand eine andere Gruppe unter dem MIT-Physiker Samuel Ting genau dasselbe Meson und tauften es J-Teilchen. Wie andere Mesonen ist das J/Psi (als das es bekannt wurde) nicht elementar; es ist aus einem charm-Quark, geschrieben *c*, gepaart mit seinem Antiquark, gemacht.

Das Tau-Teilchen ist ein geladenes Lepton mit etwa der doppelten Protonenmasse. 1976 am SPEAR vom SLAC-Physiker Martin Perl und seinen Kollegen entdeckt, lebt es weniger als eine Billionstelsekunde. Abgesehen von seiner Masse, die über 3000mal größer ist, gleicht das Tau-Teilchen völlig dem Elektron. Wie Elektron und Müon, ist das Tau mit einem Neutrino gepaart, dem „Tau-Neutrino". Die Beweise für die Existenz dieses Neutrinos sind stark, aber bis jetzt indirekt.

Die Quarks und Leptonen des Standardmodells sind eingeteilt in Generationen oder Familien, wie die Physiker sagen. Jede besteht aus einem Paar Quarks und einem Paar Leptonen. Alle gewönliche Materie ist aus Mitgliedern der ersten Familie aufgebaut – up- und down-Quarks plus dem Elektron und seinem Neutrino. Die zweite Familie umfaßt das strange- und charm-Quark plus das Müon und das Müon-Neutrino.

Dieses Muster fortsetzend, würde man ein *drittes* Paar Quarks erwarten, um die dritte Quark-Lepton-Familie zu füllen, deren Leptonen das Tau und sein Neutrino sind. Tatsächlich wurde 1977 das erste Familienmitglied entdeckt: ein massives Quark, genannt „bottom" oder *b*, mehr als fünfmal schwerer als das Proton. Eine Gruppe von Wissenschaftlern unter der Leitung von Leon Lederman fand die ersten Hinweise für die Existenz des bottom-Quarks am Fermi National Accelerator Laboratory (Fermilab) westlich von Chicago. Seit dieser Zeit haben Physiker in der ganzen Welt eifrig nach seinem erwarteten Gefährten, dem „top" oder *t*-Quark, gesucht, bis jetzt ohne Erfolg. Alles was man im Moment sagen kann, ist, daß das top-Quark mindestens 95mal so schwer wie das Proton ist.

Heute werden diese exotischen Quarks und Leptonen nur in Teilchenbeschleunigern oder in kosmischer Strahlung erzeugt, aber in den frühesten Augenblicken des Urknalls waren sie so verbreitet wie die Teilchen der ersten Familie. Sie wurden wohl recht häufig in der ersten Milliardstelsekunde erzeugt, als die Teilchenenergien genügend hoch waren. Die meisten von ihnen sind jedoch instabil, mit Lebensdauern im Bereich von einigen millionstel bis wenigen billionstel Sekunden. Nur die Neutrinos scheinen längere Zeiten zu überdauern.

Um heute einen nennenswerten Beitrag zur Masse des Universums zu leisten, muß ein Teilchen stabil sein (oder in einem zusammengesetzten, stabilen Teilchen gebunden sein). Wenn eine bestimmte Sorte von Quarks oder Leptonen rasch zerfällt, könnte sie niemals die Milliarden von Jahren überlebt haben, die seit dem Urknall vergangen sind. Daher kann sie nicht Teil der dunklen Materie sein, die heute zu existieren scheint. Folglich ist eine notwendige Eigenschaft eines Kandidaten für die dunkle Materie, daß er eine extrem lange Lebensdauer hat – viel länger als zehn Milliarden Jahre.

Luftaufnahme vom Fermilab, wo die ersten Hinweise auf das bottom-Quark 1977 entdeckt wurden. Protonen und Antiprotonen laufen in entgegengesetzter Richtung durch den 6,4 Kilometer langen Ring und sorgen für die energiereichsten Zusammenstöße, die heute möglich sind.

Elektronen und Protonen sind stabile Teilchen, ebenso wie die Neutronen, wenn sie zusammen mit Protonen in stabilen Kernen wie dem des Heliums gebunden sind, welcher aus zwei Protonen und zwei Neutronen zusammengesetzt ist. Von allen verbleibenden Teilchen des Standardmodells sind nur die unscheinbaren Neutrinos ausreichend stabil, um einen Beitrag zur Masse des Universums zu leisten, und dies auch nur dann, wenn ihnen eine eigene Masse innewohnt. Gegenwärtig ist das eine offene Frage. Nach allem, was wir wissen, könnten Neutrinos auch überhaupt keine Masse besitzen.

* * *

Das Standardmodell der Teilchenphysik hat sich als äußerst erfolgreich erwiesen, wenn wir darangehen, das Verhalten der Elementarteilchen zu beschreiben. Wie Quarks, Leptonen und Eichbosonen miteinander bei hohen Energien, oder wenn sie sich sehr nahe kommen, wechselwirken, kann einfach vorhergesagt werden anhand seiner Gleichungen – und der Prinzipien der Relativitätstheorie und der Quantenmechanik. Das Standardmodell kann alle heute bekannten subatomaren Erscheinungen begründen.

Aber die scheinbare Komplexität dieser angeblich grundlegenden Theorie wirkt in hohem Maße störend auf einige Physiker. Wir haben den gemeinsamen Glauben, fast ein religiöses Bekenntnis, an die grundlegende *Einfachheit* der Natur. Wir zögen es vor, alles nur mit wenigen elementaren Bausteinen zu erklären, aber im Standardmodell gibt es mindestens zwölf – plus vier für die Kraftübertragung verantwortliche Teilchen. Dies sind insgesamt zu viele.

Dieser Stand der Dinge hat viele Physiker dazu getrieben, nach einer tieferen, einfacheren Theorie zu suchen, die das Standardmodell umfassen würde, aber darüber hinausreicht. Dieses Verlangen nach Einfachheit ist ein Grundthema der Physik des zwanzigsten Jahrhunderts. Jedesmal wenn die vollständige Sammlung von angeblichen „elementaren“ Gebilden zu unhandlich wurde, wie es mit den Atomen passierte und erneut mit den Atomkernen, suchten die Physiker nach einer tieferen Erklärung. Dies ist die Situation, in der wir uns heute wiederfinden.

Es gibt viele Versuche, über das Standardmodell hinauszugehen und Theorien zu entwickeln, die das beobachtete Muster von Quarks, Leptonen und Eichbosonen erklären. Warum haben sie die verschiedenen Massen, die sie besitzen? Sind die verschiedenen Kräfte zwischen den Teilchen nur verschiedene Erscheinungsformen voneinander – genau wie Eis, Wasser und Dampf verschiedene Formen von H_2O sind? Diese Fragen können im Rahmen des Standardmodells selbst bis jetzt nicht beantwortet werden.

Bei vielen Versuchen, über das Standardmodell hinauszublicken, richten sich die Physiker nach der Vereinigung der Schwachen und der Elektromagnetischen Kraft, die in den sechziger Jahren stattfand. Vorher für völlig verschiedene Phänomene gehalten, haben sich diese beiden Kräfte als eine einzige erwiesen durch die revolutionären Ideen der Theoretiker Sheldon Glashow, Abdus Salam und Steven Weinberg. Glashow war der erste von ihnen, der an diesem Problem arbeitete; 1960 sagte er das Z-Teilchen als einen weiteren Träger der Schwachen Kraft voraus. Später in diesem Jahrzehnt entdeckten Salam und Weinberg, wie man diese beiden Kräfte zu einer kombiniert und gleichzeitig große Massen für das W- und Z-Teilchen erzeugt. Die Entdeckung der W- und Z-Teilchen 1983 bestätigte diese Ideen unzweifelhaft.

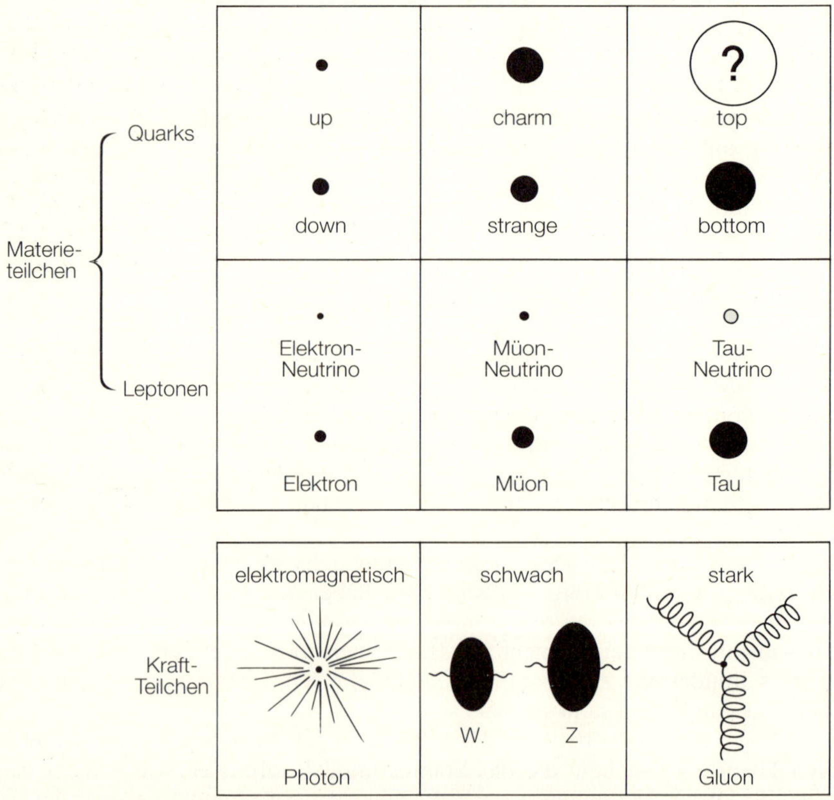

Die bekannten Teilchen des Standardmodells. Die Materieteilchen sind in Familien eingeteilt, von denen jede aus zwei Quarks und zwei Leptonen besteht. (Je schwerer ein Teilchen ist, desto größer ist es oben gezeichnet, aber keines dieser Teilchen hat eine nachweisbare Größe.) Das top-Quark und das Tau-Neutrino wurden bis jetzt noch nicht offiziell „entdeckt“, aber es gibt starke Hinweise, daß sie wirklich existieren.

Die Vereinheitlichung der Schwachen und Elektromagnetischen Kraft hat zahlreiche Bemühungen angeregt, die Starke Kernkraft und sogar die Gravitation in einer einzigen Theorie unterzubringen, die alle diese Kräfte erklärt. Solche Ideen wie die Große Vereinheitlichung, Supersymmetrie oder die Superstring-Theorie werden als das Ding der Zukunft angepriesen. Einige Physiker behaupten heute, daß eine sogenannte Theorie von Allem sogar schon ausgearbeitet ist und nur auf die experimentelle Bestätigung wartet. Dies sind aufregende Zeiten in der Hochenergiephysik.

Diese vereinheitlichten Theorien haben einige Eigenschaften, die sie für Kosmologen äußerst ansprechend machen. Zum einen würden sich ihre Effekte nur im frühesten Bruchteil einer Picosekunde (einer Billionstelsekunde) des Urknalls gezeigt haben, als die durchschnittlichen Teilchenenergien so unaussprechlich hoch gewesen sein müssen, daß sich jeder Unterschied zwischen den einzelnen Kräften ganz einfach verflüchtigt hätte. Erst nachdem sich das Universum abgekühlt hatte, hätten sich diesen Überlegungen zufolge die Unterschiede gezeigt.

Eine weitere gemeinsame Eigenschaft der Theorien, die über das Standardmodell hinausgehen, ist, daß sie neue, bis jetzt nicht beobachtete Teilchen vorhersagen. Man hört von Axionen, Squarks, Photinos, Sleptons, Gluinos und Scharen von anderen hypothetischen Wesen reden. Diese Teilchen müssen extrem massiv sein oder nur sehr schwach mit normaler Materie (Quarks und Leptonen) wechselwirken; andernfalls wären sie schon längst in Teilchendetektoren nachgewiesen worden. Wenn sie stabil sein sollten, gäben solche exotischen neuen Teilchen hervorragende Kandidaten für den unsichtbaren Inhalt des Universums ab, weil sie in Mengen während des Urknalls erzeugt worden wären und bis zum heutigen Tage überdauert hätten. Wir würden kaum wissen, daß es sie gibt, aber sie könnten einen wesentlichen Beitrag zur Masse des Universums erbringen.

Unglücklicherweise kommen jedoch die vereinheitlichten Theorien, die solche Geister benötigen, erst bei wahrlich gewaltigen Energien ins Spiel, was es praktisch unmöglich macht, sie auf der Erde zu testen. Mit den heute verfügbaren Techniken

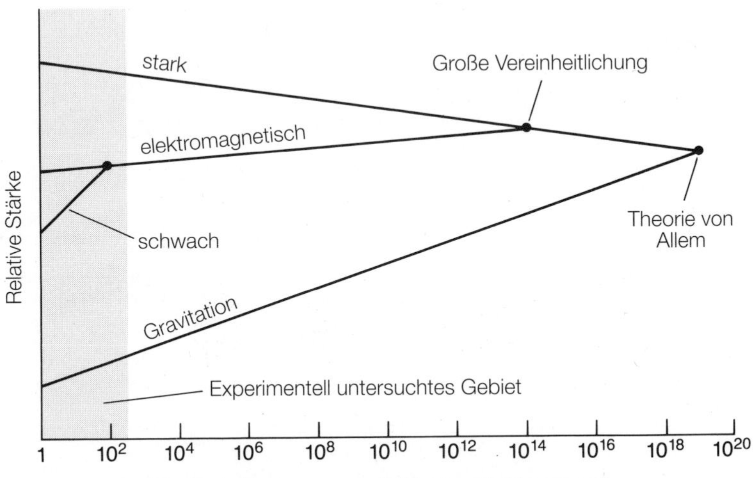

Vereinheitlichung der vier Grundkräfte der Natur. Bei extrem hohen Energien, wie sie etwa in den frühen Augenblicken des Urknalls auftraten, waren die verschiedenen Kräfte vermutlich völlig ununterscheidbar.

der Teilchenbeschleunigung müßten Anlagen, die solche Energien erzeugen könnten, größer als das Sonnensystem sein, vielleicht sogar so groß wie die Milchstraße. Obwohl die Regierungen in letzter Zeit zu den Hochenergiephysikern sehr gütig waren, hat doch alles seine Grenzen!

Mehr und mehr suchen die Physiker am Himmel nach einer Antwort. Die gleichen vereinheitlichten Theorien, die den frühesten Sekundenbruchteil des Urknalls beherrschten, sollten auch schwache Überbleibsel hinterlassen haben, dunkle Fossilien in einer Welt jenseits unserer unmittelbaren Wahrnehmung, die dabei helfen, die Struktur des Universums heute zu bestimmen. Durch die Kraft der Gravitation, die auf alle Formen der Materie wirkt, können diese schattenhaften Reste ihre Gegenwart durch Wirkungen auf das für uns tatsächlich *Sichtbare* fühlen lassen. Die Formen und Bewegungen der Galaxien – und die Art und Weise, in der sie im fernen Weltraum verteilt sind – könnten entscheidende Geheimnisse von den frühesten Augenblicken des Seins verbergen.

Indem wir versuchen, diese geisterhaften Überreste, diese Schatten der Schöpfung zu orten und zu deuten, können wir hoffen, eines Tages die eigentliche Geburt des Universums zu verstehen.

3. Die Schatten des Zweifels

In den siebziger Jahren begannen die Astronomen zu erkennen, daß mehr im Universum drinsteckt, als unsere Augen wahrnehmen. Wie der Schnee auf entfernten Berggipfeln ist der leuchtende Stoff, der am Nachthimmel sichtbar ist, nur ein kleiner Bruchteil eines viel größeren Ganzen. Die Astronomen kamen zu diesem verblüffenden Schluß, nachdem sie die Bewegung der Sterne und der Gase in den Galaxien aufzeichneten und untersuchten, wie die Galaxien selbst in den Haufen umeinanderrasen. Wenig mehr als Newtons Gesetz der Schwerkraft und einige sorgfältige Beobachtungen genügten für ihre Entdeckung, daß es draußen in den Tiefen des Weltraums riesige Mengen unsichtbarer Materie geben muß, die die in den Fernrohren sichtbaren leuchtenden Punkte so überraschend schnell sich bewegen lassen.

Mit dem besten Observatorium der Welt zu seiner Verfügung, machte der protzige dänische Astronom Tycho Brahe die ersten detaillierten Messungen der Planetenbewegungen gegen Ende des sechzehnten Jahrhunderts. An einer geplatzten Blase nach einer langen Zechtour sterbend, vermachte er seine wohlbehüteten Aufzeichnungen Johannes Kepler, dem mystischen deutschen Mathematiker, der mit ihm zusammen am Hof des deutschen Kaisers in Prag gedient hatte. Er wollte, daß sein Kollege mit diesen Daten das heliozentrische System des Nikolaus Kopernikus widerlegt, aber Kepler verwendete sie statt dessen dazu, die kopernikanischen Ideen zu beweisen und zu erweitern. 1619 machte er zwei entscheidende Beobachtungen: Die Planeten folgen *elliptischen*, nicht kreisförmigen Umlaufbahnen und bewegen sich um so langsamer auf diesen Bahnen, je weiter sie von der Sonne entfernt sind.

In seinem 1687 erschienenen Meisterwerk *Principia Mathematica* zehrte Isaac Newton von den detaillierten Grundlagen, die Brahe und Kepler gelegt hatten, um ein mathematisches Gesetz für die Kraft der Gravitation zwischen zwei beliebigen Himmelskörpern abzuleiten. Sie mußte zunehmen, schloß er, wie das Produkt ihrer beiden Massen und abnehmen mit dem Quadrat des Abstands zwischen ihnen. Diese Kraft, und nicht irgendeine imaginäre kristallene Sphäre oder ein anderes mechanisches Konstrukt, war es, was die Bewegung des Mondes um die Erde bestimmt. Genau die gleiche Gravitationskraft konnte auch einfach Keplers empirische Gesetze der Planetenbewegung erklären.

Diese Bewegungen zeigen deutlich, daß die Stärke der Gravitation rasch mit dem Abstand abnimmt. Uns ist allen bekannt, daß die Erde in einem Jahr die Sonne vollständig umrundet. Die äußeren Planeten, sagen wir Jupiter oder Pluto, brauchen viel länger – Jupiter zwölf Jahre und Pluto 249 Jahre. Zwar hat Jupiter eine weitere Reise als die Erde, aber seine Umlaufbahn ist nur fünfmal so lang, nicht zwölfmal; Plutos Bahn ist 40mal länger als die Erdbahn, nicht 249mal. Daher ist Jupiters Bahn*geschwindigkeit* (die gleich der zurückgelegten Strecke, geteilt durch die benötigte Zeit, ist) bedeutend kleiner als die der Erde, und jene Plutos ist sogar noch kleiner. Ihre geringere Geschwindigkeit kommt dadurch zustande, daß die Schwerkraft in der Umgebung der äußeren Planeten deutlich abfällt. Da die Sonne den Großteil der Masse des Sonnensystems – der Quelle der Gravitation – trägt, wird diese Kraft beständig

Isaac Newton. Sein 1687 veröffentlichtes mathematisches Gesetz, das die Schwerkraft beschreibt, erklärte die einzelnen Bewegungen der Monde und Planeten.

schwächer und schwächer, je weiter Sie nach außen gehen. Genauer gesagt, sie nimmt jedesmal um einen Faktor vier ab, wenn sich der Abstand zur Sonne verdoppelt.

Wenn man die Abstände zwischen irgendeinem Paar schwerer Körper und ihre Geschwindigkeiten kennt, kann man umgekehrt vorgehen und das Gravitationsgesetz anwenden, um etwas über ihre Masse zu erfahren. Indem er beobachtete, wie der Mond um die Erde kreist, war Newton zum Beispiel in der Lage, die Masse der Erde abzuschätzen und zu zeigen, daß die gleiche Schwerkraft Monde, Planeten und fallende Äpfel beeinflußt. Himmlische und irdische Bewegungen, so erkannte er als erster, werden durch genau das gleiche universelle Gesetz der Schwerkraft beschrieben. Vor seinem Werk hielt man diese für unzusammenhängende Erscheinungen. Im Endeffekt war Newton der erste Mensch, der zwei Kräfte zu einer einzigen vereinte.

* * *

Newtons Fußstapfen folgend können moderne Astronomen sein Gravitationsgesetz benutzen, um die Masse unserer eigenen Galaxie, der Milchstraße, anhand der Bewegungen ihrer einzelnen Teile abzuschätzen. Die Sonne zum Beispiel wirbelt um die Milchstraße in einer Entfernung von ungefähr dreißigtausend Lichtjahren vom galaktischen Zentrum; ihre Geschwindigkeit um dieses Zentrum beträgt beinahe 200 Kilometer pro Sekunde. Mit Kenntnis dieser beiden einfachen Tatsachen kann man die Gesamtmasse aller Himmelskörper abschätzen, die in der Bahnkurve der Sonne liegen. Diese ergibt sich zu ungefähr dem Einhundertmilliardenfachen der Sonnenmasse.

Da die Sonne nur ein durchschnittlicher Stern ist, der außen am Rand des sichtbaren Bereichs durch die Galaxie kreuzt, können wir sicher folgern, daß es ungefähr 100 Milliarden Sonnen in der Milchstraße gibt. Das sind ungefähr so viele wie die Zahl der Körner in einer Einkaufstüte voller Sand.

Astronomen machen die gleiche Art von Berechnungen für solche benachbarten Galaxien wie die Andromedagalaxie, auch als M31 bekannt. Dieses verschwommene Stückchen Licht ist das entfernteste Objekt, daß Sie mit dem unbewaffneten Auge erkennen können. Es liegt ungefähr zwei Millionen Lichtjahre weit weg. Zusammen mit der Milchstraße bildet M31 das, was die Astronomen ein Doppelgalaxie nennen – zwei Galaxien, die gravitativ gekoppelt sind. Als ordentliche Spiralgalaxie wie unsere eigene, scheint M31 auch ungefähr 100 Milliarden Sonnen in ihrem leuchtenden Bereich zu enthalten. Dies scheint die typische Größe für Spiralgalaxien zu sein. (Galaxien gibt es in drei Grundformen – Spiralen, wie M31 und die Milchstraße; elliptische Galaxien, in denen die Sterne eiförmig verteilt sind; und irreguläre, die keine bestimmte Gestalt haben.)

Unter Anwendung der gleichen Art von Überlegungen auf die äußersten Gebiete des Weltraums können Astronomen eine grobe Schätzung der Materiedichte im sichtbaren Universum vornehmen. Sie zählen einfach die durchschnittliche Zahl der Galaxien in einem repräsentativen Volumen und multiplizieren diese Zahl mit der gewöhnlichen galaktischen Masse von 100 Milliarden Sonnen. Dies ist jedoch eine starke

Die Andromeda-Galaxie oder M31. Dies ist die nächstgelegene Spiralgalaxie zu unserer eigenen Milchstraße. Die beiden Galaxien umkreisen einander als Doppelgalaxie und bewegen sich nicht mit der allgemeinen Hubble-Expansion auseinander.

Vereinfachung der Weise, in der Astronomen arbeiten. In der tatsächlichen Praxis „addieren“ sie das Licht, das aus solch einem typischen Volumen kommt und multiplizieren diesen Gesamtwert mit einem „Masse-zu-Licht-Verhältnis“, das angibt, wie viel Masse mit den beobachteten Emissionen verbunden ist. Dieses Vorgehen ergibt grob gesehen das gleiche Ergebnis wie das Zusammenzählen der Galaxien.

Weil es wichtige Uneindeutigkeiten in diesen Berechnungen gibt, ist die so abgeschätzte Dichte nur etwa auf einen Faktor zwei genau. Aber solch eine „sichtbare Dichte“ kommt immer noch viel kleiner heraus als die kritische Dichte, die wir in Kapitel 1 diskutiert haben. Ein Faktor zwei mehr oder weniger: die Dichte der sichtbaren Materie im Universum beträgt bloß 0,5 Prozent des alles entscheidenden kritischen Werts, oder $\Omega = 0{,}005$. Wenn es keine andere Masse gäbe als die, die mit Teleskopen und Radioantennen festzustellen ist, wäre unser Universum wirklich ein äußerst offenes Universum, das sich immerwährend ausdehnt und schließlich im Big Chill endet.

Aber diese Beobachtungen haben etwas Rätselhaftes an sich. Wenn wir beispielsweise unsere eigene Galaxie betrachten und versuchen, alle die verschiedenen Massen darin aufzuaddieren, fehlt uns am Ende einiges bis zu dem Wert unserer ersten Schätzung, die auf der Bewegung der Sonne beruhte. Auch wenn wir noch das gesamte Gas und den Staub hinzufügen, fehlt immer noch etwas. Wir bekommen weniger als die Hälfte dessen heraus, was aus der Sterndynamik resultierte. Früheren Arbeiten von Jan Oort in Holland folgend, entdeckte John Bahcall, ein Astrophysiker an Princetons berühmtem Institute for Advanced Study, von neuem die merkwürdige Diskrepanz in den siebziger Jahren und seine Schlußfolgerungen sind wiederholt bestätigt worden. Entweder hat sich Isaac Newton geirrt, oder mehr als die Hälfte der Masse in der Milchstraße ist unsichtbar.

Wenn wir nun zu unserer benachbarten Galaxie M31 hinüberblicken, bemerken wir eine ähnliche Anomalie. Wenn wir über den äußeren Rand ihrer Spiralscheibe hinaussehen, außerhalb des Großteils ihrer sichtbaren Materie, stellen wir fest, daß die Geschwindigkeiten der Kugelsternhaufen und Zwerggalaxien, die um sie herumsausen, *nicht* so mit dem Abstand abnehmen, wie man es nach Newtons Gesetz erwartete. Stattdessen nähern sich die Geschwindigkeiten dieser stellaren Schwärme grob gesehen einem konstanten Wert an. Ebenso tut das die Umdrehungsgeschwindigkeit der Wolken von Wasserstoffgas, die weit außerhalb des sichtbaren Randes von M31 zu finden sind. Dies ist seltsam.

Erinnern Sie sich daran, daß die Geschwindigkeit eines Planeten im Sonnensystem beständig abnimmt, je weiter dieser von der Sonne entfernt ist. Das Gleiche sollte mit den Rotationsgeschwindigkeiten in M31 passieren, je weiter man sich vom galaktischen Zentrum fortbewegt – wenn wirklich die meiste Masse dort konzentriert ist. Wenn es stattdessen jedoch haufenweise weitere, unsichtbare Materie gibt, die sich *jenseits* der sichtbaren Scheibe erstreckt, dann können diese Geschwindigkeiten bei solchen Abständen verhältnismäßig hoch bleiben.

Astronomen bestimmen die Geschwindigkeiten von entfernten Objekten durch Untersuchung des Lichts, das von ihnen kommt, und sehen nach, wie die charakteristischen Wellenlängen (oder Atomlinien), die vom Wasserstoff emittiert werden, gegenüber ihrer üblichen Lage im elektromagnetischen Spektrum verschoben sind. Wenn diese Emissionen zu größeren Wellenlängen verschoben sind, zum roten Ende des Spektrums, bewegt sich das fragliche Objekt weg; wenn sie zu kürzeren Wellenlängen verschoben sind, zum blauen Ende, muß sich das Objekt auf uns zu bewegen. Das Ausmaß dieser „Dopplerverschiebung“ bestimmt die Geschwindigkeit des Objekts. In ähnlicher Weise ist die scheinbare Frequenz, oder Tonhöhe, einer Zugpfeife höher (entsprechend kürzeren Wellenlängen der Schallwellen), wenn sich der Zug nähert, und tiefer (größere Wellenlänge), wenn er sich vom Zuhörer entfernt.

Wie Hubble erstmals in den zwanziger Jahren feststellte (siehe Kapitel 1), zeigen praktische alle Galaxien Rotverschiebungen ihres Lichts, was bedeutet, daß sie sich von uns entfernen. M31 ist eine der wenigen Galaxien, die stattdessen eine „Blauverschiebung“ zeigt. Unter dem Einfluß der Schwerkraft bewegt sie sich *auf* die Milchstraße *zu*. Folglich ist die Wellenlänge des Lichts, das ihre Sterne aussenden, zum blauen Ende des Spektrums verschoben.

Um die relativen Geschwindigkeiten zweier entfernter Objekte, sagen wir des Zentrums von M31 und einer seiner Satelliten, abzuschätzen, bestimmen die Astronomen den *Unterschied* zwischen ihren Rot- oder Blauverschiebungen. Auf diese Weise stellten sie übrigens auch fest, daß die Geschwindigkeiten dieser Satelliten außerhalb der Kante der Scheibe von M31 nicht abfallen, sondern sich auf einen konstanten Wert einzupendeln scheinen.

Solche „flachen Rotationskurven“, wie sie im Jargon bezeichnet werden, nahmen die Astronomen in den siebziger Jahren allmählich zur Kenntnis. Eine Rotationskurve ist eine Graphik, bei der die Rotationsgeschwindigkeit über den Abstand vom galaktischen Zentrum aufgetragen ist; wenn die gemessenen Geschwindigkeiten bei großen Abständen einen festen Wert annehmen, sagt man, die Kurve verlaufe flach. Die Astronomin Vera Rubin und ihre Mitarbeiter an der Carnegie Institution in Washington, D. C., maßen zuerst solche flachen Rotationskurven für M31 in den frühen Siebzigern, aber sie machten sich zu diesem Zeitpunkt nicht viel daraus.

Als jedoch mehr und mehr flache Rotationskurven auftauchten, schöpften sie allmählich Verdacht und veröffentlichten ihre Entdeckung. Bis zum Ende des Jahrzehnts war die Beweislage sehr schlüssig geworden: Alle Spiralgalaxien hatten flache Rotationskurven. Aus diesen Kurven schlossen die Astronomen, daß die leuchtende Materie nicht mehr als die Hälfte, wahrscheinlich weniger als ein Viertel, der Gesamtmasse dieser Galaxien ausmacht.

Die einzige Alternative zu dieser Schlußfolgerung wäre es zu sagen, daß Newtons Gesetz der Schwerkraft im galaktischen Entfernungsmaßstab nicht gilt, eine Möglichkeit, die Physiker nur ungern wahrnehmen. (Sicher, Einsteins Allgemeine Relativi-

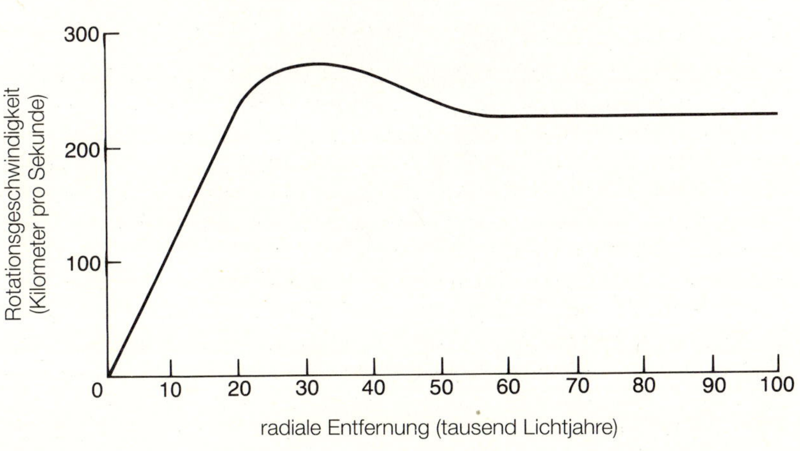

Rotationskurve von M31. Die Rotationsgeschwindigkeit fällt bei großen Entfernungen jenseits der Kante der sichtbaren Scheibe nicht ab. Stattdessen pegelt sie sich auf etwa 200 Kilometer pro Sekunde ein, was auf eine große Menge unsichtbarer Materie hinweist, die die Scheibe umgibt.

tätstheorie löste Newtons Gesetz ab, aber sie gibt im wesentlichen die gleiche Antwort bei den relativ niedrigen Dichten, denen man in Galaxien begegnet. Die relativistischen Effekte unterscheiden sich nur deutlich bei extrem hohen Dichten wie der, die in der Nachbarschaft eines Schwarzen Lochs möglich ist.) Nein, es muß „dunkle Halos" der einen oder anderen Art geben, die um die Spiralgalaxien schweben, Nebelschleier unsichtbarer Materie, die sich weit außerhalb ihrer leuchtenden Kerne erstrecken.

Schon jahrelang hatte es Vermutungen über dunkle Halos gegeben, die die Galaxien umgeben, aber diese Ideen wurden erst seit den siebziger Jahren ernst genommen. Und es war nicht nur die Güte der astronomischen Beobachtungen, die Astrophysiker und Kosmologen von dunklen Halos zu überzeugen half; sie erfüllten auch ein starkes *theoretisches* Bedürfnis. Ungefähr zur selben Zeit, als Rubin und ihre Kollegen mühsam flache Rotationskurven aufnahmen, berechneten James Peebles und Jeremiah Ostriker in Princeton die gravitative Stabilität der Spiralgalaxien. Sie folgerten, daß die Scheiben dieser Galaxien auseinanderbrechen würden, falls sie nicht in einen ungefähr kugelförmigen Halo unsichtbarer Materie eingebettet sind, die mindestens so schwer wie die sichtbare Scheibe selbst ist.

Eine dünne, rotierende Scheibe, die nur von ihrer eigenen Schwerkraft zusammengehalten wird, ist instabil, so ganz allein. Kleine Klumpen in ihrer Zusammensetzung – wie sie beispielsweise Gruppen von Sternen verursachen – würden Schwingungen der Scheibe auslösen, die beständig größer würden, bis sie wie ein berstendes Schwungrad auseinanderfliegt. Wenn die Scheibe jedoch nicht allein, sondern in eine

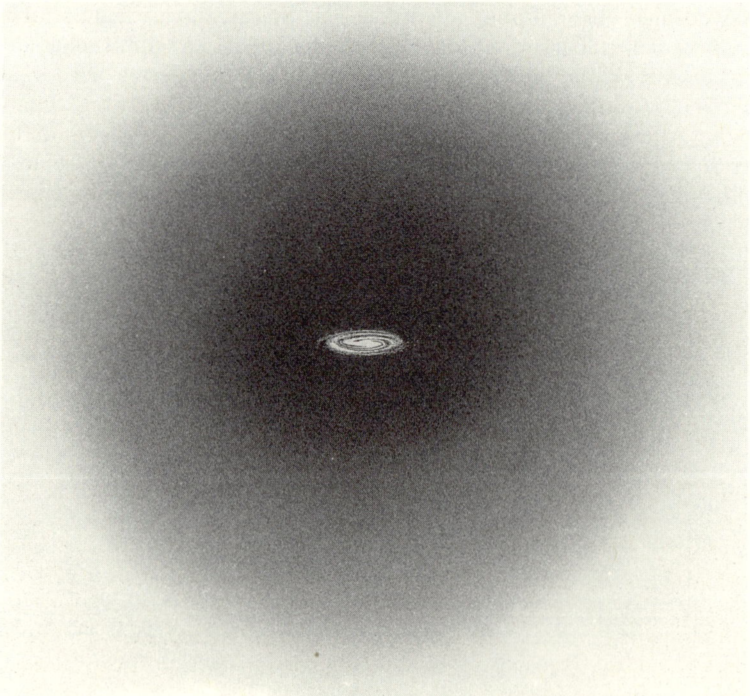

Künstlerische Darstellung einer Spiralgalaxie, umgeben von einem dunklen Halo. Ohne solchen Halo darumherum würde die Spiralscheibe wegen der Gezeitenkräfte auseinanderfliegen.

größere Masse eingebettet ist, werden diese zerstörerischen Schwingungen gedämpft, und die Galaxie ist tatsächlich stabil.

Folglich bedingt die bloße *Existenz* unserer eigenen Milchstraße und ähnlicher Spiralgalaxien, daß reichlich dunkle Materie vorhanden ist, die sie umgibt. Die Beobachtungen dunkler Halos stoßen nicht mehr auf taube Ohren. Wie Sir Arthur Eddington einmal bemerkte: »In der Astronomie dürfen Beobachtungen erst geglaubt werden, wenn sie durch die Theorie bestätigt werden.«

* * *

Wenn wir in noch größeren Entfernungen Ausschau halten, entdecken wir, daß sogar mehr der offenkundigen Masse nicht da zu sein scheint, zumindest nicht sichtbar da ist. Dies ist das klassische Problem der „fehlenden Masse", daß die Astronomen schon in den dreißiger Jahren dieses Jahrhunderts erkannten. 1933 fiel Fritz Zwicky, einem seinerzeit am CalTech arbeitenden Schweizer Astronomen auf, daß Galaxien in einer Weise miteinander in Wechselwirkung standen, die die Gegenwart von mehr als der sichtbaren Masse nahelegte. Obwohl dieses Phänomen lange Zeit als das Problem der fehlenden Masse bekannt war, ist dies eine unglückliche Bezeichnung. Es ist nicht die Masse, die fehlt (wenn wir Newton glauben), sondern das Licht! Die Masse *muß* vorhanden sein, um die Galaxien sich so bewegen zu lassen, wie sie es tun; sie leuchtet einfach nicht.

Sehen Sie sich beispielsweise erneut die benachbarte Galaxie M31 an und betrachten Sie ihre Bewegung relativ zu unserer Milchstraße. Die beiden sind die wichtigsten Mitglieder eines kleinen Galaxienhaufens, der gewöhnlich die Lokale Gruppe genannt wird und auch einige Zwerggalaxien umfaßt. Es ist ein ziemlich unscheinbarer Haufen im Vergleich zu anderen, aber er ist am einfachsten in seinen Einzelheiten zu untersuchen. M31 nähert sich der Milchstraße mit einer Geschwindigkeit von etwa 100 Kilometern pro Sekunde oder 360 000 Kilometern in der Stunde. (Ein Rennwagen mit 360 Kilometern in der Stunde legt in einer Sekunde 100 Meter zurück, also ist M31 etwa tausendmal schneller.) Dies ist ungefähr *halb* so schnell wie die Sonne bei ihrer Reise um die Milchstraße. Es ist jedoch eine extrem hohe Geschwindigkeit, wenn Sie bedenken, daß die beiden Galaxien etwa zwei Millionen Lichtjahre auseinander sind und ihre Bewegung vermutlich durch ihre gegenseitige Massenanziehung verursacht wird. M31 ist fast hundertmal weiter vom Zentrum der Milchstraße entfernt als die Sonne, aber ihre relative Geschwindigkeit nimmt nur um einen Faktor zwei ab.

Dies ist in der Tat sonderbar. Wie bei den die Sonne umkreisenden Planeten und den durch Galaxien wandernden Sternen, sagt uns Newtons Gesetz, daß die relativen Geschwindigkeiten allmählich mit dem Abstand abnehmen (wenn die Masse im Zentrum konzentriert ist). Aber die flachen Rotationskurven, die in galaktischen Abständen zu sehen sind, reichen offensichtlich weit darüber hinaus – bis zu *Millionen* von Lichtjahren. Das bedeutet, daß es da draußen ebenfalls zusätzliche Masse geben muß.

Ein ähnliches Verhalten wird bei den Kugelsternhaufen und Zwerggalaxien beobachtet, die zwischen der Milchstraße und M31 liegen. Kugelsternhaufen sind dicht gepackte, runde Ansammlungen von etwa 1000 sehr alten Sternen, die den Kern einer Spiralgalaxie außerhalb der Scheibenebene umkreisen. Zwerggalaxien sind unregelmäßige Schwärme hunderter Millionen von Sternen. Die Große Magellansche Wolke, die von der Südhalbkugel der Erde zu sehen ist, ist eine solche Zwerggalaxie, die die Milchstraße in einem Abstand von etwa 170 000 Lichtjahren umkreist. Sowohl Kugelsternhaufen als auch Zwerggalaxien bewegen sich mit einer mäßigen Geschwindigkeit von 100 bis 200 Kilometern pro Sekunde. Sie fügen dem Zwischenraum

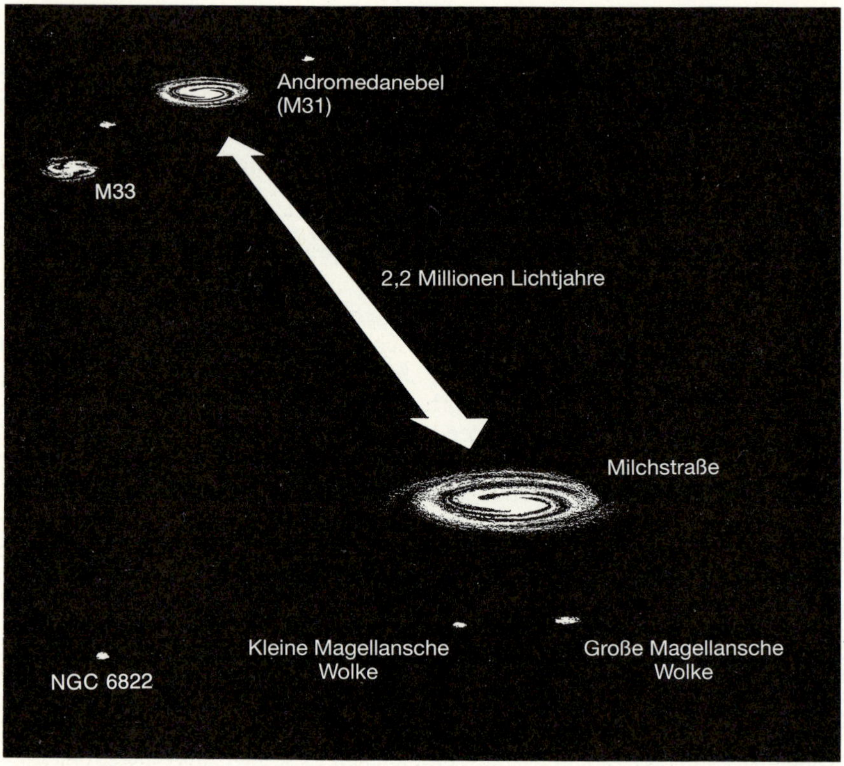

Die Lokale Gruppe von Galaxien. Die Milchstraße und M31 sind die beiden wichtigsten Mitglieder der Lokalen Gruppe; um sie kreisen insgesamt mindestens 20 Zwerggalaxien, wie etwa die Große und die Kleine Magellansche Wolke.

zwischen den beiden Hauptgalaxien der Lokalen Gruppe nicht viel Masse hinzu, aber dienen als wertvolle „Sonden" für das Schwerefeld – und folglich der Masse –, das hier vorhanden ist.

Was könnte hier vorgehen? Der einzige Weg, um unseren Augen im Rahmen der Newtonschen Mechanik glauben zu können, ist, unsichtbare Masse in den riesigen „Leerräumen" zwischen den beiden Galaxien lauern zu lassen. Ohne diese zusätzliche Materie sollten die relativen Geschwindigkeiten nur ein Zehntel der beobachteten Werte betragen. Um die Geschwindigkeiten in Übereinstimmung mit unseren Beobachtungen zu bringen, muß ungefähr *zehnmal soviel* dunkle Materie jenseits der leuchtenden Kante der Milchstraße, aber innerhalb der Bahn von M31 herumliegen. Es ist so, als ob weitere zehn Galaxien, jede mit der Masse der Milchstraße, in dem Zwischenraum verteilt sind.

Der gleiche Faktor Zehn taucht auch auf, wenn wir die Bewegungen anderer Paare und kleiner Galaxienhaufen untersuchen. Diese riesigen Tropfen und Feuerräder wirbeln umeinander, als ob sie das Zehnfache der Masse besäßen, die in ihren leuchtenden Kernen zu sehen ist. Das heißt, daß jede etwa eine *Billion* Sonnenmassen mit sich herumträgt, nicht 100 Milliarden. Die zusätzlichen 900 Milliarden Sonnenmassen sind jedoch vollständig dunkel.

Wir müssen zwangsweise den Schluß ziehen, daß alle Galaxien in mächtigen Halos unsichtbarer Materie eingebettet sind, die um einen Kern leuchtender, dicht um ihren

Mittelpunkt gepackter Sterne schweben. 90 Prozent aller Materie in Galaxien lauert in diesen enormen Schleiern, die sich um ein Mehrfaches der Radien jener winzigen Lichtwirbel ausdehnen, die sich an ihrem Dreh- und Angelpunkt befinden.

Erinnern Sie sich nun daran, daß wir durch Zusammenzählen aller sichtbaren Materie im Universum einen Wert von 0,005 für den Schlüsselparameter Ω erhalten. Wenn wir die Masse dieser dunklen Halos in unsere Abschätzungen einbeziehen, vergrößern wir Ω um einen Faktor Zehn; es ist gleich 0,05 anstatt 0,005. Mit allen Unsicherheiten in den Schätzungen könnte dieser Wert höchstens auf 0,10 anwachsen, das heißt fünf bis zehn Prozent der kritischen Dichte, die zum Schließen des Universums nötig ist. Die Sache sieht für den Big Crunch etwas günstiger aus, aber wir sind noch weit davon entfernt, ihn zu erreichen. Sofern wir nicht einen Haufen mehr Materie da draußen in der „Leere" des Weltraums finden, ist das Universum immer noch ein offenes Universum.

* * *

Was könnte diese dunkle Materie alles sein? So gut wie 90 Prozent der Masse, die mit einer normalen Spiralgalaxie wie der Milchstraße verbunden ist, scheint vollständig dunkel zu sein. Der Großteil dieser Masse befindet sich in einem enormen Halo, der sich weit jenseits der leuchtenden Scheibe erstreckt. Gibt es Anordnungen gewöhnlicher Materie – aus Elektronen, Protonen und Neutronen bestehend –, die ohne viel Licht abzugeben existieren können?

Schwarze Löcher bieten zum Beispiel einen hervorragenden Platz, um eine Menge Materie auszusondern, ohne daß diese überhaupt irgendwelches Licht aussendet. Vermutlich werden sie als Endstufe der Sternentwicklung gebildet, wenn ein großer Stern schließlich seinen Kernbrennstoff verbraucht hat und sein Zentrum in einer gewaltigen, blendenden Explosion zusammenfällt, die eine „Supernova" genannt wird. So könnte ein Schwarzes Loch leicht viele Sonnenmassen enthalten, ohne jemals ein einziges Photon herauszulassen.

Man könnte naiverweise erwarten, daß Schwarze Löcher in den sichtbaren Regionen einer Galaxie liegen, nahe bei den anderen Sternen, weil sie einfach große Sterne sind, die schließlich verloschen sind. Aber wir könnten uns auch Szenarien vorstellen, in denen die massiven Sterne, die als Schwarze Löcher enden, überall in einem Volumen von der Größe des Halos verteilt sind, wohingegen die kleinen, noch heute scheinenden Sterne in seinem Zentrum angehäuft sind. Es gibt viele Gründe, warum sich die Gruppe der im Halo gebildeten Sterne von der in der Scheibe unterscheiden könnte.

Ein anderer Ort, der diese dunkle Materie verbergen könnte, wären „Braune Zwerge", sternartige Objekte von weniger als zehn Prozent der Sonnenmasse. Von mittlerer Größe, zwischen Planeten und Sternen, werden Braune Zwerge nicht heiß genug in ihren Kernen, damit eine thermonukleare Verbrennung ablaufen könnte. Folglich senden sie wenig Licht aus und sind praktisch nicht zu sehen, wenn sie sich nicht gerade in der Nähe befinden. Neuere Beobachtungen (mittels ihrer Infrarotstrahlung) einiger möglicher Brauner Zwerge deuten daraufhin, daß diese sehr zahlreich in der Milchstraße sein könnten.

In die gleiche Kategorie wie Braune Zwerge fallen planetarische Gebilde von der Größe des Jupiter (mit 0,1 Prozent der Sonnenmasse) oder kleiner, deren Kerne sich nicht genügend aufheizen, um irgendwelche Kernreaktionen zu zünden. Um einen beträchtlichen Beitrag zur galaktischen Gesamtmasse zu leisten, müßte es riesige Anzahlen von ihnen geben – viel mehr als die Zahl der Sterne in der Galaxie. Sowohl

Braune Zwerge als auch jupitergroße Planeten könnten gut die dunklen galaktischen Halos ebenso wie die sichtbaren Gebiete bevölkern. Sie könnten Masse zur Galaxie beitragen, aber sehr wenig Licht.

Wolken von Gas oder Staub sind andere mögliche Formen dunkler Halomaterie – solange sie nicht das beobachtete Licht stören, das die Erde von entfernteren Quellen erreicht. Andernfalls würden wir merken, daß diese Wolken wirklich da sind (durch die Schatten, die sie verursachen) und ihren Beitrag zur gesamten sichtbaren Materie hinzuzählen – genauso, wie wir es mit dem bekannten Gas und Staub in der Scheibe machen. Solche Wolken müßten in besonderer Weise angeordnet sein, um eine Störung des Lichts zu vermeiden. Aber es zeigt sich, daß dies nicht besonders schwierig ist, sogar für sehr große Wolken.

* * *

Lassen Sie uns nun einen Blick auf einige wahrlich enorme Himmelsobjekte werfen, die „Superhaufen", jeder Tausende von Galaxien enthaltend, die umeinander schwärmen. In den fünfziger Jahren erstmals von dem französischen Astronomen Gerard de Vaucouleurs erkannt, gehören Superhaufen zu den größten bekannten Strukturen im Universum und erstrecken sich *viele Millionen* von Lichtjahren durch den Weltraum. Die Lokale Gruppe von Galaxien gehört zu solch einem Ensemble, genannt Virgohaufen, weil sein Zentrum in der groben Richtung des Sternbilds Jungfrau (Virgo) liegt. Die Milchstraße sitzt am äußeren Rand dieses enormen Superhaufens, nur eine Galaxie unter Tausenden.

Die Lokale Gruppe scheint auf das Zentrum des Virgohaufens zuzufallen, ungefähr 60 Millionen Lichtjahre weit weg, mit einer Geschwindigkeit von einigen hundert

Die hellsten Galaxien im Zentrum des Virgohaufens. Die beiden großen, kugelförmigen Kleckse unten rechts sind massive elliptische Galaxien, die mit größerer Wahrscheinlichkeit in den Kernen großer Haufen auftreten.

Kilometern in der Sekunde. Neuere Messungen deuten daraufhin, daß diese Geschwindigkeit sogar 600 Kilometer pro Sekunde betragen könnte – mehr als zwei Millionen Kilometer in der Stunde! Mittels Berechnungen auf der Grundlage der Newtonschen Mechanik finden wir, daß die Masse, die dieser Superhaufen benötigt, um solch eine hohe Geschwindigkeit auszulösen, *einigen Billionen* Sonnenmassen pro Galaxie entspricht, anstatt nur der einen Billion, die wir aus den Bewegungen innerhalb kleiner Haufen abgeschätzt hatten. Und auch jene Menge war bereits das Zehnfache der sichtbaren Masse einer Galaxie, so daß dieser Wert das Zigfache sein muß. Folglich ist der leuchtende Teil des Virgohaufens nur wenige schäbige Prozent dessen, was jenseits unserer Sicht lauern muß.

Auch wenn es beachtliche Unsicherheiten bei großen Systemen wie Superhaufen gibt, bestätigt sich doch der allgemeine Trend: Wenn wir größere und größere Strukturen untersuchen, brauchen wir größere und größere Mengen an unsichtbarer Masse, um die beobachteten Bewegungen in Übereinstimmung mit der Newtonschen Mechanik zu bringen. Auf dieser Entfernungsskala – für die größten unterscheidbaren Systeme – ist der Wert für Ω, grob gesehen 0,10 bis 0,30, oder 10 bis 30 Prozent dessen, was zur Schließung des Universums nötig ist. Obwohl wir uns weiterhin der kritischen Dichte nähern, springen wir immer noch um einiges zu kurz. (Die Tabelle zeigt die scheinbaren Massen, die auf verschiedenen Entfernungsskalen ermittelt wurden, und den Wert für Ω, der mit jeder Skala verbunden ist.)

Scheinbare Massen auf verschiedenen Entfernungsmaßstäben und die Werte von Ω

Himmelsobjekt	typische Größe (Lichtjahre*)	typische Masse (Sonnenmassen*)	scheinbarer Wert von Ω
sichtbarer Teil der Galaxien	$3 \cdot 10^{4}$	10^{11}	0,005–0,010
dunkle Halos der Galaxien	$3 \cdot 10^{5}$	10^{12}	0,05–0,10
Galaxienhaufen	10^{7}	$3 \cdot 10^{15}$	0,1–0,3
beobachtbares Universum	10^{10}	$3 \cdot 10^{22}$	0,4–1,6

* 1 Lichtjahr = 10^{13} Kilometer; 1 Sonnenmasse = $2 \cdot 10^{30}$ Kilogramm

Hier müssen wir eine wichtige Warnung aussprechen. Gigantische Systeme wie der Virgohaufen sind nicht sehr verbreitet im Universum. Die meisten Galaxien sind in kleinen Haufen versammelt, statt in solchen großen Superhaufen. Einige Kosmologen behaupten, daß diese seltenen Superhaufen natürlich mehr dunkle Materie umfassen als kleine Haufen. Folglich mag die Masse einer durchschnittlichen Galaxie in einer dieser riesigen Ansammlungen viel größer erscheinen, als wenn sie sich einer viel kleineren Gruppe angeschlossen hätte. Wenn dem so ist, könnte es sehr in die Irre führen, wenn wir diese riesenhaften Superhaufen als typisch für das Universum im Ganzen betrachten.

Wenn Doppel-Galaxien und kleine Haufen als die repräsentativsten Systeme betrachtet werden, fällt Ω auf einen Wert von etwa 0,05 zurück – mit Sicherheit ist es nicht größer als 0,10. Bestenfalls zehn Prozent der Gesamtmasse, die zur Umkehrung der Expansion des Universums nötig ist, kann es da draußen geben, wenn sich Materie vorzugsweise auf der Stufe kleiner Haufen zusammenballt.

Solch ein Ergebnis verträgt sich mit einigen anderen Wegen zur Abschätzung von Ω, die allesamt auf einen Wert kleiner als 0,10 hindeuten. Diese Tatsache fiel erstmals 1974 Richard Gott und James Gunn, damals am CalTech, sowie Beatrice Tinsley und David Schramm auf, die seinerzeit an der University of Texas forschten. Insbesondere führten diese Astrophysiker an (wie wir im Kapitel 4 sehen werden), daß die relativen Anteile an Wasserstoff, Helium und Deuterium (schwerem Wasserstoff), die im Universum festzustellen sind, stark für einen Wert von Ω zwischen 0,05 und 0,15 sprechen. »Lücken in dieser Argumentation könnte es geben«, hielten sie in mahnenden Wort fest, »aber wenn dem so ist, dann sind sie urzeitlich und unsichtbar oder ganz einfach schwarz.«

Wenn Ω in der Tat etwa 0,10 ist, könnte die dunkle Materie einfach gewöhnliche Materie aus Protonen, Neutronen und Elektronen sein – die aus irgendwelchen sonderbaren Gründen sich einfach weigert zu glühen. (Es gibt reichlich viele Wege, wie normale Materie existieren kann, ohne Licht abzusondern, wie die gerade diskutierten Schwarzen Löcher und Braunen Zwerge.) Wir müssen nicht irgendwelche phantastischen neuen Teilchen oder Energiefelder zu Hilfe nehmen, um solch einen Wert zu erklären.

Aber es gibt auch noch eine andere Möglichkeit. Wenn wir größere Himmelsobjekte wie Superhaufen betrachten, könnte es sein, daß wir größere Teile eines riesigen, unsichtbaren Ozeans dunkler Materie untersuchen. Die Bewegungen in Doppelsystemen oder kleinen Haufen können uns nur sagen, wieviel Masse es *innerhalb* ihrer Bahnen gibt; sie sagen nichts über das, was jenseits davon liegt. Solche weitergefaßten Informationen können nur durch Beobachtung des Verhaltens größerer Systeme wie Superhaufen gewonnen werden, was genau das ist, was wir getan haben, als wir uns von der Lokalen Gruppe mit der Milchstraße und M31 zum riesenhaften Virgohaufen bewegten, der die beiden umfaßt und außerdem viele andere Galaxien. Vielleicht haben die Galaxien enorme Halos, die sich sogar weiter ausdehnen, als wir uns zuerst vorgestellt hatten. Sie könnten sich auch so weit ausdehnen, daß wir nur einen *Teil* ihrer massenanziehenden Effekte sogar im Maßstab von Superhaufen sehen, wo die einzelnen Halos aller Galaxien darin begonnen haben, sich zu einem riesigen Meer dunkler Materie zu vermischen.

Wenn diese zweite Interpretation wahr ist, dann könnten uns die großen Superhaufen ein realistischeres Maß der gesamten dunklen Materie geben, die mit jeder sichtbaren Galaxie einhergeht. In diesem Fall würden sie auch eine bessere Schätzung von Ω liefern. Die Dichte aller Materie, sowohl der sichtbaren als auch der dunklen, würde mehr bei 10 bis 30 Prozent des kritischen Wertes liegen – nicht bei den 5 bis 10 Prozent, die wir unter Verwendung der Bewegung von Galaxien in kleinen Haufen abgeschätzt haben. Die größeren Werte von Ω sind schwierig (manche würden sagen unmöglich) mit normalen Atomen zu erklären. Wir müssen uns daher vielleicht auf eine Art dunkler, exotischer Teilchen berufen oder auf übriggebliebene Energiefelder, um den Unterschied wettzumachen.

Sogar auf dem Maßstab von Superhaufen haben wir jedoch nicht ein Ω gleich eins erreicht. Wir bleiben um einiges von der kritischen Dichte entfernt und scheinen immer noch ein Universum zu bewohnen, das unerbittlich dem Big Chill entgegenstrebt. Aber im allgemeinen scheinen Untersuchungen auf größeren Entfernungen mehr dunkle Materie zu liefern und entsprechend größere Werte für Ω. Wenn wir diese Art von Überlegung auf Entfernungen *über* den Maßstab von Superhaufen *hinaus* weiter anwenden, könnten wir schließlich die kritische Dichte erreichen.

Es gibt wenige Anzeichen für Strukturen auch auf diesen enormen Entfernungen, jenseits der 100 Millionen Lichtjahre riesiger Superhaufen. Astronomen haben kürzlich ausgedehnte faden- und blattartige Strukturen von Galaxien ausgemacht und sogar einige wenige gigantische Leerräume ohne eine einzige sichtbare Galaxie darin auf Hunderte von Millionen Lichtjahren. Durchaus möglich, daß es exotische Formen dunkler Materie gibt, die unregelmäßig im Universum ausgebreitet sind. Oder vielleicht sogar „Geistergalaxien" – riesige Wolken von Wasserstoffgas, die es irgendwie nicht schafften, zu kondensieren und leuchtende Sterne zu bilden. Aber diese interessanten Möglichkeiten sind das Thema eines späteren Kapitels.

* * *

Letzten Endes lassen die Bewegungen vieler Himmelsobjekte – Sterne, Galaxien, Haufen und Superhaufen – keinen Zweifel, daß es reichlich dunkle Materie im Universum gibt. Um zu diesem Schluß zu kommen, haben sich die Astrophysiker auf astronomische Beobachtungen und Newtons Gesetze der Schwerkraft und der Bewegung verlassen. Um jedoch die tatsächliche Natur dieser dunklen Materie zu verstehen, braucht man andere Begründungen, die stark von den Fortschritten in Kosmologie sowie Kern- und Teilchenphysik zehren – einige davon sehr neu und sehr spekulativ. Wir wenden uns diesen Begründungen in den folgenden Kapiteln zu.

Die einzige unentrinnbare Tatsache ist, daß alle diese Galaxien dunkle Materie um sich herum *haben* – und die größeren Ansammlungen scheinen stärkere Anteile an Materie zu haben, die dunkel ist. Die tatsächliche Zusammentsetzung dieser dunklen Materie ist noch ein tiefes Rätsel, das heute die Phantasie der Astrophysiker und Kosmologen anregt.

4. Ursprünge der Elemente

Um uns herum nehmen wir eine Welt von großartiger Vielfalt, von anscheinend unendlicher Abwechslung wahr. Aber die zahllosen Dinge, die wir sehen, hören, fühlen und riechen können, sind im Grunde nur aus kaum hundert verschiedenen Elementen zusammengesetzt – Wasserstoff, Kohlenstoff, Stickstoff, Sauerstoff und Eisen, um nur einige zu nennen. Diese Elemente sind miteinander auf unzählige Weisen verbunden, was die scheinbare Komplexität der Gegenstände des Alltags hervorbringt.

In der Standardfassung der Urknallkosmologie existierte ganz am Anfang keines dieser Elemente außer dem Wasserstoff. Sie wurden alle während des urzeitlichen Feuerballs oder später *synthetisiert*, durch Prozesse, die Kernreaktionen einschlossen. Wie ging diese Synthese vor sich? Und was können die kosmischen Häufigkeiten dieser Elemente über die frühesten Momente der Schöpfung aussagen? Dies sind die Fragen, denen wir uns nun zuwenden.

Nachdem der Urknall eine Sekunde abgelaufen war, hatte sich das Universum bis zu dem Punkt abgekühlt, wo die Kernphysik wirklich einsetzen konnte. Die einzelnen Protonen und Neutronen in der urzeitlichen Suppe begannen aneinander zu kleben, um schwerere, komplexere Kerne zu bilden. Vor diesem Moment war es einfach zu heiß, mit einer Temperatur, die 10 Milliarden Grad überschritt, einemillionmal heißer als die Oberfläche der Sonne heute. Solch eine hohe Temperatur entspricht einer mittleren Teilchenenergie von einer Million Elektronenvolt (1 MeV) – etwa das Hundertfache der Energie, mit der Elektronen auf den Fernsehbildschirm krachen und die sichtbaren Bilder erzeugen, die wir uns angucken. Mit solch hohen Energien rasten einzelne Protonen und Neutronen viel zu schnell herum, als daß sie lange genug zusammenblieben, um schwerere Kerne zu bilden.

Aber in einem kurzen Zeitabschnitt, der etwa eine Sekunde nach der Schöpfung begann, ungefähr hundert Sekunden später endete und „Zeit der Nukleosynthese“ genannt wird, wurde unser Universum zu einem gewaltigen thermonuklearen Reaktor, wo sich die Kerne der leichtesten Elemente bildeten. Es ähnelte einer enormen Wasserstoffbombe. Fast unser gesamtes heutiges Helium und Deuterium sowie ein Teil des Lithiums wurden während dieser kurzen Zeitspanne geschaffen.

Die Überreste dieser leichten Elemente, die heute nachgewiesen werden können, dienen uns als wichtiges Fossil jener frühen Bedingungen. Sie beweisen, daß unser Universum tatsächlich in einem sehr heißen, kondensierten Zustand begann. Man kann sie auch gebrauchen, um unsere beste Schätzung der durchschnittlichen Dichte normaler Materie zur *heutigen* Zeit zu machen. Diese leichten Elemente stellen uns ein empfindliches Barometer zur Verfügung, das uns hilft, sowohl Vergangenheit als auch Zukunft des Universums sehr genau einzuschätzen.

* * *

Unmittelbar vor der Zeit der Nukleosynthese war das Universum eine heiße Suppe von Elektronen und Positronen (ihren Gegenstücken in der Antimaterie) plus vergleichbarer Zahlen von Photonen und Neutrinos. In diesem riesigen Kessel verstreut wie Salz und Pfeffer war eine Prise von Protonen und Neutronen. Für jedes Proton oder Neutron gab es mindestens eine *Milliarde* Photonen, die umhersausten, vielleicht sogar bis zu zehn Milliarden. Alle schwereren, höchst unbeständigen Baryonen waren verschwunden. Sie überlebten viel weniger als eine Mikrosekunde (oder eine Millionstelsekunde), und es war einfach nicht genug Energie übrig, um sie so schnell zu ersetzen, wie sie zerfielen.

Die Zusammensetzung des Universums während dieser Epoche, von einer Hundertstelsekunde bis etwa 100 Sekunden nach der Schöpfung, war nicht sehr unterschiedlich von den Bedingungen, die hier auf der Erde von Kernphysikern untersucht werden, so daß seine Entwicklung gut verstanden wird. Wie sich Materie unter ähnlichen Bedingungen verhält wurde wiederholt in Kernforschungslabors in der ganzen Welt untersucht. Es gibt nichts Mysteriöses bei diesen Vorgängen. Wir haben die größte Zuversicht, daß wir gültige Aussagen über die Kosmologie dieser Epoche auf der Grundlage unserer heutigen Kenntnisse der Kernphysik machen können.

Ein Schlüssel zum Verständnis der Physik dieses Zeitabschnitts ist der Begriff des thermischen Gleichgewichts. Diese Erscheinung stellt einen empfindlichen Zustand der Ausgewogenheit zwischen gegensätzlichen Reaktionen dar, seien sie chemisch oder nuklear. Immer wenn ein System im thermischen Gleichgewicht ist, bestimmt nur seine *Temperatur* die relativen Mengen der verschiedenen beteiligten Spezies – subatomare Teilchen, Kerne, Atome oder Moleküle –, die anwesend sind. (Die Temperatur ist nur ein Gesamtmaß für die durchschnittliche „kinetische Energie", oder Bewegungsenergie, einer Ansammlung von Teilchen. Eine Temperatur von 10 Milliarden Grad bedeutet beispielsweise, daß die Teilchen sich mit einer Energie von ungefähr einem Megaelektronenvolt bewegen.) Das Universum war kurz vor der Zeit der Nukleosynthese im thermischen Gleichgewicht, und darum legt seine Temperatur das Verhältnis von Neutronen zu Protonen fest, das wir als n/p schreiben.

Als die Temperatur *über* zehn Milliarden Grad lag und das Universum noch keine Sekunde alt war, waren die Anzahlen von Neutronen und Protonen grob gesehen gleich, weil sich diese Teilchen leicht ineinander umwandelten. Ein Neutrino, das ein Neutron trifft, erzeugt ein Proton plus einem Elektron ungefähr so leicht wie die entgegengesetzte Reaktion abläuft – ein Elektron plus einem Proton ergibt ein Neutron plus einem Neutrino. Und ein Antineutrino (das Antiteilchen eines Neutrinos), das ein Proton trifft, gibt ein Neutron plus einem Positron ungefähr so oft wie die umgekehrte Reaktion. Solange das frühe Universum heiß genug war, so daß neutronen- beziehungsweise protonenerzeugende Reaktionen ausgeglichen waren, blieben ihre Anzahlen gleich, oder $n/p = 1$.

Dieser behagliche Stand der Dinge dauerte, bis das Universum ungefähr eine Sekunde alt war. Bis dahin war die Temperatur auf zehn Milliarden Grad gefallen, und die Reaktionen, die Protonen und Neutronen hervorbrachten, wurden langsamer. Das Universum blieb weiterhin im Gleichgewicht, aber das Verhältnis zwischen neutronen- beziehungsweise protonenerzeugenden Reaktionen verschob sich. Ein Neutron ist etwas *schwerer* als ein Proton – ungefähr ein zehntel Prozent, oder 1,3 Megaelektronenvolt in Energieeinheiten (wir benutzen hier die Äquivalenz von Masse und Energie, die in Einsteins berühmter Formel $E = mc^2$ enthalten ist). Wenn ein Elektron und ein Proton zusammentreffen, müssen sie daher die zusätzliche Energie liefern, um diesen Massenunterschied auszugleichen; andernfalls könnte sich kein Neutron bilden. Ohne diese besondere Zugabe würden sie einfach folgenlos abprallen. Etwa eine Sekunde nach der Schöpfung, als die durchschnittliche Teilchenenergie etwa ein Megaelektronenvolt betrug, war das Verhältnis n/p von Neutronen zu Protonen auf $^1/_3$

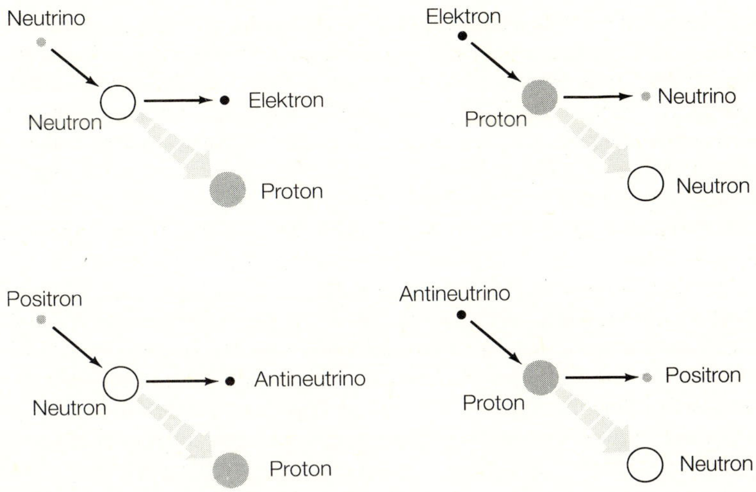

Kernreaktionen, die etwa eine Sekunde nach dem Urknall einsetzten. In diesem Augenblick wurden die Reaktionen, die Neutronen aus Protonen erzeugen, allmählich langsamer im Vergleich zu den Protonen erzeugenden Reaktionen.

gefallen. Neutronen, heißt das, machten ungefähr 25 Prozent der Baryonen des Universums aus, und Protonen lieferten die restlichen 75 Prozent.

Ungefähr im gleichen Augenblick verlor die Schwache Kraft, die alle diese Prozesse antrieb, an Wirksamkeit. Rufen Sie sich aus Kapitel 2 ins Gedächtnis zurück, daß diese Kraft eine nennenswerte Wirkung nur dann hat, wenn die subatomaren Teilchen sehr energiereich sind oder sich extrem nahe kommen. Als jedoch die vehemente Explosion der Materie über die erste Sekunde hinaus andauerte, waren diese Bedingungen nicht mehr erfüllt. Die verschiedenen subatomaren Teilchen verloren rasch an Energie und ihre Dichte war zu weit abgefallen, als das die Schwache Kraft große Wirkung auf sie hätte haben können.

Die Kosmologen sagen, daß die Neutrinos in diesem Moment „ausfroren", etwa eine Sekunde nach der Schöpfung. Weil sie nur die Wirkungen der Schwachen Kraft und keiner anderen spüren können, konnten Neutrinos und Antineutrinos Reaktionen nicht mehr so schnell wie Elektronen und Positronen auslösen, die durch die viel stärkere elektromagnetische Kraft wirken können. Neutrinos und Antineutrinos fingen daher an, vom Rest der Materie zu „entkoppeln". Sie begannen, durch den Weltraum zu treiben, eine Unterwelt subatomarer Teilchen errichtend, die fast vollständig von den Elektronen, Protonen und Neutronen getrennt ist, die heute die gewöhnliche Materie ausmachen. Die Rückreaktionen, die sie auslösten, hörten bald völlig auf.

Jedoch konnten sich noch keine komplexeren Kerne bilden – zumindest nicht für lange. Ein Proton und ein Neutron blieben vielleicht kurz zusammen, um einen Kern schweren Wasserstoffs, genannt Deuterium, zu bilden. Aber ein Deuteriumkern ist wirklich eine sehr brüchige Ehe, die nur von einer „Bindungsenergie" von 2,2 Megaelektronenvolt zusammengehalten wird. So wenig Energie ist nötig, um die Zweisamkeit aufzubrechen, und es flogen noch genug heiße Photonen umher, mit genügender Energie, um den Störenfried zu spielen. Bei mehr als einer Milliarde Photonen, die für jedes Proton oder Neutron zur Verfügung standen, hatten *einige* Photonen immer mehr Energie als die nötigen 2,2 Megaelektronenvolt.

Da das Universum sich weiterhin ausdehnte und abkühlte, fiel auch das Verhältnis von Neutronen zu Protonen weiter ab. Ein einzelnes Neutron kann in ein Proton, ein Elektron und ein Antineutrino zerfallen, was den Vorrat an Protonen erhöht und die Zahl der übriggebliebenen Neutronen vermindert. Protonen zerfallen jedoch nicht; so weit wir wissen, leben sie ewig. So kam nach etwa 100 Sekunden nur noch ein Neutron auf sieben Protonen, oder $n/p = {}^1/_7$.

Mittlerweile hatte sich die Temperatur dieser Teilchensuppe auf ungefähr eine Milliarde Grad abgekühlt, entsprechend einer mittleren Teilchenenergie von 0,1 Megaelektronenvolt. Während das Volk der Baryonen damit beschäftigt war, sich aus Neutronen in Protonen umzuwandeln, war das Volk der Positronen dabei, auszusterben, und die Zahl der Elektronen wurde vergleichbar zu der der Protonen. Dieser Wandel trat auf, weil es schwierig wurde, Positronen so schnell zu erneuern, wie sie verschwanden. Wenn sich ein Elektron und ein Positron treffen, vernichten sie sich gegenseitig – nur reine Energie in Form von Photonen zurücklassend. Ein Photon kann wieder ein Elektron-Positron-Paar erzeugen, wenn es auf ein Baryon stößt, und so den Vorrat an Positronen auffüllen, aber es muß mindestens eine Energie von einem Megaelektronenvolt (besser noch mehr) haben, um dies zu tun. Photonen, die dafür ausreichend energiegeladen waren, wurden zunehmend rarer, obwohl es noch reichlich heiße Halunken gab, um jedwede zerbrechliche Neutron-Proton-Verbindung zu ruinieren. Da es mehr als eine Milliarde Photonen für jedes Baryon gab, reichte auch ein winziger Bruchteil von solchen energiegeladenen Photonen aus, um dies zu erledigen.

Plötzlich, in einem Alter von etwa 100 Sekunden, war die Temperatur des Universums bis auf den Punkt gefallen, an dem ein Proton und ein Neutron zusammen sein *konnten*, um einen Deuteriumkern zu bilden, ohne sofort auseinandergerissen zu werden. Im Bruchteil einer Sekunde wurden sämtliche verfügbaren Neutronen von einem rasenden Paarungswahn übermannt, der nicht bei Zweisamkeiten innehielt. Stabilere Verbindungen können mit drei oder vier Partnern gebildet werden – zwei Neutronen plus ein Proton geben einen Tritiumkern, zwei Protonen plus ein Neutron geben Helium-3 oder zwei Protonen plus zwei Neutronen geben Helium-4. Genauso schnell, wie es gebildet werden konnte, wurde das Deuterium also zugunsten des Tritiums und zweier Formen des Heliums aufgebraucht.

Die festesten Verbindungen waren jene der Helium-4- oder ^{4}H-Kerne, in der Kurzschreibweise der Physiker, mit je zwei Protonen und zwei Neutronen. Mit einer Bindungsenergie von 28 Megaelektronenvolt (oder 7 MeV pro Baryon), sind sie bei einer Milliarde Grad praktisch unzerbrechlich. Sobald also der sogenannte „Deuterium-Flaschenhals“ überwunden war, wurden fast *alle* verfügbaren Neutronen in diesen eng zusammenhaltenden Quartetten eingeschlossen. (Deuterium hat nichts besonderes an sich. Es ist nur der erste Kern, der gebildet wird, wenn die Temperatur für die Nukleosynthese niedrig genug ist, weil sich dafür nur ein Proton und ein Neutron zu treffen brauchen.) Kombinationen von fünf oder acht Partnern zerfallen sofort, was es für komplexere Kerne unmöglich machte, sich zu bilden, so daß der Fusionsvorgang fast so schnell aufhörte wie er begann.

Als die Zeit der Nukleosynthese zu Ende ging, existierten so gut wie alle Baryonen des Universums entweder frei als einzelne Protonen oder waren in Helium-4-Kernen gefangen. Einige winzige Reste an Deuterium (^{2}H), Tritium (^{3}H) und Helium-3 (^{3}He) blieben übrig, zusammen mit einer Spur Lithium-7 (^{7}Li), welches drei Protonen und vier Neutronen pro Kern hat.

Der Anteil der Helium-4-Kerne im Universum hängt von dem Verhältnis *n/p* der Neutronen zu den Protonen ab, das genau in dem Moment bestand (kurz nachdem das

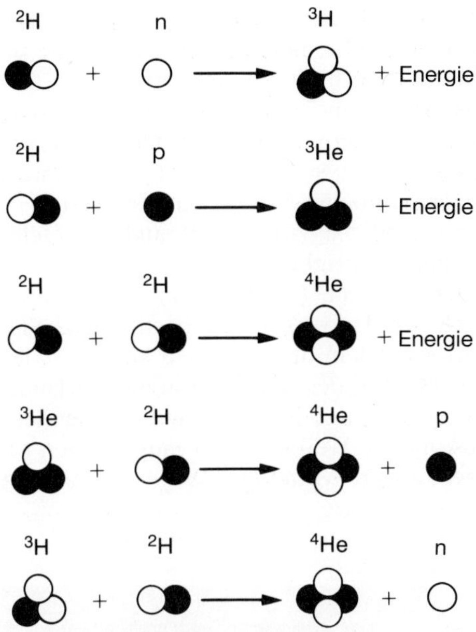

Kernreaktionen, die zur Bildung von Tritium (^3H), Helium-3 (^3He) und Helium-4 (^4He) in der Zeit der Nukleosynthese führten – etwa 100 Sekunden nach dem Urknall. Fast alle damals vorhandenen Protonen und Neutronen endeten als gewöhnlicher Wasserstoff (p) und Helium-4, mit bleibenden Spuren von Deuterium (^2H), Helium-3 und Lithium.

Universum 100 Sekunden alt war), in dem der Deuterium-Flaschenhals schließlich überwunden war und sich allmählich komplexe Kerne bildeten. Wenn es in jenem Augenblick ein Neutron auf sieben Protonen gab, dann erwarten wir, daß ein Viertel dieser Baryonen in Helium-4 verwandelt wird, weil jedes Neutron ein Proton fesselt, was es den sechs restlichen Protonen ermöglicht, nach Lust und Laune herumzustreifen. Zwei von acht vorhandenen Baryonen wurden also in einem Helium-4-Kern eingeschlossen.

Weil Protonen und Neutronen so gut wie die gleiche Masse haben (und viel schwerer als Elektronen sind), endeten etwa zwei Achtel (ein Viertel) der gewöhnlichen Materie des Universums als Helium. Einhunderttausend Jahre später, als sich die Dinge bis zu dem Punkt abgekühlt hatten, wo die verbleibenden Elektronen sich schließlich an diese Urkerne binden konnten und Atome bildeten, hatte sich der Massenanteil an Helium nicht merklich geändert. Elektronen haben weniger als ein Tausendstel der Masse eines Baryons, so daß es wenig Unterschied macht, eines oder zwei von ihnen hinzuzufügen.

* * *

Nur die allerleichtesten Elemente wurden während des Urknalls erzeugt. Alle schwereren Elemente – der Kohlenstoff, Stickstoff und Sauerstoff in unseren Körpern und unserer Atemluft; das Silizium, Aluminium, Kupfer und Eisen in üblichen Geräten und Autos – wurden später in heißen thermonuklearen Feuern geschmiedet, die in stellaren Öfen brannten. Gewöhnliche Sterne wie unsere Sonne verbacken Wasserstoff, um Helium daraus zu machen. Andere, die ihren Wasserstoff verbraucht haben, brennen Helium und erzeugen Kohlenstoff, Sauerstoff und eine Heerschar schwererer Elemente. Schließlich werden diese Elemente durch gigantische stellare Explosionen, genannt Supernovae, im Weltall verstreut, wie jene als SN1987A bezeichnete, die in der Großen Magellanschen Wolke am 23. Februar 1987 auftauchte. Diese Vorgänge laufen ständig ab, seit die ersten Sterne kurz nach der Abkühlung des anfänglichen Feuerballs entstanden. Dennoch machen alle Elemente, die schwerer als Helium sind, weniger als zwei Prozent der sichtbaren Materie im Universum aus. Die anderen 98 Prozent sind der echte, ursprüngliche Wasserstoff und das Helium, das nach dem Ende der Zeit der Nukleosynthese übrigblieb.

Astrophysiker wenden verschiedene Techniken an, um die relativen Häufigkeiten der verschiedenen Elemente im Universum zu bestimmen. Sie untersuchen zum Beispiel Meteoriten oder Mondgestein, um sagen zu können, wieviele der schweren Elemente wie Eisen beim Ursprung des Sonnensystems vorhanden waren, vor etwa 4,5 Milliarden Jahren. Aber gasförmige Elemente wie Wasserstoff oder Helium sind wesentlich schwerer zu bestimmen. Weil sie nicht lange in den Meteoriten gefangen bleiben, sind wir gezwungen, andere Mittel und Wege zu finden, um ihre Häufigkeiten festzustellen.

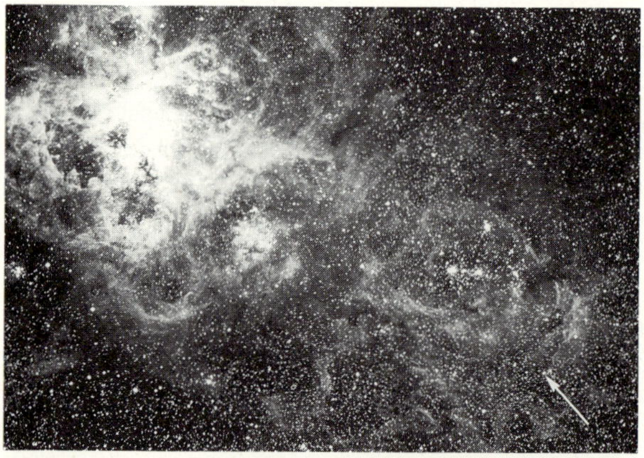

Fotografien eines Teils der Großen Magellanschen Wolke vor und nach dem 23. Februar 1987. Die Supernova SN1987A ist deutlich sichtbar als heller Fleck unten rechts auf dem unteren Foto. Der Pfeil im oberen Foto zeigt auf den Stern, der zur Supernova wurde.

Der beste Weg, um Wasserstoff und Helium zu untersuchen, ist, das sichtbare und ultraviolette Licht zu studieren, das die Sterne in unserer und den benachbarten Galaxien aussenden. Wenn die Atome des jeweiligen Elements erhitzt werden, emittieren sie elektromagnetische Strahlung bei einigen wenigen spezifischen Wellenlängen, oder Farben, die für dieses Element charakteristisch sind. (Jede Wellenlänge entspricht dem Unterschied zwischen zwei möglichen Energieniveaus des Atoms, wie in Kapitel 2 diskutiert.) Astronomen untersuchen dieses Sternenlicht mit einem „Spektroskop", das ein Prisma enthält, welches das Spektrum der im Licht enthaltenen Farben aufspreizt. Die charakteristischen Farben der Wasserstoff- und Heliumatome zeigen sich als helle Linien – „Spektrallinien" –, die im Spektrum auftauchen. Durch Vergleich der Intensitäten der Heliumlinien mit denen der Wasserstofflinien kann man die *relativen* Anteile der beiden Elemente feststellen, die in dem Stern vorhanden sind.

Solch eine Messung könnte uns möglicherweise wenig über die relative Häufigkeit im Universum als Ganzem sagen. Wenn wir einen Stern betrachten, der schon viel seines Wasserstoffs zu Helium verbacken hat, könnten wir die Gesamthäufigkeit des Heliums überschätzen. Wir müssen uns jüngere Sterne ansehen und solche Gebiete des Weltraums, die sich noch nicht weit entwickelt haben, um eine bessere Vorstellung der ursprünglichen Häufigkeit zu bekommen. (Um die Spektrallinien des Heliums beobachten zu können, brauchen wir ein sehr heißes Gas, was bedeutet, daß wir sehr heiße Himmelsobjekte wie junge, massive Sterne betrachten müssen.) Oder wir müssen sehen, was mit dem Sternenlicht passiert, wenn es durch interstellares Gas hindurchgeht. In solch einem Fall *absorbieren* der vorhandene Wasserstoff und das Helium Licht bei den gleichen charakteristischen Wellenlängen und hinterlassen dunkle „Absorptionslinien" in dem Spektrum, das man mit dem Spektroskop erhält. Wiederum verrät uns die relative Dunkelheit dieser Linien – jene des Wasserstoffs gegenüber der des Heliums – das im Gas herrschende Verhältnis der beiden Elemente.

In den frühen sechziger Jahren stimmten solche spektroskopischen Messungen zunehmend überein und offenbarten, daß etwa 25 Prozent der sichtbaren Materie im Universum Helium-4 ist. Natürlich stellen Sterne Helium aus Wasserstoff her, so daß die Wissenschaftler mit der Interpretation dieser Zahl vorsichtig sein mußten. Aber genauere Untersuchungen der schwereren nachweisbaren Elemente deuteten darauf hin, daß die weit überwiegende Mehrzahl der Heliumatome nicht in den Sternen entstanden sein konnte, die Helium zusammen mit anderen Elementen erzeugen. Weil die Gesamtmasse aller dieser schwereren Elemente weniger als zwei Prozent der sichtbaren Masse des Universums beträgt, kann noch nicht viel stellare Nukleosynthese abgelaufen sein. Mit anderen Worten, wenn viel des Heliums in den Sternen erzeugt worden wäre, dann würden wir auch große Mengen der schweren Elemente sehen, und das tun wir nicht. Darum muß fast alles beobachtete Helium ursprüngliches Helium sein.

Gegen Ende der vierziger Jahre hatten George Gamow, Ralph Alpher und Robert Herman vorgeschlagen, daß Helium beim Urknall entstanden sein könnte. Aber es gelang erst Mitte der sechziger Jahre Fred Hoyle und Roger Taylor in Cambridge, später James Peebles sowie William Fowler und Robert Wagoner vom CalTech, präzise Berechnungen der urzeitlichen Nukleosynthese auszuführen. Ihre erfolgreiche Erklärung der Häufigkeit des Heliums war ein großer Triumph der Verfechter des Urknalls. Zusammen mit Penzias' und Wilsons Entdeckung der 3-K-Hintergrundstrahlung halfen diese Argumente vielen Wissenschaftlern, sich davon zu überzeugen, daß das Universum sich aus einer sehr heißen, heftigen Explosion entwickelt hatte.

Gamow und seine zwei Kollegen hatten sogar ihre eigenen Nukleosynthese-Ergebnisse verwendet, um abzuschätzen, daß die gegenwärtige Temperatur des Universums wenige Grad betragen sollte, Jahre bevor Penzias und Wilson sie 1964 gemessen haben.

Die Steady-State-Theorie, für die sich Hoyle anfangs eingesetzt hatte, nach der Materie ständig geschaffen werden sollte, blieb bald auf der Strecke. Ironischerweise spielte der führende Verfechter dieser rivalisierenden Kosmologie eine Schlüsselrolle bei ihrem letztendlichen Untergang.

* * *

Die Astrophysiker hörten nicht bei der Berechnung der Helium-4-Häufigkeit, die auf den Urknall zurückgeht, auf. In den frühen Siebzigern erkannten sie, daß übriggebliebene Spuren ursprünglichen Deuteriums und des Heliums-3 ein empfindliches Mittel zur Verfügung stellten, um die tatsächliche *Dichte* des Universums während der Zeit der Nukleosynthese zu bestimmen. Durch eine einfache Extrapolation weiter in die Zeit, unter Annahme einer gleichförmigen Hubble-Expansion, konnten sie die durchschnittliche Dichte der Materie im heutigen Universum erhalten – und daher voraussagen, ob es sich weiter unaufhörlich ausdehnt oder schließlich zusammenfällt.

Während der Sechziger hatten die Astrophysiker im allgemeinen geglaubt, daß alle leichten Elemente außer Helium-4 in den Sternen synthetisiert werden. Dieser Glaube beruhte auf einem Szenario, das ursprünglich von Fowler und Hoyle entwickelt worden war, die behaupteten, daß jedwedes Deuterium und Lithium, das beobachtet wird, während der Entstehung der Sterne erzeugt worden war. Fowler – ein fröhlicher, häufig bärtiger und kugelrunder Physiker, den man leicht für den Kneipenwirt von nebenan halten könnte – hatte vorher gezeigt, wie schwerere Elemente in Sternen erzeugt werden, eine Meisterleistung, für die er 1983 am Nobelpreis teilhatte. Zumindest am Anfang stellte niemand sein Szenario für die Entstehung von Deuterium und Lithium in Frage.

Dann bewies in den frühen Siebzigern eine Gruppe von Astrophysikern in Paris, unter der Leitung von Hubert Reeves, daß neugeborene Sterne nicht genug Energie (pro Baryon) besitzen, um Kerne dieser leichten Elemente zu erzeugen. Mit dem Erscheinungsbild eines Zwergs und einer sehr überzeugenden Sprechweise ausgestattet, hat sich der in Kanada geborene und an der Cornell-Universität ausgebildete Reeves als führender wissenschaftlicher Sprecher im französischen Fernsehen einen Namen gemacht – als Entsprechung zu Carl Sagan (oder Hoimar von Ditfurth [Anm. des Übers.]). Im Sommer des Jahres 1970 tat sich Reeves mit Fowler und Hoyle zusammen, um eine andere Quelle der leichten Kerne vorzuschlagen: kosmische Strahlen. Aber während sie dadurch einen *Teil* des Lithiums erklären konnten (plus anderen leichten Kernen wie Beryllium oder Bor), versagte ihr Vorschlag hinsichtlich des Deuteriums völlig.

Ungefähr zu dieser Zeit wurde ein wichtiges Experiment, das während der Mondlandung von Apollo 11 durchgeführt worden war, von Johanas Geiss in der Schweiz analysiert. Bei diesem Versuch hatte der Astronaut Neil Armstrong eine Metallfolie auf der Mondoberfläche ausgerollt und eine Probe des Sonnenwindes gezogen – einem gleichmäßigen Strom von Protonen und anderen subatomaren Teilchen, der von der Sonne in alle Richtungen ausgestoßen wird. Diese Teilchen wurden an der Folie festgehalten, die Armstrong wieder aufrollte und bei seiner Wiederkehr zurück zur Erde brachte. Geiss' Analyse dieser Folie offenbarte, daß die Sonne *ein Zehntel* soviel Deuterium enthält wie Seewasser, das vorher zur Abschätzung der kosmischen Häufigkeit verwendet worden war. Und weil irdisches Wasser eine höhere Deuterium-

Der Astronaut Neil Armstrong bringt während der Apollo-11-Mondlandung 1969 eine Metallfolie auf der Mondoberfläche zum Einsatz. Teilchen aus dem Sonnenwind hefteten sich an die Folie, die später von Johanas Geiss analysiert wurde, um die Häufigkeit von Deuterium in der Sonne zu bestimmen.

konzentration begünstigt (wegen der im Verhältnis leichteren chemischen Bildung), gaben Geiss' Messungen eine bessere Schätzung. Folglich fiel die kosmische Häufigkeit von Deuterium plötzlich um einen Faktor zehn.

Jean Audouze, der ein Schüler von Reeves war, kam 1971 als Postdoc ans CalTech und brachte die überraschenden Neuigkeiten aus der Schweiz mit. Er und David Schramm, der seinerzeit als Postdoc bei Fowler arbeitete, erkannten bald, daß solch eine winzige Menge Deuterium leicht im Urknall erzeugt worden sein könnte. Demgegenüber wäre die große Menge, die auf der alten Seewasser-Theorie beruhte, sehr schwer zu erzeugen gewesen. Es gab kein zwingendes Bedürfnis mehr, andere Quellen des Deuteriums zu erfinden, wie neugeborene Sterne oder kosmische Strahlen.

Ob der Urknall die einzige mögliche Quelle war oder nicht, wurde schließlich wenige Jahre später geklärt, als Schramm und seine Schüler zeigten, daß Deuteriumkerne in Sternen nur *zerstört* werden können, nicht geschaffen. Und die Sonnenwindmessungen der Deuteriumhäufigkeit wurden 1973 durch spektroskopische Analyse des ultravioletten Sternenlichts mittels des Copernicus-Satelliten bestätigt.

Folglich muß alles heute nachweisbare Deuterium ursprünglich sein, ein Schlüsselfossil des Urknalls. Und je dichter das Universum während der Zeit der Nukleosynthese gerade war, desto weniger Deuterium hätte überlebt, weil mehr davon als Helium geendet hätte. (Bei höheren Dichten können sich die Deuteriumkerne leichter „finden“ und dann zusammen Helium-4 bilden.) Mit der beobachteten heutigen Häufigkeit des Deuteriums, welche etwa 20 Teile auf eine Million (20 ppm) beträgt, haben die Astrophysiker der Materiedichte im heutigen Universum eine obere Grenze gesetzt. Sie muß kleiner als $5 \cdot 10^{-31}$ Gramm pro Kubikzentimeter sein. Ein bißchen größer, und es wäre heute weniger Deuterium übrig als tatsächlich gemessen wird.

Im Gegensatz zu Deuterium werden Kerne von Helium-3 in den Sternen *geschaffen*, nicht zerstört. Daher stellt seine gegenwärtige Häufigkeit im interstellaren Medium – ebenfalls etwa 20 Teile auf eine Million – die Höchstmenge an ursprünglichem Helium-3 dar, die im Urknall geschaffen worden sein kann. Vorgänge in den Sternen können die Gesamtmenge nur vergrößert haben. Diese Beobachtung gestattete es einer Gruppe von Astrophysikern, der Materiedichte im Universum eine *untere* Grenze zu setzen. Sie muß größer als $2 \cdot 10^{-31}$ Gramm pro Kubikzentimeter sein. Ein bißchen niedriger, und es gäbe mehr Helium-3 als wir heute vorfinden.

Das wahrlich Bemerkenswerte an diesen beiden unabhängigen, auf den Häufigkeiten von Deuterium und Helium-3 beruhenden Grenzen war, daß sie zusammengenommen nur einen engen Bereich möglicher Dichten gestatteten. Diese Grenzen schränken die Dichte des Universums in der Zeit der Nukleosynthese stark ein. Durch unmittelbare Extrapolation können wir folgern, daß die durchschnittliche Dichte des Universums heute nicht mehr als zehn Prozent der kritischen Dichte beträgt.

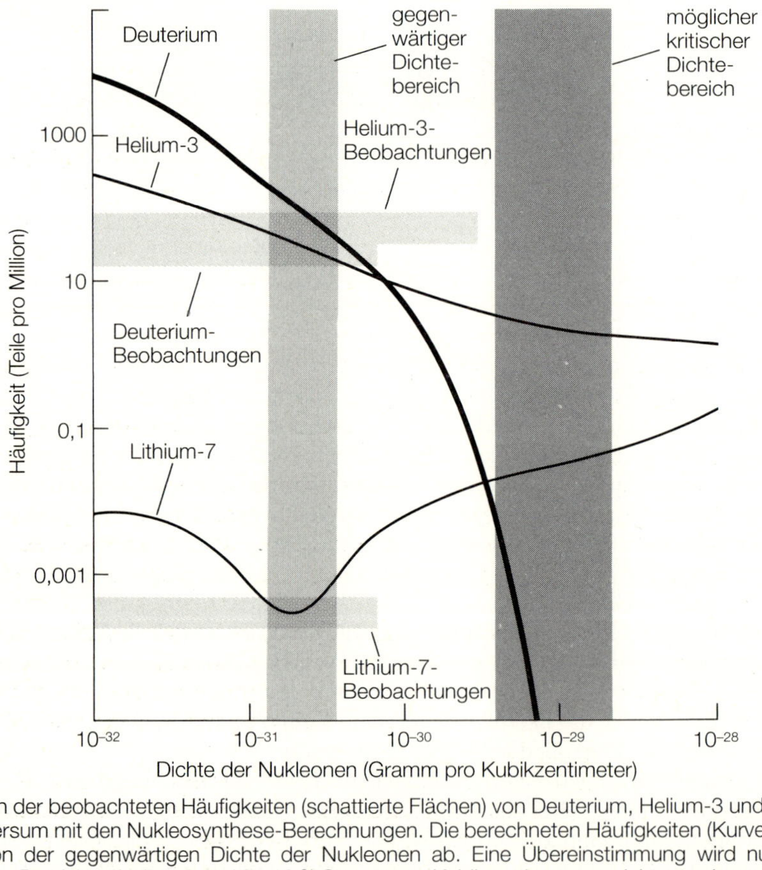

Vergleich der beobachteten Häufigkeiten (schattierte Flächen) von Deuterium, Helium-3 und Lithium-7 im Universum mit den Nukleosynthese-Berechnungen. Die berechneten Häufigkeiten (Kurven) hängen stark von der gegenwärtigen Dichte der Nukleonen ab. Eine Übereinstimmung wird nur für den schmalen Bereich zwischen 2 und $5 \cdot 10^{-31}$ Gramm pro Kubikzentimeter erreicht, was immer noch um einen Faktor 10 oder 20 unter der kritischen Dichte liegt.

Diese Dichtegrenzen wurden im letzten Jahrzehnt noch genauer gezogen, fast jedes Jahr noch enger und noch überzeugender. In den frühen Achtzigern wurden Messungen der Häufigkeit von Lithium-7 in alten Sternen (weniger als ein Teil auf eine Milliarde) genau genug, um die vorher durch Deuterium und Helium-3 gewonnenen Erkenntnisse zu bestätigen. Die Menge an Lithium-7, die im Urknall erzeugt worden sein kann, stimmte dann und nur dann mit diesen Beobachtungen überein, wenn die Dichte im *gleichen* Bereich lag, der oben diskutiert wurde. Berechnungen auf der Grundlage der Urknall-Nukleosynthese können folglich die Konzentrationen der leichten Elemente – über zehn Größenordnungen reichend – äußerst gut wiedergeben. Diese Übereinstimmung zwischen Theorie und Experiment ist eine deutliche Bestätigung solcher Überlegungen.

Diese Dichtewerte tauchten erstmals Mitte der Siebziger auf, als eine Anzahl anderer Beobachtungen auf ein offenes, unendliches Universum deutete. Es schien viel zu wenig Materie im Universum zu geben, ein Zehntel des Notwendigen, um jemals seine unerbittliche Hubble-Expansion aufzuhalten. Materie würde für immer anderer Materie entfliehen, so schien es zumindest. Der Weltraum dehnte sich auf unendliche Entfernungen aus, ohne Grenzen. »In allen Dimensionen gleich«, wie der römische Dichter Lukretius 20 Jahrhunderte vorher bemerkte, »auf dieser oder der anderen Seite, aufwärts oder abwärts durchs Universum, es gibt kein Ende.«

* * *

Was die Astrophysiker und Kosmologen unwissentlich übersehen hatten, war die Möglichkeit anderer Arten von Materie, dem gewöhnlichen Stoff völlig unähnlich, dem wir im Alltag begegnen. Wir haben auf diese Möglichkeit bereits in früheren Kapiteln angespielt, und beginnen nun, sie ernsthaft zu diskutieren. Aussagen, die auf der Urknall-Nukleosynthese beruhen, sind ausschließlich gültig für gewöhnliche, baryonische Materie, deren Masse überwiegend von den vertrauten Neutronen und Protonen stammt, die an Kernreaktionen teilnehmen. Sie sagen absolut nichts über irgendwelche „nichtbaryonische" Materie – andere, seltsamere Sorten von Teilchen, die überhaupt nicht an diesen Reaktionen beteiligt sind.

Elementarteilchenphysiker der späten Siebziger begannen eine Reihe neuer Möglichkeiten vorzuschlagen. Neutrinos beispielsweise, die leichten, neutralen Vettern der Elektronen und Positronen, waren ignoriert worden, weil fast jeder diese Splitterchen für völlig masselos hielt. Aber geben Sie ihnen auch nur eine winzige Masse, weniger als ein Zehntausendstel der Masse eines Elektrons, und diese geisterhaften Teilchen könnten leicht die Gesamtmasse des Universums dominieren, weil es so unglaublich viele davon gibt. Mit Hunderten, die jeden Kubikzentimeter des Universums durchdringen, sind sie *milliardenmal* häufiger als Elektronen, Protonen oder Neutronen.

Alles, was wir aus den Aussagen der Urknall-Nukleosynthese schließen können, ist eigentlich, daß die Dichte der *baryonischen* Materie im Universum weniger als ungefähr zehn Prozent des kritischen Werts beträgt. Das Verhältnis Ω der Gesamtdichte von Allem zur kritischen Dichte könnte immer noch gleich oder sogar größer sein, wenn es genug zusätzliche nichtbaryonische Materie gäbe. Ob das Universum geschlossen ist oder nicht, bleibt eine offene Frage.

Obwohl es ein zufälliges Zusammentreffen sein mag, stehen genau diese zehn Prozent in grober Übereinstimmung mit der Gesamtmenge an Masse, die sich anscheinend in Galaxien gesammelt hat, wie im vorigen Kapitel bei der Diskussion der Galaxienbewegungen beschrieben. Alle Materie in den Galaxien, einschließlich ihrer sichtbaren Kerne und der Halos dunkler Materie, die sie umgeben, können nur zehn

Prozent zu dem beitragen, was nötig ist, um das Universum zu schließen. Soweit wir etwas darüber sagen können, könnten daher die dunklen Halos um die einzelnen Galaxien sehr wohl normale, baryonische Materie sein, die aus irgendeinem Grund eben nicht leuchtet. Es gibt keinen eindeutigen Grund zu fordern, daß es sich um irgend etwas exotischeres als Schwarze Löcher, Braune Zwerge, große Planeten oder riesige Wolken von Gas oder Staub handelt.

Urzeitliche Schwarze Löcher, die sich nicht beim Zusammenbruch eines riesigen Sternes, sondern in der ersten Sekunde des Urknalls bildeten, würden nicht den Beschränkungen unterliegen, die die Aussagen der Nukleosynthese auferlegen. Die baryonische Materie, die in solchen Objekten gefangen war, hätte die Deuterium- und Heliumbildung umgangen, die in der Zeit der Nukleosynthese auftrat. Aber urzeitliche Schwarze Löcher haben die unangenehme Angewohnheit, sich wegen quantenmechanischer Vorgänge in Nichts aufzulösen, wie der britische Physiker Stephen Hawking gezeigt hat. Sofern nicht ein urzeitliches Schwarzes Loch am Anfang eine Masse, größer als die eines kleinen Asteroiden, oder etwa einer Milliarde Tonnen, hatte, hätte es sich mittlerweile in reine Strahlung verwandelt. Also zeigen uns Schwarze Löcher, größer als ein Asteroid (aber kleiner als die Sonne) einen Weg, allein mit Baryonen mehr als zehn Prozent der kritischen Masse zu erhalten, aber der Überschuß ist noch in ihnen eingeschlossen, unerreichbar für unsere Überprüfung.

Viele Kosmologen haben versucht, andere Schlupflöcher in den Aussagen der Urknall-Nukleosynthese zu finden, die heute eine größere Baryonendichte erlauben würden. In den späten Achtzigern schlugen einige Wissenschaftler vor, daß es in der ersten Sekunde nach der Schöpfung Dichteschwankungen gegeben haben könnte, bevor die Zeit der Nukleosynthese überhaupt angefangen hatte. Vorläufige Rechnungen zeigten, daß die gesamte Baryonendichte in solch einem Szenario tatsächlich höher sein könnte. Aber genauere Untersuchungen (die die Wechselwirkungen zwischen Nestern niedrigerer und höherer Dichte im frühen Universum berücksichtigten) bewiesen, daß die Baryonendichte immer noch kleiner als zehn Prozent des kritischen Wertes sein muß, um die beobachtete Häufigkeit der leichten Elemente zu erklären. Diese Berechungen zeigten wiederum, wie widerstandsfähig die Schlußfolgerungen aus der Urknall-Nukleosynthese waren.

Auf dem Maßstab von Superhaufen, die sich über 100 Millionen Lichtjahre durch den Weltraum erstrecken, könnte der Wert von Ω, der aus den Galaxienbewegungen abgeleitet wurde, größer als 0,1 sein – vielleicht so groß wie 0,3 oder mehr. Wenn er sich als viel größer als 0,1 herausstellt, kann die Gesamtmasse nicht allein von Baryonen herstammen. Wir bräuchten eine Art von nichtbaryonischer Materie, um den Unterschied auszugleichen. Baryonische Materie könnte ausreichen, um die Masse zu erklären, die um einzelne Galaxien herumschwebt, welche höchstens $\Omega = 0{,}1$ ergibt. Aber sie würde nicht genügen, wenn eine Menge mehr Materie in größeren Entfernungsmaßstäben verteilt ist. Die Urknall-Nukleosynthese sagt uns, daß da etwas *anderes* draußen im intergalaktischen Raum sein muß, wenn wir einen Wert von 0,2 oder 0,3 erreichen müssen.

* * *

Die Urknall-Nukleosynthese wird heute so gut verstanden, daß ihre Aussagen heute umgekehrt verwendet werden können, um festzustellen, wieviele verschiedene Sorten von Neutrinos es in der Natur gibt. Obwohl sie aus dem Gleichgewicht ausfroren – oder von der gewöhnlichen Materie entkoppelten –, als das Universum etwa eine Sekunde alt war, sollten Neutrinos (und Antineutrinos) noch eine wichtige Rolle bei seiner weiteren Entwicklung spielen. In jenem Augenblick waren sie so verbreitet wie Licht und ebenso energiegeladen. Sie hatten einen großen Anteil an der Massenenergie des Universums. In einer raffinierten Beziehung, die Mitte der Siebziger entdeckt wurde, hatten die Neutrinos eine kleine, aber wichtige Wirkung auf die Häufigkeit des Heliums-4. Als die Messungen dieser Häufigkeit immer genauer wurden, konnte man mit ihnen bestimmen, wieviele verschiedene Arten von Neutrinos es gibt.

Die urzeitliche Helium-4-Häufigkeit hängt in kritischer Weise von der Zeit ab, die zwischen dem Augenblick des Ausfrierens der Neutrinos und jenem Augenblick verging, in dem sich die Atomkerne bilden und bestehen bleiben konnten. Denken Sie daran, daß das Verhältnis n/p der Neutronen zu den Protonen in diesem Zeitintervall beständig abfiel, von einem Wert von etwa $^1/_3$ auf etwa $^1/_7$, weil sich die Neutronen allmählich in Protonen verwandelten. Je weniger Zeit zwischen diesen beiden Schlüsselereignissen verging, desto mehr Neutronen blieben am Ende übrig, um Deuterium- und Heliumkerne zu bilden. Und je schneller sich das Universum ausdehnte, desto kürzer wäre dieses Intervall gewesen, was bedeutet, daß n/p nicht so weit abgefallen sein kann. Zusätzlich zu diesem Effekt würde eine schnellere Ausdehnungsrate bedeuten, daß die Neutrinos früher ausfroren, bei einer höheren Temperatur, und das Verhältnis n/p hätte seinen unerbittlichen Abstieg bei einem größeren Wert begonnen. Beide Effekte wären zusammengekommen, um den Anteil der Neutronen nach oben zu treiben, und mehr Neutronen bedeutet, daß mehr Helium-4 erzeugt worden wäre.

An dieser Stelle kommen die Neutrinos ins Spiel. Die Ausdehnungsrate des frühen Universums hängt eng mit der Zahl der „relativistischen“ Teilchen zusammen – jene, die sich mit oder nahezu mit Lichtgeschwindigkeit bewegen –, die in diesem kurzen Intervall vorhanden waren. Neutrinos, leicht und schnell, kommen dafür in Frage; ebenso die Photonen, die sich per Definition mit Lichtgeschwindigkeit bewegen. Elektronen und Positronen kommen auch in Frage, aber nur gerade eben. Je größer die Zahl der verschiedenen Arten relativistischer Teilchen (jene mit Massen von weniger als etwa einem Megaelektronenvolt), desto schneller die Ausdehnung des frühen Universums und desto weniger Zeit hatten die Neutronen zur Verfügung, sich in Protonen umzuwandeln. Also bedeuten zusätzliche Arten von Neutrinos, daß *mehr* Helium-4 beim Urknall erzeugt worden wäre.

Die ursprüngliche Helium-4-Häufigkeit wirkt wie ein Barometer der Zahl verschiedener Arten von leichten, relativistischen Teilchen, die bei der Schöpfung vorhanden waren. Außer den Photonen, Elektronen und Positronen gab es zumindest drei bekannte Sorten von Neutrinos – Elektron-, Müon- und Tau-Neutrino (plus ihren Antiteilchen) –, die als relativistische Teilchen in Frage kamen. Zusätzliche Arten von Neutrinos hätten einen leichten Anstieg der Heliumhäufigkeit ausgelöst, solange sie sich während der Zeit der Nukleosynthese relativistisch bewegten. Dies hätte auch jedes andere leichte, exotische Geschöpf getan, das im Standardmodell nicht vorkommt, solange es fast mit Lichtgeschwindigkeit gereist wäre. Aber alles, was schwerer als etwa zehn Megaelektronenvolt war, ob Neutrino oder nicht, hätte überhaupt keinen Effekt auf die Menge des erzeugten Heliums gehabt. Die Nukleosynthese sagt uns *nichts* über diese oder schwerere Teilchen.

Wie gut können Astrophysiker die Häufigkeit des ursprünglichen Heliums bestimmen? Dies ist der alles entscheidende Wert, der in diesen Überlegungen verwendet wird. Wenn sie den heute beobachteten Heliumanteil nehmen und einen kleinen Prozentsatz abziehen, der in den Sternen geschmiedet worden sein muß, bekommen sie ein Ergebnis von weniger als 25 Prozent. Der „bestangepaßte“ Wert ist etwa 23 Prozent, so daß die ursprüngliche Heliumhäufigkeit einigermaßen durch Beobachtungen eingegrenzt ist.

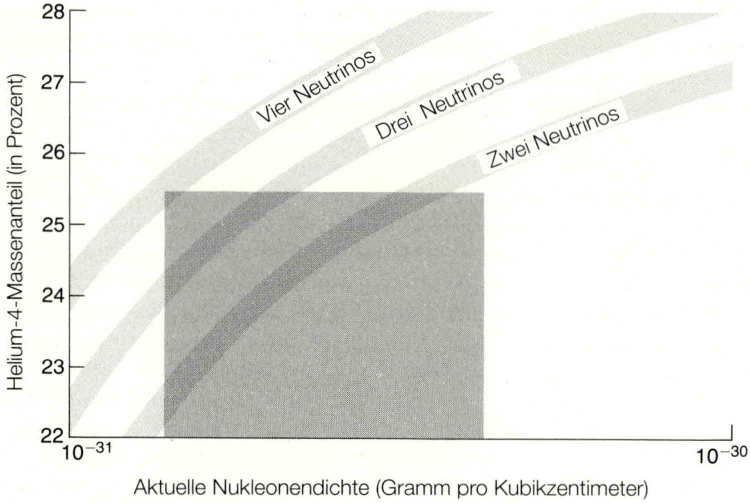

Berechnete und beobachtete Häufigkeiten von Helium-4, gegen die Nukleonendichte im Universum aufgetragen. Die berechneten Häufikeiten hängen von der Zahl der verschiedenen Neutrino-Sorten ab, deren Existenz angenommen wird. Eine Übereinstimmung gibt es nur, wenn es zwei oder drei Sorten gibt; eine vierte war gerade eben noch möglich, als diese Berechnungen Mitte der Achtziger gemacht wurden, aber weitere Verfeinerungen der Heliummessungen und der Neutronenlebensdauer schließen diese Möglichkeit jetzt aus.

Unter Verwendung dieses Wertebereichs stellte 1983 die Chikagoer Kosmologie-Arbeitsgruppe (unter Einschluß von David Schramm) fest, daß es wahrscheinlich nur drei verschiedene Arten von leichten Neutrinos gibt. Ihrer Analyse zufolge war eine vierte Art von Neutrino gerade eben noch möglich, aber nicht wahrscheinlich. Die drei Arten von Neutrinos, die bereits bekannt waren (das heißt aus Experimenten der Teilchenphysik), waren alles, was nötig war, um die beobachtete Menge des Heliums zu erzeugen. (Hierbei nehmen wir an, daß das Tau-Neutrino wirklich leicht ist, obwohl die experimentell ermittelte Obergrenze für seine Masse gegenwärtig bei 35 Megaelektronenvolt liegt. Sie erinnern sich, daß nur Teilchen mit einer Masse von unter zehn Megaelektronenvolt eine Wirkung auf die Häufigkeit des Heliums haben.)

Weil es nur ein einziges Neutrino in jeder Familie von Leptonen und Quarks geben kann (siehe Kapitel 2), beschränken die Aussagen der Nukleosynthese die Gesamtzahl der Elementarteilchen, die im Standardmodell zulässig sind. Im Höchstfall könnte es vier Familien geben, was insgesamt vier geladene Leptonen und acht Quarks zulassen würde. Wenn es jedoch nur *drei* Familien gäbe, dann wären Elektron, Müon und Tau die einzigen geladenen Leptonen, und nur das top-Quark bliebe von den sechs möglichen Quarks noch zu finden.

Als diese Art von Überlegungen erstmals veröffentlicht wurde, in einer 1976 erschienenen, von Schramm und Steigman zusammen mit James Gunn geschriebenen Arbeit, hatten die Teilchenphysiker nicht die leiseste Ahnung, wieviele grundlegende Quark-Lepton-Familien es insgesamt gibt. Es hätte unendlich viele geben können, nach dem, was wir damals wußten. Mehr als acht wären jedoch ein Desaster für die vorherrschende Theorie der Starken Kraft gewesen, die unter dem Namen „Quantenchromodynamik“ (QCD) bekannt ist und das Verhalten von Gluonen erklärt.

Zu jener Zeit vertraten Gunn, Schramm und Steigman die Ansicht, daß es nicht mehr als sieben sein könnten, was eine gewisse Erleichterung in der Gemeinde der

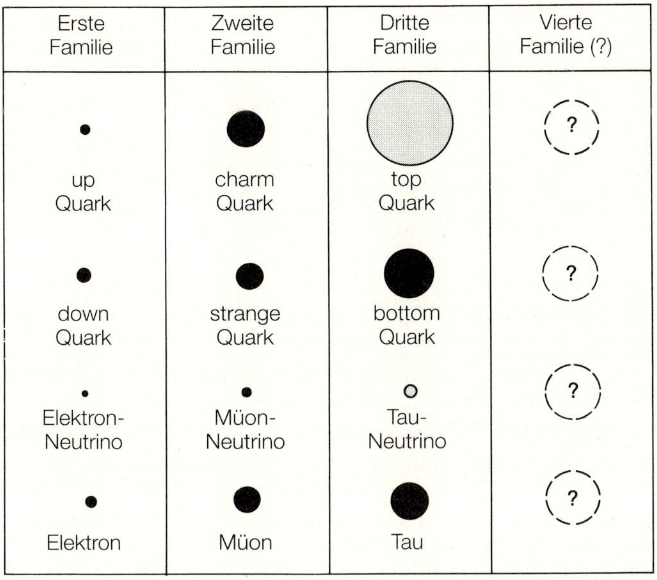

Die Grundbestandteile der Materie, wie sie Teilchenphysik und Kosmologie Mitte der achtziger Jahre erlaubten. Nach den Überlegungen der Nukleosynthese konnte es höchstens vier verschiedene Familien von Quarks und Leptonen geben.

Teilchenphysiker auslöste. Die Grenzen waren damals weiter als heute, aufgrund von Zweideutigkeiten in den Berechnungen und Unsicherheiten in der ursprünglichen Häufigkeit des Heliums. Nachfolgende Verbesserungen auf beiden Gebieten erlaubten die engeren Grenzen, die 1983 veröffentlicht wurden. Was die Kosmologen anging, konnte es nur drei oder vier Familien geben.

* * *

Lange Zeit waren die Elementarteilchen-Physiker skeptisch hinsichtlich der kosmologischen Grenzen für die Zahl der grundlegenden Familien. Sie fanden, daß die Aussagen der Nukleosynthese auf wackligen Annahmen beruhten, die sich sehr wohl als falsch herausstellen und die wesentlichen Schlußfolgerungen ungültig machen könnten. Dabei könnte sogar ein bißchen der Konkurrenzneid mitgespielt haben. Für wen hielten sich diese emporgekommenen Kosmologen eigentlich, so einfach Vorhersagen über die Zahl der grundlegenden Bausteine zu machen und dabei nebulöse Argumente vom Urknall zu verwenden? Wie auch immer, die meisten Teilchenphysiker zogen es vor abzuwarten, bis Experimente an Beschleunigern die Sache ein für allemal entscheiden konnten.

Die Antworten kamen ab 1986 herein und bewiesen, daß die Kosmologen nicht weit daneben lagen. Bis zu diesem Jahr hatte CERNs großer Protonen-Antiprotonen-Speicherring, in dem die Z-Teilchen 1983 entdeckt worden waren, etwa einhundert dieser massiven Gebilde erzeugt, der schwersten bekannten subatomaren Teilchen. Durch die ersten groben Messungen der Lebensdauer des Z-Teilchens konnte eine Gruppe von Physikern unter der Leitung von Carlo Rubbia schließen, daß es nicht mehr als fünf verschiedene Neutrinos geben konnte – und das *drei* die wahrscheinlichste Zahl war.

Das Z-Teilchen zerfällt unter anderem in Paare von Neutrinos und Antineutrinos. Solange sie leichter als die Hälfte der Z-Masse sind, würden zusätzliche Arten von Neutrinos dem Z-Teilchen weitere Wege eröffnen, auf denen es zerfallen kann, und so seine Lebensdauer leicht verkürzen. Die Situation ähnelt ein bißchen einem Eimer voller Wasser mit Einschußlöchern; schießen Sie noch ein Loch in den Eimer, und das Wasser läuft ein wenig schneller aus. Eine präzise Messung der Z-Lebensdauer offenbart daher genau, wieviele verschiedene Arten von Neutrinos es gibt.

Andere Experimente an Elektron-Positron-Speicherringen in der ganzen Welt kamen zu ähnlichen Schlußfolgerungen für die Zahl der Neutrinos. Indem sie jene Kollisionen untersuchten, bei denen ein Elektron und ein Positron sich gegenseitig vernichten und ein Paar (nicht detektierter) Neutrinos bilden, schlossen die Physiker, daß es insgesamt nicht mehr als fünf verschiedene Arten von Neutrinos geben konnte. Wenn die Kosmologen falsch lagen, dann lagen sie nur ein wenig falsch.

Die entscheidende Antwort auf diese wichtige Frage ließ jedoch bis 1989 auf sich warten, als reichliche Mengen von Z-Teilchen endlich in den USA und Europa verfügbar waren. Als das Jahr begann, bestand die Versorgung der Welt mit Z-Teilchen aus wenigen Hundert, die in Proton-Antiproton-Speicherringen am CERN und am Fermilab erzeugt wurden. Aber am Ende des Jahres hatten zwei neue Elektron-Positron-Speicherringe – genannt SLC und LEP – ihre Arbeit am SLAC und CERN aufgenommen, fähig, diese massiven Teilchen zu Tausenden zu erzeugen.

Geleitet von Burton Richter überholten die SLAC-Physiker ihren alternden, 3,4 Kilometer langen Linearbeschleuniger, um Pakete von Elektronen und Positronen auf nahezu 50 Gigaelektronenvolt hoch zu treiben. Sie fügten ein Paar gekrümmter Tunnel hinzu, beladen mit Magneten, um die Teilchen zur Kollision im Herzen eines riesigen Teilchendetektors zu leiten und zu fokussieren. Um die Wahrscheinlichkeit einer Kollision zu erhöhen, mußte der SLC die Pakete auf einen Durchmesser von 6 Mikrometer zusammenpressen – viel weniger als die Dicke eines menschlichen Haares. Bis zum Oktober 1989 hatte das Team der Physiker, die den Teilchendetektor betrieben, die Überreste von fast 500 Z-Teilchen beobachtet, die erzeugt werden, wenn ein Elektron und ein Positron mit den richtigen Energien sich vernichten. Auf der Grundlage dieser Probenmenge folgerten sie, daß es nur *drei* verschiedene Arten von Neutrinos gibt und folglich nur die drei bekannten Quark-Lepton-Familien des Standardmodells.

Dem SLAC-Team unmittelbar auf den Fersen waren viele hundert Physiker am CERN, die den LEP bauten – den größten Teilchenbeschleuniger der Welt. Als riesiger Speicherring von 27 Kilometern Umfang ruht diese mächtige Maschine in einem enormen Tunnel, der unter den verschlafenen Bauernhöfen und Dörfern gebohrt wurde, die die weite Ebene westlich von Genf übersäen. Kompakte Bündel von Elektronen und Positronen rasen in entgegengesetzter Richtung durch den Ring, Tausende von Malen durcheinander hindurchgehend und ein Z-Teilchen etwa einmal pro Minute erzeugend. LEP begann in August 1989 zu laufen und hatte bis Oktober 11 000 Z-Teilchen angehäuft. Einen Tag nachdem SLAC seine Ergebnisse bekannt gegeben hatte, bestätigten vier verschiedene Gruppen von Physikern, die am LEP arbeiteten, daß es wirklich nur die drei bekannten Arten von Neutrinos gibt und nicht mehr. 1989 wurden auch verbesserte Messungen der Heliumhäufigkeit und der Lebensdauer des Neutrons von Kosmologen verwendet, um zu dem Schluß zu kommen, daß es nur drei leichte Neutrinos gab, so daß alles schön zusammenpaßte in jenem Jahr.

Während sie einerseits kosmologische Vorhersagen bestätigten, die Jahre zuvor gemacht worden waren, machten diese Experimente der Teilchenphysik noch viel stärkere Aussagen. Jede noch so kleine Wahrscheinlichkeit eines vierten Neutrinos wurde vom SLC und LEP überzeugend ausgeschlossen, sogar wenn es *30*mal schwerer als das Proton wäre. Die Aussagen der Urknall-Nukleosynthese gelten nur für Teilchen, deren Masse kleiner als 10 Megaelektronenvolt, oder etwa ein Prozent der Protonenmasse ist. Indem sie die verschiedenen Arten von Neutrinos begrenzen, setzen diese Experimente auch einen Deckel auf die Komplexität der Natur – zumindest auf der

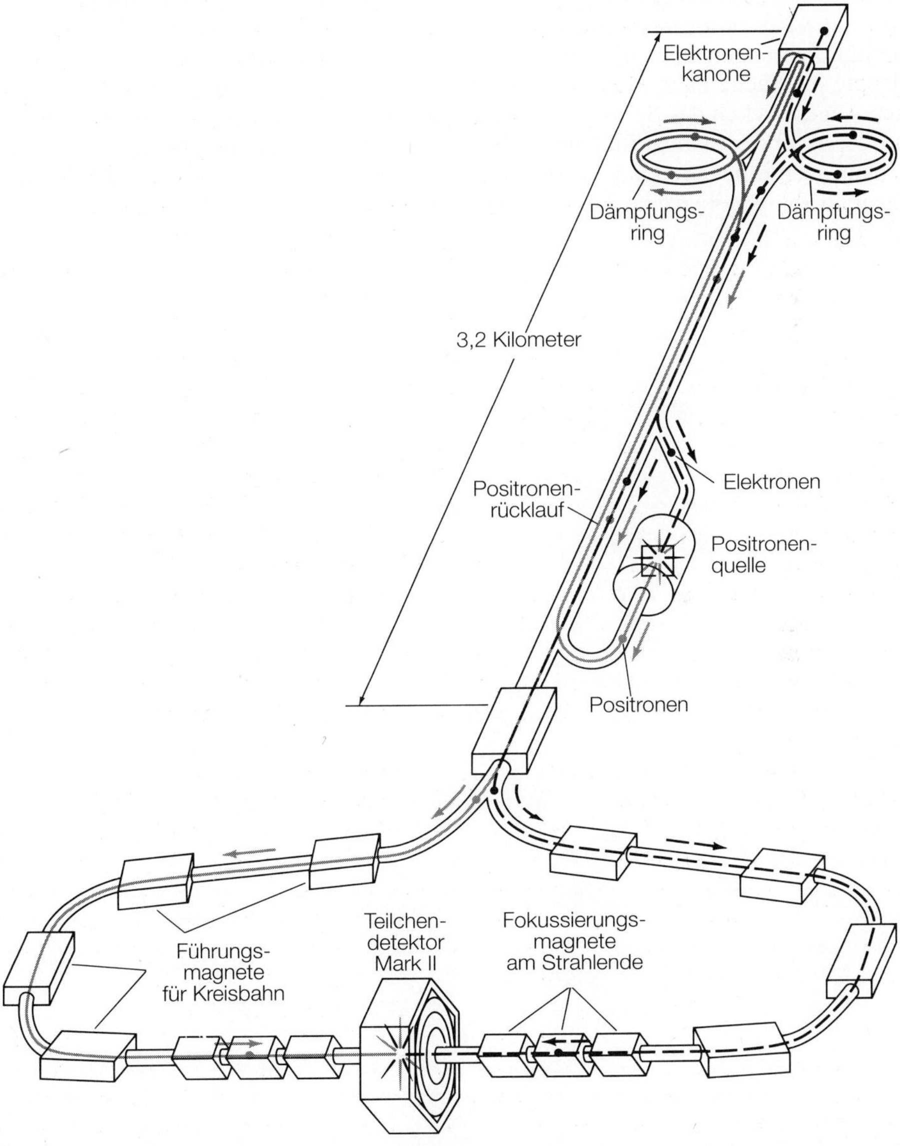

Künstlerische Darstellung des Stanford Linear Colliders (SLC). Elektronen und Positronen werden in dem 3,2 Kilometer langen Linearbeschleuniger auf hohe Energie gebracht und dann durch zwei gekrümmte Tunnel geschleudert, bevor sie zusammenstoßen, um in einem großen Detektor Z-Teilchen zu erzeugen.

Ebene der grundlegenden Bausteine. Es kann nur die drei bekannten Familien der Quarks und Leptonen im Standardmodell geben.

* * *

So hatten die Kosmologen schließlich im wesentlichen recht. Die Tatsache, daß die Kosmologie erfolgreich die Zahl der elementaren Einheiten begrenzen konnte, ist ein wunderbares Zeugnis des zunehmenden Wechselspiels mit der Teilchenphysik. Früher hatten die Kosmologen die Informationen aus der Teilchenphysik verwendet, um zu Schlußfolgerungen über die Zustände im frühen Universum zu kommen, aber nun klappte die Sache auch in der anderen Richtung. Ereignisse, die in den wenigen, ersten Augenblicken des Seins geschahen, zeigten, daß es nur soundsoviel Komplexität auf der Tafel der Standardteilchen geben konnte. Nur ein bißchen mehr, und das Universum würde heute anders aussehen. Dies ist vielleicht das erste Mal seit Newtons Tagen, daß kosmologische Aussagen einen Einblick in die Grundlagenphysik bieten.

5. Die Erschaffung der Materie

Als Steven Weinberg 1976 sein klassisches Buch *Die ersten drei Minuten* schrieb, begann er seinen Bericht über den Urknall bei der Zeit von 0,01 Sekunden, einer Hundertstelsekunde. Zu diesem Zeitpunkt war die Temperatur des urzeitlichen Feuerballs auf 100 Milliarden Grad gefallen, mehr als zehnmal heißer als der Kern der Sonne heute. Die Dichte des Universums damals war absolut atemberaubend – mehr als eine Milliarde mal dichter als Wasser. Ein winziges Tröpfchen dieses brodelnden Plasmas, klein wie ein Sandkorn, hätte soviel wie ein Auto gewogen. Das Verhalten der Materie und der Energie unter solch extremen Bedingungen wurde nichtsdestotrotz 1976 gut verstanden, so daß Weinberg die Entwicklung des Universums mit großer Sicherheit beschreiben konnte. Wie wir es im letzten Kapitel getan haben, brauchte er sich nur auf einige feststehende Gesetze der Kernphysik zu berufen, um seine faszinierende Geschichte zu erzählen.

Weinberg war jedoch vorsichtiger mit dem, was im Verlauf jener ersten Hundertstelsekunde passiert war und er beschränkte seine Mutmaßungen über diese früheste Periode auf ein kurzes Kapitel am Ende seines Buches. Wenn die Zeit bis zu diesem kurzen Augenblick zurückgedreht wird, klettert die Temperatur bis zu dem Punkt, wo eine Unmenge von schweren Mesonen und Baryonen aus reiner Energie erschaffen werden kann. Diese Teilchen üben die Starke Kraft aufeinander aus. Diese Kraft, die die Atomkerne zusammenbindet, war 1976 noch etwas rätselhaft. »Wir wissen jetzt einfach noch nicht genug über die Physik dieser Elementarteilchen, um die Eigenschaften solch einer Melange mit Sicherheit berechnen zu können«, beklagte sich Weinberg. »Folglich hängt unser Unwissen der mikroskopischen Physik wie ein Schleier herab und verdeckt unsere Sicht auf den unmittelbaren Anfang.«

Heute wissen wir mehr darüber, wie sich Elementarteilchen verhalten, oder zumindest sind wir viel sicherer, daß bestimmte Theorien, die es schon 1976 gab, tatsächlich *richtig* sind. Wie in Kapitel 2 erwähnt, haben die Teilchenphysiker bewiesen, daß Mesonen und Baryonen eigentlich keine Elementarteilchen sind, sondern stattdessen Aggregate weit winzigerer Gebilde, die Quarks heißen. Und wir haben eine exakte Theorie, die Quantenchromodynamik (die Teil des Standardmodells ist), die uns sagt, wie diese Quarks miteinander in Wechselwirkung treten, wenn sie sich sehr nahe kommen – wie es in den frühesten Momenten der Fall gewesen sein muß. Die großen Fortschritte der Teilchenphysik seit 1976 erlauben uns, hinter Weinbergs Schleier zu schauen und einen Einblick in den Akt der Schöpfung zu bekommen.

Das Verständnis des Verhaltens der Quarks hat jedoch nicht *alle* Rätsel über jene erste Hundertstelsekunde aufgeklärt. Wie wurde Materie erschaffen? Warum war sie so gleichmäßig verteilt und einheitlich in allen Richtungen, wie eine unendlich große Masse von Schlagsahne? Wie konnten Galaxien beginnen sich zusammenzuziehen, wenn alles anfangs so glatt und gleichmäßig war? Und wo kam die dunkle Materie her? Die endgültigen Antworten auf diese Fragen müssen durch Untersuchung der Ursprünge der Zeit selbst gefunden werden.

* * *

Bis in die späten Siebziger erwies sich der Ursprung der Materie als ein kniffliges Problem für die Urknall-Kosmologie. Obwohl es nur ein einziges Baryon oder Elektron für so etwa jede *Milliarde* Photonen gab, schien auch diese winzige Menge merkwürdig. Die Gesetze der Physik sind symmetrisch für Materie und Antimaterie, aber das Universum selbst war es anscheinend nicht. In den Experimenten der Hochenergiephysik, wie sie an Teilchenbeschleunigern durchgeführt werden, können Wissenschaftler Materie nur erzeugen, wenn sie exakt die gleiche Menge an Antimaterie produzieren. Ein energiegeladenes Photon kann zum Beispiel in ein Elektron und ein Positron umgewandelt werden, und die beiden können sich gegenseitig vernichten und reine Energie liefern. Aber nirgendwo schien es möglich, unter dem Strich *mehr* Materie als Antimaterie zu erzeugen. Wie also konnte jemals die überschüssige Materie entstehen, die heute im Universum festzustellen ist? Gab es sie ganz von Anfang an?

Sie könnten fragen, woher wir denn so genau *wissen*, daß es wirklich einen Überschuß an Materie gegenüber der Antimaterie gibt. Könnte es nicht verschiedene Nester geben, voneinander völlig getrennt, und wir leben zufällig in einem Nest mit Materie? Die Antwort auf diese Frage, die sich während der siebziger Jahre herauszuschälen begann, ist ein überwältigendes Nein.

1970 zeigten Gary Steigman, der an Hoyles Cambridger Institut arbeitete, und Yacov Zeldovich in Moskau unabhängig voneinander durch eine Reihe von systematischen Überlegungen, daß das Universum mehr Materie als Antimaterie enthält. Insbesondere wiesen sie darauf hin, daß die primären kosmischen Strahlen, die die Erde aus jeder Raumrichtung treffen, überwiegend aus Materieteilchen bestehen – hauptsächlich nur aus Protonen. Nur etwa einer von ungefähr 10 000 kosmischen Strahlen, die in die obere Atmosphäre eindringen, ist ein Antiproton, und diese winzige Zahl kann sogar vernünftig damit erklärt werden, daß sie mittelbar durch Wechselwirkungen der Materie zustandekommt. Ein energiegeladenes Proton kann gelegentlich im interstellaren Raum auf ein anderes Proton treffen. Wenn die Kollisionsenergie hoch genug ist, kann ein *drittes* Proton plus einem Antiproton geschaffen werden, und alle vier Teilchen werden in verschiedene Richtungen davonjagen. Die Häufigkeit von Antiprotonen, die auf der Erde wegen solcher Begegnungen zu erwarten ist, entspricht der von eins zu 10 000, die tatsächlich gefunden wird.

Abgesehen von dieser winzigen Verschmutzung stellen die kosmischen Strahlen deshalb ein „Probestück" des Gehalts an Materie und Antimaterie im benachbarten Universum dar. Niederenergetische kosmische Strahlen, die vorwiegend aus unserer eigenen Galaxie kommen, bestätigen, daß es keine verborgenen Nester von Antimaterie in der Milchstraße gibt. Im Gegensatz zu diesen kommen kosmische Strahlen mit hoher Energie vorwiegend aus *anderen* Galaxien, weil die magnetischen Felder unserer Galaxie einfach nicht stark genug sind, solche sich schnell bewegenden Teilchen festzuhalten. Sie entstanden wahrscheinlich in benachbarten Galaxien wie M31 oder in den etwa tausend Galaxien des Virgohaufens (zu dem M31 und die Milchstraße gehören). So wissen wir also, daß zumindest der gesamte Virgohaufen aus Materie besteht.

Es gibt einen anderen Grund, warum es keine Antimaterie im Virgohaufen geben kann. Wir finden keinen Hinweis auf die heftigen Reaktionen, die auftreten würden, wenn die Antimaterie mit Materie in Berührung kommt – was gelegentlich passieren müßte, wenn der Haufen eine nennenswerte Menge an Antimaterie enthielte. Wenn ein Proton und ein Antiproton zusammenstoßen, können sie hochenergetische Photonen, genannt „Gammastrahlen", mit spezifischen Energien erzeugen. Obwohl die Astrophysiker in verschiedenen Richtungen mittels Gammastrahlen-Teleskopen auf Erdsatelliten nach solchen Photonen gesucht haben, haben sie keine ungewöhnlichen

Ausströmungen gefunden außer jener, die aus dem Zentrum der Milchstraße stammt. Solche Ausbrüche können jedoch mit konventionellen Mitteln erklärt werden, die mit der hohen Dichte der aus dem galaktischen Zentrum kommenden Strahlung zu tun haben. In jeder anderen Richtung gibt es keinen Hinweis auf Antimaterie. Auf der Grundlage solcher Beobachtungen schließen wir, daß der Virgohaufen nur Materie enthält.

Ein anderes Argument gegen die Antimaterie, das auf alle Richtungen und Entfernungen angewandt werden kann, kommt aus unserem soliden Verständnis der Urknall-Nukleosynthese. Wenn das Universum gegenüber Materie und Antimaterie symmetrisch wäre, dann hätten die riesigen Anzahlen von Teilchen und Antiteilchen einander vollständig vernichtet – Elektronen mit Positronen, Protonen mit Antiprotonen und so fort – und nur schwache Spuren von jedem übriggelassen, plus einer wirklich gewaltigen Zahl von Photonen. Diese Vernichtungsvorgänge hätten erst aufgehört, wenn der verbleibende Vorrat an Teilchen und Antiteilchen so klein geworden wäre, daß diese sich kaum mehr begegnet wären. Dies wäre eingetreten, wenn nur noch ein Baryon pro einer Milliarde mal einer Milliarde von Photonen übrig gewesen wäre, aber ein Verhältnis von eins zu einer Milliarde ist für die Nukleosynthese von Helium in dem Verhältnis nötig, wie wir es heute beobachten. Mit solch einer riesigen Zahl von herumfliegenden Photonen hätten sich komplexe Kerne erst viel später in der Zeit der Nukleosynthese bilden können, und es wäre viel weniger Helium erzeugt worden. Wir sind deshalb sicher, daß es einen kleinen Überschuß der Materie gegenüber der Antimaterie zu dem Zeitpunkt gab, als das Universum eine Sekunde alt war und die Nukleosynthese einsetzte.

Wenn das Universum vollständig symmetrisch gewesen wäre, hätten letztlich die wenigen verbleibenden, nicht vernichteten Baryonen bei weitem nicht die Masse ergeben können, die wir heute in den leuchtenden Bereichen der Galaxien wahrnehmen. Fast alles, was jemals existierte, hätte als sanftes Glühen der Mikrowellenstrahlung geendet. Allein schon der Boden unter unseren Füßen und die Sterne über unseren Köpfen bezeugen, daß wir in einem Universum aus Materie leben.

Wie kam es also überhaupt zu diesem Überschuß an Materie, wenn die bekannten physikalischen Vorgänge ihn nicht hervorgebracht haben? Eine mögliche Antwort auf dieses Rätsel, wenn auch keine vollständige Lösung in allen Einzelheiten, wurde 1967 von dem verstorbenen sowjetischen Physiker Andrej Sacharow vorgeschlagen, dem Konstrukteur der sowjetischen Wasserstoffbombe und freimütigen Verfechter der Menschenrechte zu Zeiten der UdSSR. Ein Überschuß an Materie könnte auftreten, meinte er, wenn es eine Art von (bis dahin nicht beobachteter) Wechselwirkung gäbe, bei der die Zahl der Baryonen nicht erhalten bleibt – die, sagen wir, zu einem Nettozuwachs an Protonen im Universum führen könnte. (Die Physiker sagen, daß eine Reaktion etwas „erhält", wenn dessen Menge bei der Reaktion nicht verändert wird.) Obwohl dies eine Tautologie zu sein scheint, war es tatsächlich eine radikale Einsicht, die zehn Jahre vor ihrer Zeit gewonnen wurde. Die Physiker ignorierten Sacharows Vorschlag bis in die späten Siebziger, weil alle damals bekannten Kräfte die Baryonen zu erhalten schienen.

Allerdings stand Sacharows Vorschlag unter einigen Vorbehalten. Welche Kraft auch immer daran beteiligt war, mußte ein Prinzip verletzen, das „CP-Symmetrie" heißt. Kurz gesagt, bedeutet CP-Symmetrie, daß die Gesetze der Physik die gleichen bleiben, wenn man alle an einer Wechselwirkung beteiligten Teilchen durch ihre Antiteilchen ersetzt und den Vorgang in einem Spiegel betrachtet. Eine Verletzung dieses Symmetrieprinzips ist gleichbedeutend mit der Feststellung, daß sich Materie und Antimaterie *nicht* in genau der gleichen Weise verhalten.

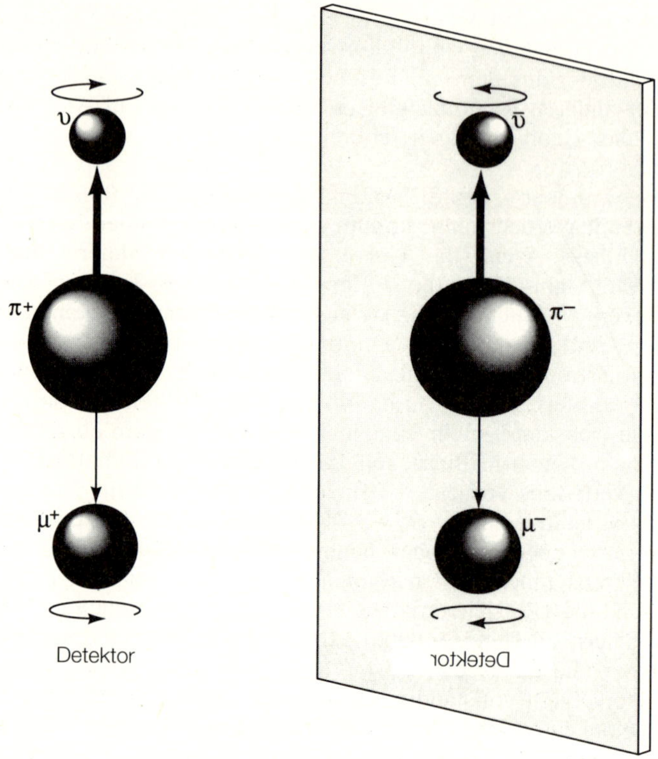

CP-Symmetrie, wie sie beim Zerfall eines Pions beobachtet wird. Wenn Sie alle Teilchen durch ihre Antiteilchen ersetzen und den spiegelbildlichen Vorgang betrachten, bleibt die Zerfallsrate die gleiche.

1963 wurde jedoch eine Verletzung der CP-Symmetrie durch die Schwache Kraft von James Cronin und Val Fitch in Princeton entdeckt. Bei der Untersuchung der Zerfälle von neutralen Kaonen beobachteten sie einen kleinen Bruchteil (weniger als ein Prozent), der dem Prinzip der CP-Symmetrie nicht gehorchte. Mit dem experimentellen Beweis, daß die Schwache Kraft tatsächlich diese Symmetrie verletzt, brauchte Sacharow keinen großen Gedankensprung zu machen, um vorzuschlagen, daß andere Kräfte dies genauso tun könnten und dabei auch einen Überschuß an Baryonen erzeugen.

Eine letzte Forderung war, daß diese mysteriöse CP-verletzende Kraft zu irgendeinem Zeitpunkt in der ersten Hundertstelsekunde aus dem Gleichgewicht laufen mußte. In einem Zustand des Gleichgewichts – sei es chemisch, nuklear oder was auch immer – müssen Rückreaktionen mit genau der gleichen Rate ablaufen wie die Vorwärtsreaktionen. Unter dieser Bedingung würde jede Asymmetrie, die sich zwischen Materie und Antimaterie durch irgendeine Wechselwirkung aufgebaut haben könnte, sofort durch den umgekehrten Vorgang ausgelöscht werden. Um eine ursprüngliche Asymmetrie für immer zu konservieren, mußte Sacharow darauf bestehen, daß diese hypothetische Wechselwirkung außerhalb des Gleichgewichts abläuft. Die Vorwärtsreaktion, die für den Baryonenüberschuß verantwortlich war, mußte schneller ablaufen als ihre Umkehrung.

Aber eine Kraft, die die Zahl der Baryonen nicht erhielt, war 1967 eine sehr ketzerische Idee, und Sacharows Vorschlag stieß meist auf taube Ohren. Weinberg erwähnte ihn in seinem Buch *Die ersten drei Minuten* nicht, nicht einmal in seinem Kapitel über die erste Hundertstelsekunde. In den späten Siebzigern, als solch eine Kraft allmählich ernst genommen wurde, war Sacharows Idee völlig vergessen.

* * *

Die späten Sechziger und frühen Siebziger waren eine Zeit der großen Unruhe im Gebiet der Elementarteilchenphysik. Nicht nur die Quarks wurden in dieser Zeit entdeckt, sondern es tauchten langsam auch vereinheitlichte Theorien der Kräfte zwischen den Elementarteilchen auf und fanden experimentelle Bestätigung. Solche Ideen behaupteten, daß die Starke, die Schwache und die Elektromagnetische Kraft verschiedene Erscheinungsformen einer einzigen, grundlegenden Kraft waren. Diese bemerkenswerten Ideen gaben den Kosmologen das Werkzeug in die Hand, das sie brauchten, um die erste Hundertstelsekunde zu untersuchen und einen flüchtigen Blick auf die damaligen Geschehnisse zu erhaschen.

Weinberg spielte eine bedeutende Rolle bei dem ersten Schritt dieses Vorgangs der Vereinheitlichung. Als Gastprofessor am MIT arbeitete er 1967 an einer Idee, die früher von Sheldon Glashow in Harvard vertreten worden war – seinem alten Freund aus den gemeinsamen High-School-Tagen und seither ständiger geistiger Rivale. Glashow hat vorgeschlagen, daß die Schwache und die Elektromagnetische Kraft einfach zwei verschiedene Seiten ein und derselben Kraft sein könnten. Weinberg lieferte einen spezifischen Vorgang, durch den solch eine „elektroschwache" Vereinheitlichung eintreten könnte. Der pakistanische Theoretiker Abdus Salam, der damals unabhängig davon am Londoner Imperial College of Science and Technology arbeitete, machte gleich im folgenden Jahr einen ähnlichen Vorschlag.

Die elektroschwache Theorie verlangte, daß es ein äußerst schweres, neutrales Teilchen geben müsse – das Z-Teilchen –, das als zusätzlicher Überträger der Schwachen Kraft wirkt. Indirekte Beweise seiner Existenz kamen schnell, 1973 vom CERN und 1974 vom Fermilab, und lösten eine große Woge des Interesses an vereinheitlichten Theorien aus, die seitdem nicht abgeebbt ist. Glashow, Salam und Weinberg teilten sich 1979 den Nobelpreis für ihre epochale Voraussage. Fünf Jahre später wurden Carlo Rubbia und der Physiker des CERN-Beschleunigers Simon van der Meer mit diesem Preis für ihren Anteil an der 1983 erfolgten Entdeckung des massiven Z ausgezeichnet, dem letzten und endgültigen Beweis der elektroschwachen Vereinheitlichung.

Eine Vereinheitlichung zweier mutmaßlich grundlegender Kräfte sollte nicht gering geschätzt werden. Das letzte Mal, daß solch ein Erfolg erzielt werden konnte, liegt ein Jahrhundert zurück, als der schottische Physiker James Clerk Maxwell die elektrische und die magnetische Kraft zu einer, wie er es nannte, „Elektromagnetischen" Kraft verband. Fast 200 Jahre davor hat Isaac Newton gezeigt, daß Äpfel auf die Erde fallen und Planeten auf ihren Bahnen bleiben durch ein und dieselbe Kraft – die Schwerkraft. Albert Einstein verbrachte die letzten 30 Jahre seines Lebens mit dem Versuch, die Schwerkraft mit dem Elektromagnetismus zu vereinen, aber ohne Erfolg.

Im Anschluß an die Bestätigung der elektroschwachen Kraft im Jahre 1973 begannen Glashow und Salam (zusammen mit ihren Kollegen Howard Georgi und Jogesh Pati) unabhängig voneinander noch umfassendere Theorien aufzustellen, die „Große Vereinheitlichte Theorien" oder kurz „GUTs" (für Grand Unified Theories) genannt werden. Diese Theorien behaupten, daß die Starke, die Schwache und die Elektromagnetische Kraft einfach verschiedene Erscheinungen einer einzigen grundlegenden Kraft sind – so wie Eis, Wasser und Dampf verschiedene Formen von H_2O sind. Bei den niedrigen Energien, denen man auf der Erde begegnet (oder sogar in den meisten Teilchenbeschleunigern), verhalten sich diese drei Kräfte unterschiedlich. Aber bei den extrem hohen Energien, die im ersten Bruchteil einer Sekunde des Urknalls aufgetreten sein sollten, wären sie im wesentlichen identisch gewesen und hätten auf die Teilchen mit ziemlich gleicher Heftigkeit gewirkt.

GUTs sind eigentlich eine ganze Gruppe von Theorien – von denen Georgis und Glashows (als SU5 bezeichnet) nur die einfachste Version ist. Eine gemeinsame Eigenschaft aller GUTs ist, daß die Gesamtzahl aller Baryonen in Universum sich tatsächlich *ändern* kann. Denken Sie daran, daß dies der Schlüssel für Sacharows Vorschlag aus dem Jahr 1967 war. Bei den gewaltigen Energien, bei denen sich die drei Kräfte vereinen, verlieren diesen Theorien zufolge auch Quarks und Leptonen ihre Unterschiede. Ein Quark kann sich einfach in ein Lepton umwandeln und umgekehrt.

Im Grunde genommen können die gleichen Vorgänge auch bei niedrigen Energien ablaufen, nur sehr viel langsamer. Wenn sich beispielsweise eines der Quarks innerhalb eines Protons in ein Elektron umwandelt, würde das Proton zerfallen. Alle Großen Vereinheitlichten Theorien sagen voraus, daß ein Proton oder ein Neutron spontan zerfallen können, ohne dabei ein Baryon zu hinterlassen, obwohl dieser Vorgang im Durchschnitt mindestens 10^{23} Jahre dauern sollte. Dies ist ungefähr die Zeit, die ein alter Mann benötigt, um einen sehr großen Berg zu entfernen, indem er ihn mit einem weichen Tuch einmal in hundert Jahren abwischt!

Während des größten Teils der Achtziger versuchten Experimentalphysiker solche Protonen- oder Neutronenzerfälle nachzuweisen, indem sie geduldig Tausende von Tonnen Wasser oder Eisen tief im Boden beobachteten, wo sie vor den kosmischen Strahlen geschützt waren. Mit mehr als 10^{33} Protonen und Neutronen in diesen Detektoren hatten sie eine gute Chance, solche Zerfälle zu erleben – wenn die GUTs recht haben. Aber keine sind bis jetzt beobachtet worden, was ernsthafte Zweifel an Georgis und Glashows ursprünglicher SU5-Theorie weckt. Weil experimentelle Beweise fehlen, sollten die Großen Vereinheitlichten Theorien mit Vorbehalt betrachtet werden, ganz gleich wie ansprechend sie für Theoretiker sein mögen.

Nichtsdestotrotz ist sich die Mehrheit der Kosmologen jetzt sicher, daß *eine* Form der Großen Vereinheitlichten Theorie bei den extrem hohen Energien, die im ganz frühen Universum herrschten, in Kraft gewesen sein muß, lange bevor es eine Hundertstelsekunde alt war. Der Trend der Starken, Schwachen und Elektromagnetischen Kräfte scheint tatsächlich auf einen gemeinsamen Punkt zuzulaufen. Und GUTs bieten einen natürlichen Weg, um zu erklären, warum es so viel Materie im Universum gibt – und nicht nur alles in Mikrowellenstrahlung getaucht ist.

* * *

So wollen wir also einige dieser neuesten Einsichten aus der Teilchenphysik benutzen, gleichermaßen bewährte Dogmen und fundierte Spekulationen, und sehen, was sie uns von der ersten Hundertstelsekunde offenbaren. Stellen Sie sich vor, Sie sehen einen Film dieses kurzen Zeitabschnitts, der aber Bild für Bild rückwärts läuft. Während sich der Film zurückdreht, kommen die Teilchen näher und näher zusammen und die Temperatur steigt ständig höher, weil ihre mittlere Energie wächst.

Bei 0,01 Sekunden beträgt die Temperatur 10^{11} Grad, entsprechend einer durchschnittlichen Energie von etwa zehn Megaelektronenvolt pro Teilchen. Das Universum ist eine heiße Brühe von Materie und Strahlung, zu etwa gleichen Teilen von Photonen, Elektronen, Positronen, Neutrinos und Antineutrinos bevölkert. Wie zuvor erwähnt, ist seine Dichte einemilliardemal größer als die des Wassers. Es gibt verstreute Protonen und Neutronen in dieser Suppe, ungefähr eines für jede Milliarde von Photonen – nur ein übriggebliebener Rest der früheren Aktivität. Antiprotonen und Antineutronen gibt es jetzt praktisch nicht. Obwohl die Temperatur hoch ist, ist sie nicht hoch genug, um diese schweren Teilchen jedesmal wiederzuerschaffen, wenn sie vernichtet werden.

Diese Umstände dauern an, während sich der Film zurückdreht. Alles wird beständig heißer und dichter, eine Billion Grad bei 0,0001 (10^{-4}) Sekunden erreichend. Zu etwas früheren Zeiten, als die mittlere Teilchenenergie 100 Megaelektronenvolt überschreitet, sehen wir allmählich neue Arten schwerer Teilchen, die paarweise mit ihren Antiteilchen erzeugt werden. Die ersten, die auftreten, sind die Müonen, schwere Leptonen mit einer Masse von 105 Megaelektronenvolt, etwa zweihundertmal so schwer wie ein Elektron. Bei noch höheren Temperaturen kommen Pionen und Kaonen, die Mesonen, die als Überträger der Starken Kraft zwischen den Baryonen dienen. Dies ist die „Melange", die Weinberg beklagte, eine kompliziert gemischte Suppe, die den Theoretikern immer noch Schrecken einjagt.

Wenn sich die Temperatur 10^{13} Grad nähert, in einem Alter von etwa 10^{-6} Sekunden, oder einer Mikrosekunde, geschieht etwas Bemerkenswertes. Die Temperatur ist jetzt so heiß, einige hundert Millionen Elektronenvolt pro Teilchen, daß die Mesonen und Baryonen beginnen, in ihre elementaren Bestandteile zu zerfallen – in Quarks und Antiquarks. In dem Moment, in dem die Quarks dissoziieren, begegnen wir auch freien Gluonen. Dies sind, wie Sie sich erinnern, die schwer faßbaren Überträger der Starken Kraft zwischen Quarks.

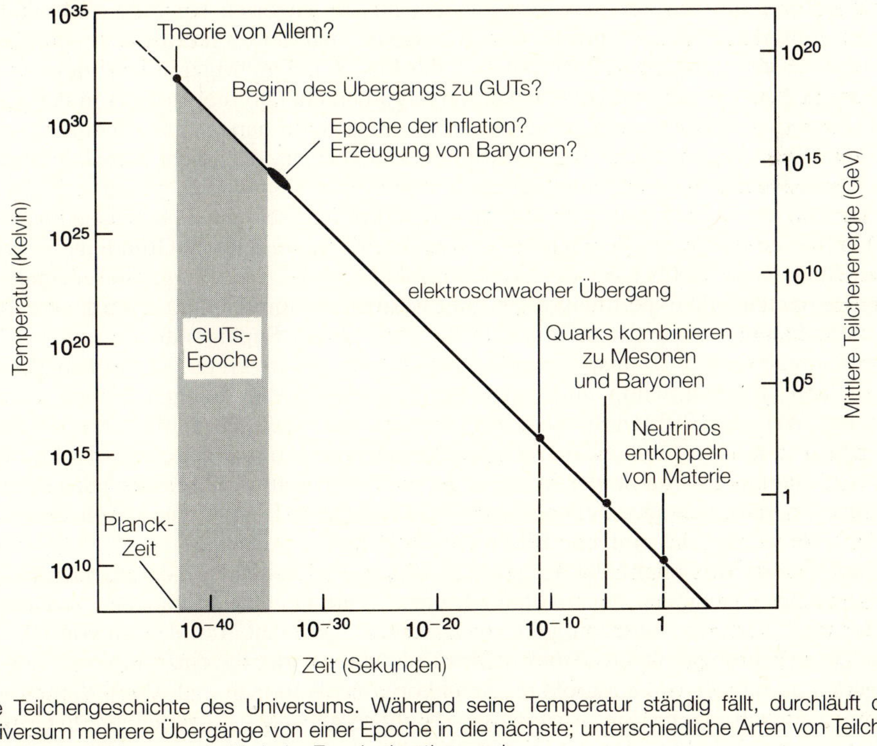

Die Teilchengeschichte des Universums. Während seine Temperatur ständig fällt, durchläuft das Universum mehrere Übergänge von einer Epoche in die nächste; unterschiedliche Arten von Teilchen und Wechselwirkungen sind in jeder Epoche bestimmend.

In den Zeiten früher als eine Mikrosekunde war das Universum eine heiße Brühe von freien Quarks und Leptonen. Photonen und Gluonen huschten unablässig zwischen diesen Teilchen herum und übertrugen die Elektromagnetische und die Starke Kraft zwischen ihnen. Das Verhalten dieser Suppe wird gut verstanden. Die Theorien des Standardmodells, die Quantenelektrodynamik (QED) und die Quantenchromodynamik (QCD), die das Verhalten von Photonen und Gluonen beschreiben, versetzen uns in die Lage, berechenbare und verifizierbare Vorhersagen zu machen, wenn Quarks und Leptonen so nahe beieinander sind. (Nur wenn die Quarks anfangen, voneinander weiter abzurücken, wie es nach etwa einer Mikrosekunde passierte, werden die Rechnungen der QCD äußerst schwierig.)

Sogar als die Temperatur 10^{15} Grad erreichte, bei einer Zeit von 10^{-10} Sekunden, ist das Verhalten dieser Quark-Lepton-Suppe wohlbekannt. Bei Energien über etwa 100 Gigaelektronenvolt pro Teilchen haben die massiven W- und Z-Teilchen ihren Auftritt und erscheinen sehr zahlreich in der Suppe. Dank Glashow, Salam und Weinberg können wir das Verhalten dieser Teilchen mit großer Genauigkeit berechnen. Diese Berechnungen wurden wiederholt geprüft und verifiziert, mittels der Teilchenspeicherringe mit Höchstenergien, die jetzt am CERN, Fermilab und SLAC zur Verfügung stehen, die im Grunde in kleinem Maßstab die Bedingungen reproduzieren, die im Urknall bei einer Billionstelsekunde oder 10^{-12} Sekunden herrschten.

Bis hierher fußte unser Film auf harten, experimentellen Fakten, die durch Simulation der Bedingungen während des Urknalls in irdischen Teilchenbeschleunigern gewonnen wurden. Sobald wir jedoch unseren Film hinter die 10^{-12}te Sekunde zurückdrehen, wird das Drehbuch allmählich spekulativer. Nun treten wir in einen Bereich ein, wo die Teilchenenergien jene überschreiten, die auf der Erde erzeugt werden können, und wir müssen darauf vertrauen, daß unsere Theorien bei diesen ultrahohen Energien wirklich gültig sind. Ist das, was tatsächlich unter diesen extremen Bedingungen passiert, eine glatte Extrapolation der Physik bei niedrigeren Energien?

Es gibt eine Anzahl von Hinweisen und Argumenten, daß die Antwort in der Tat ja lautet, aber wir können nicht völlig sicher sein. Die Natur hatte schon oft eine Überraschung für unwissende Physiker in ihrem Ärmel stecken, die solche unbekümmerten Annahmen in der Vergangenheit gemacht haben.

Aber lassen Sie uns diesen Sprung trotzdem tun und versuchen, das auszumachen, was in der ersten Billionstelsekunde passiert sein könnte, auf der Grundlage begründeter Spekulationen über die Physik bei ultrahohen Energien. Einige dieser Spekulationen könnten bald experimentell getestet werden, da immer energiegeladenere Teilchenbeschleuniger, wie der in Texas im Bau befindliche Superconducting Super Collider (Supraleitender Superspeicherring), in Betrieb gehen. Wenn die Großen Vereinheitlichten Theorien richtig sind, erwarten uns keine Überraschungen, bis wir uns auf unserem Weg zur 10^{-34}sten Sekunde zurückgearbeitet haben, als die mittlere Teilchenenergie wahrlich erstaunliche 10^{14} Gigaelektronenvolt erreicht hatte. Das ist fast eine Million mal eine Milliarde der Massenenergie eines Protons. (Eigentlich sagen viele Theorien voraus, daß neue Teilchen auch bei niedrigeren Energien auftreten, aber diese Gebilde würden das einfache Bild nicht verändern.)

Den Großen Vereinheitlichten Theorien zufolge, und denken Sie daran, daß es viele verschiedenen Versionen gibt, sollten wir nun das allmähliche Auftauchen von außergewöhnlich massiven Teilchen, genannt X-Teilchen, erleben, mit Massen von 10^{14} bis 10^{16} Gigaelektronenvolt pro Stück. Um diese Massen richtig einzuordnen: Dies ist ungefähr so schwer wie ein größeres Staubkorn, das Billionen und Aberbillionen von Atomen enthält. Wenn Sie ein einziges hochenergetisches X-Teilchen im Gesicht abbekämen, würden Sie das mit Sicherheit spüren!

In der GUTs-Epoche, wie der Zeitraum vor der 10^{-34}sten Sekunde heißt, wirkten die Starke, die Schwache und die Elektromagnetische Kraft als eine einzige, einheitliche Kraft und Quarks konnten durch Vermittlung dieser X-Teilchen zu Leptonen werden (und umgekehrt). Ein Quark stößt zum Beispiel ein X aus, wenn es sich in ein Antilepton umwandelt; das X zerfällt anschließend in ein Quark und ein Lepton. Weil X-Teilchen so schrecklich massereich sind, würden solche Vorgänge nicht (oder nur extrem selten) bei normalen Temperaturen auftreten. Bei den ultrahohen Temperaturen und Energien, denen man in der GUTs-Epoche begegnet, wären die X-Teilchen jedoch fast so häufig wie Photonen, und diese Vorgänge würden ständig ablaufen.

Wo wir nun unseren Film vom Urknall bis zu diesem sehr frühen Augenblick zurückgedreht haben, wollen wir eine Pause machen und ihn dann wieder vorwärtsspulen. Die Bühne ist frei für die Erschaffung der Materie.

* * *

In einem von X-Teilchen bevölkerten Universum ist es möglich, Sacharows drei Bedingungen zu erfüllen. Erinnern Sie sich, daß er eine Kraft brauchte, die die Zahl der Baryonen verändert und die CP-Symmetrie verletzt – und dies außerhalb des Gleichgewichts tut. Der erste, der diese Möglichkeit im Jahre 1978 erkannte, war Motohiko Yoshimura, ein japanischer Teilchentheoretiker, der sich seit seinem Studium an der University of Chicago für Kosmologie interessierte. Unglücklicherweise entging die dritte Bedingung seiner Aufmerksamkeit, daß das Universum irgendwie aus dem Gleichgewicht geraten mußte, ein Punkt auf den Weinberg und andere bald hinweisen sollten. Erst später wurde Sacharows frühere Arbeit wiederentdeckt.

Um zu sehen, wie solch eine Asymmetrie entstehen könnte, stellen Sie sich vor, wir begännen mit einer gleichen Anzahl von X- und Anti-X-Teilchen, wie wir sie in einem symmetrischen Universum erwarten würden. Die X-Zerfälle liefern Quarks und die Anti-X-Zerfälle Antiquarks. Wenn nun die CP-Symmetrie durch die Kraft, die

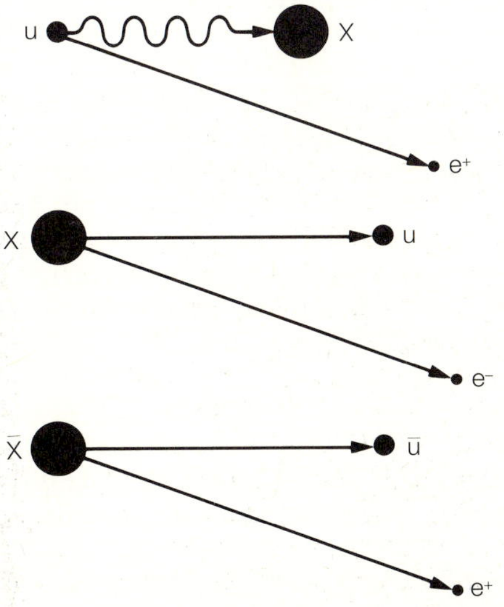

Wechselwirkungen eines X-Teilchens mit Quarks und Leptonen. Nach den Großen Vereinheitlichten Theorien sollen diese überwältigend massiven Überträger der GUTs-Kraft vor der 10^{-34}sten Sekunde weitverbreitet gewesen sein.

diese Zerfälle steuert, verletzt wird, wird es möglich, einen kleinen *Überschuß* an Quarks gegenüber der Antiquarks zu erzeugen – mehr Materie als Antimaterie! Denken Sie daran, daß CP-Symmetrie bedeutet, daß Materie und Antimaterie sich im wesentlichen gleich verhalten. Wenn also diese Symmetrie verletzt ist, wie es in den Großen Vereinheitlichten Theorien geschieht, dann können wir mehr von dem einen als von dem anderen erhalten.

Wenn sich das Universum jedoch im Gleichgewicht befände, würden die umgekehrten Reaktionen in gleichem Maße ablaufen und sofort jeden leichten Überschuß wegwischen, der auftaucht. Quarks geben wiederum X-Teilchen; Antiquarks schaffen von Neuem Anti-X-Teilchen. Dies ist der entscheidende Punkt, der Yoshimura entging, während ihn andere erkannten. Nur wenn das Universum am Ende der GUTs-Epoche aus dem Gleichgewicht gerät, kann sich eine *dauerhafte* Asymmetrie zwischen Quarks und Antiquarks einstellen. (Denken Sie daran, daß der Film jetzt vorwärts läuft.) Zu diesem Zeitpunkt ist die Temperatur so weit gefallen, daß nicht mehr genug Energie verfügbar ist, um die X- und Anti-X-Teilchen so schnell wie vorher wiederherzustellen; sie beginnen schneller zu zerfallen, als wiedererschaffen zu werden. Nun können wir tatsächlich einen winzigen Überschuß an Quarks erzielen, ein dauerhafter Rest von Materie, der für immer im Universum festgefroren ist.

Die Menge der überschüssigen Materie, die nach dieser Epoche übrigbleibt, hängt von den genauen Einzelheiten der jeweiligen Großen Vereinheitlichten Theorie ab, auf die wir uns berufen. Aber es ist wichtig, an dieser Stelle daran zu erinnern, daß *alle* GUTs die ersten beiden Sacharowschen Bedingungen erfüllen – die Nichterhaltung der Baryonen und die Verletzung der CP-Symmetrie. Die Abkühlung des Urknalls liefert uns immer die dritte Bedingung, ein Zustand des Ungleichgewichts am Ende der GUTs-Epoche. Die Erschaffung der Materie ist in den GUTs unvermeidlich; es bleibt nur die Frage, wieviel Materie erzeugt wird.

Während unser Film sich nach der GUTs-Epoche weiterdreht, und das Universum sich weiterhin ausdehnt und abkühlt, beginnen die Quarks und Antiquarks schließlich zu Baryonen und Antibaryonen zu verschmelzen. Dieser Vorgang der Kondensation beginnt bei einer Zeit von etwa einer Mikrosekunde, als die mittlere Teilchenenergie auf wenige hundert Millionen Elektronenvolt gefallen ist. Weil wir mit einem leichten Überschuß an Quarks angefangen haben, enden wir mit einem winzigen Überschuß an Baryonen. In der nachfolgenden Orgie vernichten sich Baryonen und Antibaryonen gegenseitig und liefern dabei riesige Mengen von Photonen; ein winziger Bruchteil von Baryonen bleibt übrig – jene, die einfach kein Antibaryon finden konnten, um einander zu vernichten. Dieses Überbleibsel wird zu der Materie, die wir heute im Universum vorfinden – wenn das GUTs-Szenario wirklich richtig ist. Große Vereinheitlichte Theorien bieten einen natürlichen Weg, um einen Überschuß an Materie gegenüber der Antimaterie zu erzeugen, sogar dann, wenn das Universum in einem Zustand vollkommener Symmetrie begann.

* * *

Ein wichtiges Fossil jener ersten Hundertstelsekunde ist die Zahl der verbleibenden Baryonen. Dieser Wert wird üblicherweise als das Verhältnis der Zahl der Baryonen zu der der Photonen im heutigen Universum angegeben, welches wir mit b/P bezeichnen wollen. Dieses Schlüsselverhältnis muß zwischen 0,2 und 0,7 Teilen pro einer Milliarde liegen, wenn die Urknall-Nukleosynthese die festgestellten Häufigkeiten der leichten Elemente liefern soll. Das ist eine ziemlich enge Eingrenzung. Die verschiedenen GUTs ergeben unterschiedliche Werte für b/P, wie von Physikergruppen am CalTech, am CERN, in Chicago und in Stanford gezeigt wurde. Dementsprechend können die beobachteten Werte dieses Verhältnisses verwendet werden, um einige der möglichen Theorien auszuschließen. Georgis und Glashows ursprüngliche SU5-Theorie versagt bei *b/P*, sofern nicht zusätzliche Annahmen mit aufgenommen werden. Hier hat die Kosmologie erneut Erkenntnisse über die Grundlagenphysik offenbart.

Übrigens ist die SU5-Theorie noch in andere Schwierigkeiten geraten und ist bei den Teilchenphysikern und Kosmologen in Ungnade gefallen. Die Zerfallsrate der Protonen, die nach SU5 zu erwarten war, wurde in unterirdischen Detektoren nicht beobachtet, wie früher schon angemerkt, und die Theorie sagt einen zu kleinen Wert für den Weinberg-Winkel voraus, einem Schlüsselparameter in der vereinheitlichten elektroschwachen Theorie, der die relativen Stärken der Elektromagnetischen und der Schwachen Kraft angibt. Robert Marshak, ein Theoretiker aus Virginia, war von diesen Gegenbeweisen so überzeugt, daß er SU5 1986 auf einer großen, internationalen Konferenz über Hochenergiephysik offiziell für „tot" erklärte.

Die Idee einer großen Vereinheitlichung selbst ist jedoch immer noch wohlauf. Es gibt viele andere mögliche GUTs, die andere Arten von Symmetrien aufweisen und nicht die Probleme von SU5 haben. Vielleicht die interessantesten von diesen sind die Theorien, die die „Supersymmetrie" einschließen, oder kurz „SUSY". Wir werden über Supersymmetrie in diesem Buch später noch mehr sagen; an dieser Stelle soll es genügen, sich zu merken, daß alle supersymmetrischen Theorien die Zahl der grundlegenden Teilchen effektiv verdoppeln, indem sie für jedes einen als „Sparticle" oder „SUSY-Teilchen" bezeichneten Partner einführen. Der Partner eines Quarks wird „Squark" genannt, der eines Leptons „Slepton". Photonen haben „Photinos" als Partner, Gluonen haben „Gluinos", W-Teilchen haben „Winos" und so weiter. Es ist nicht wichtig, alle diese Namen zu behalten, sondern nur zu erkennen, daß ein ganzes, neues Reich von Elementarteilchen gleich um die Ecke liegen könnte. Einige der SUSY-Teilchen sind übrigens bevorzugte Kandidaten für die dunkle Materie des Universums.

In den supersymmetrischen Fassungen der Großen Vereinheitlichten Theorien werden eine Anzahl von störenden Problemen und Anomalien aufgeklärt. Zunächst lebt das Proton viel länger und zerfällt in Kombinationen von Teilchen, die wahrscheinlich bislang nicht in unterirdischen Detektoren aufgetreten wären. Diese Eigenschaft würde erklären, warum der Protonenzerfall noch nicht beobachtet wurde. Der als Weinberg-Winkel bekannte elektroschwache Parameter kommt in gewissen SUSY-GUTs auch richtig heraus, und das Baryonen-zu-Photonen-Verhältnis kann mit dem in Übereinstimmung gebracht werden, was für die Urknall-Nukleosynthese nötig ist.

Heute wächst unter den Theoretikern die Erkenntnis, daß *eine* Form der Supersymmetrie in die Teilchentheorien mitaufgenommen werden muß, um eine vollständige und richtige Beschreibung des frühen Universums zu erhalten. So mag die zusätzliche Vielfalt dieser supersymmetrischen Theorien, mit dem Zweifachen der vorher nötigen Zahl an Elementarteilchen, ein notwendiges Übel sein, das durch die harte Wirklichkeit von Beobachtung und Messung erzwungen wird. Die Teilchenphysiker suchen eifrig nach diesen SUSY-Teilchen mit den neuen Teilchenspeicherringen, die kürzlich in Betrieb gegangen sind.

* * *

Ein faszinierender Aspekt der Großen Vereinheitlichten Theorien, oder überhaupt *jeder* Theorie, die im frühen Universum Materie erzeugt, ist der, daß sie bestimmen können, wie Unebenheiten in der ursprünglichen Verteilung der Materie entstanden sein könnten. Diese urzeitlichen Dichteschwankungen, wie klein auch immer, könnten als „kosmische Keime“ gewirkt haben, an denen sich alle Materie bald angehäuft hätte, was schließlich über mehrere Entwicklungsstufen zur Bildung von Galaxien, Haufen und Superhaufen geführt hätte – sowie von Sternen, Planeten und Menschen.

Wenn die Verteilung der Materie überall völlig gleichmäßig gewesen wäre, hätte dieser Vorgang des Anhäufens niemals begonnen. Galaxien und Haufen würde es nicht geben. Die Tatsache, daß wir sie fast überall sehen, wohin wir am Himmel schauen, legt nahe, daß es eine Art von Dichteschwankung oder Inhomogenität gegeben haben muß, als die Materie erstmals erschaffen wurde – oder eine Art von kosmischen Keimen, die die Bildung dieser Strukturen auslösten. Sie sind noch ein weiteres Fossil der Zustände im frühen Universum.

Es gibt zwei unterschiedliche Wege, auf denen Unebenheiten in der frühen Materieverteilung entstanden sein könnten, entweder durch „isotherme“ oder durch „adiabatische“ Schwankungen. Im ersten Fall häuft sich die Materie etwas an, aber die Strahlung (das Photonenmeer, in anderen Worten) ist vollkommen gleichmäßig verteilt. Solch eine Schwankung wird isotherm genannt, weil die Strahlung überall eine einheitliche Temperatur haben muß, wenn sie absolut gleichmäßig ist. Bei isothermen Dichteschwankungen kann sich daher das Verhältnis von Materie zu Strahlung von Ort zu Ort ändern, wenn es irgendeine Klumpigkeit in der Materie gibt. Bei adiabatischen Schwankungen häufen sich im Gegensatz dazu Materie und Strahlung an den gleichen Stellen gleichzeitig an. Immer wenn die Materie dichter wird, heißt das, wird dies auch die Strahlung. Aber das *Verhältnis* von Materie zu Strahlung bleibt überall dasselbe, obwohl beide Werte sich von einem Punkt im Raum zum anderen unterscheiden können.

Ein reicher Galaxienhaufen, als Comahaufen bekannt, im Sternbild Coma Berenices (Haar der Berenike).

Vor dem Ende der siebziger Jahre, als die Theoretiker allmählich erkannten, wie Materie im Zusammenhang der Großen Vereinheitlichten Theorien entstanden sein konnte, wurden isotherme und adiabatische Schwankungen für gleichermaßen plausibel gehalten. Aber jeder mikroskopische Mechanismus zur Bildung von Materie im frühen Universum (wie die GUTs) verlangt, daß Strahlung und Materie eng miteinander verknüpft sind. Materie könnte entstanden sein, als die GUTs-Kraft aus dem Gleichgewicht kam, was nur bei einer bestimmten Temperatur auftreten kann. Wenn die Temperatur des frühen Universums überall genau die gleiche gewesen wäre, wäre die Verteilung demzufolge am Ende vollkommen gleichmäßig gewesen. Wenn es jedoch leichte Unterschiede in der Temperatur von einem Punkt zum nächsten gegeben hätte, dann wären auch Unebenheiten in der Materiedichte aufgetreten. Große Vereinheitlichte Theorien bevorzugen daher *adiabatische* Schwankungen: alle Veränderungen in der Materiedichte müssen von einer entsprechenden Änderung der Temperatur begleitet sein.

Diese Korrelation zwischen Dichte und Temperatur ist äußerst wichtig, weil genaue Messungen der Mikrowellen-Hintergrundstrahlung sehr feine Schwankungen in ihrer Temperatur nachweisen können. Eine Genauigkeit von eins zu 100 000 ist heute erreichbar (wie wir im nächsten Kapitel diskutieren werden), und Verbesserungen um einen weiteren Faktor zehn könnten bald möglich sein. Bis jetzt sind jedoch keine signifikanten Schwankungen in der Temperatur dieser Strahlung gefunden worden. Folglich müssen auch anfängliche Schwankungen der Materiedichte äußerst klein gewesen sein, wenn wir annehmen, daß diese adiabatisch sein mußten.

* * *

Obwohl wir nun die Erschaffung der Materie erklären können, beginnt ein anderes Rätsel am Horizont sichtbar zu werden. Einerseits beobachten wir Galaxien und Haufen überall, wo wir hingucken, also muß es eine Art kosmischer Keime gegeben haben, an denen die Materie sich zu sammeln begann – seien es urzeitliche Dichteschwankungen oder was auch immer. Andererseits erscheint die Mikrowellenstrahlung, die aus allen Richtungen des Weltraums kommt, äußerst gleichmäßig, soweit wir das heute sagen können. Die isothermen Schwankungen, die diesen Unterschied erklären könnten, sind jedoch nicht leicht mit den Großen Vereinheitlichten Theorien vereinbar, zur Zeit die bevorzugte Erklärung für die Entstehung der Materie.

Was sagt uns dieser offensichtliche Widerspruch? Fehlt etwas in unserem Bild des frühen Universums?

6. Die Geburt der Galaxien

Das Leben, wie wir es kennen, hängt von einer Anzahl physikalischer Zufälle ab, die dem oberflächlichen Beobachter wundersam erscheinen könnten. Wäre die Schwerkraft beispielsweise ein wenig stärker, als sie ist, dann wäre die Sonne vor Milliarden Jahren verlöscht – lange bevor die Wirbeltiere eine Chance gehabt hätten, auf der Oberfläche ihres wässrigen dritten Planeten zu erscheinen. Eine stärkere Gravitation hätte die Sonne dichter zusammengequetscht und so die Temperatur ihres Kernes erhöht; dieser Anstieg hätte die thermonuklearen Feuer angefacht und ihren Wasserstoffvorrat viel früher verbrannt. Wäre die Gravitation viel *schwächer* andererseits, dann wäre unser benachbarter Stern zu kalt, um irgendwelches Leben auf der Erde zu unterhalten. Seine Kerntemperatur wäre zu niedrig, als daß eine nennenswerte nukleare Aktivität auftreten könnte.

Ein anderes scheinbares Wunder ist die extreme Dichte der Materie in unserer unmittelbaren Umgebung. Die vielen verwickelten chemischen Reaktionen, die uns schufen und erhalten, unseren Körper und Geist befeuern, sind in der scheinbaren Leere des Weltalls unmöglich, die fast überall im Universum die Norm ist. Solche Reaktionen können nur in Gebieten wie der Erde ablaufen, wo es gewaltige Mengen von Materie und eine große Verschiedenartigkeit der Atome in unmittelbarster Nachbarschaft gibt.

Wenn alle sichtbare Materie des Universums jedoch gleichförmig im All verteilt wäre, dann gäbe es nur einige wenige Baryonen alle hundert Kubikmeter. Das ist die Entsprechung zu einem einzigen Wasserstoffatom, das in einem großen Brummi herumklappert. Auch wenn wir alle unsichtbare Materie mit einschlössen, könnte es im Durchschnitt nicht mehr als ein Baryon pro Kubikmeter geben. Um einschätzen zu können, wie dünn gesät auch soviel Materie ist, stellen Sie sich vor, daß ein Wasserstoffatom zur Größe eines Senfkorns aufgeblasen wurde. Sein nächster Nachbar wäre 10 000 Kilometer weit weg, fast ein Viertel des Erdumfangs!

Der benachbarte Raum im Sonnensystem enthält viel mehr Materie als dies. Hier auf der Erde enthält ein Kubikmeter eines gewöhnlichen Materials – Wasser, Sand oder Holz – nahe bei 10^{30} (oder 1 000 000 000 000 000 000 000 000 000 000) Baryonen; wir sagen, er sei etwa 30 „Größenordnungen" dichter als der Durchschnitt. Weil es einige ausgesprochen dichte Gebiete im Universum gibt, muß es also auch riesige Regionen von unglaublicher Leere dazwischen geben, um der Gesamtdichte einen Mittelwert von einem Baryon pro Kubikmeter zu geben. Wie konnte je solch ein Zustand der Klumpigkeit entstehen?

Aus der gleichmäßigen Verteilung, die aus dem Urknall hervorging, muß die Gravitation schließlich die Materie in winzigen Nestern extremer Dichte angehäuft und dabei enorme Leeren im Raum hinterlassen haben. Einzelne Galaxien müssen sich zusammengezogen und später in Sterne und Planetensysteme aufgeteilt haben. Um diese sichtbare Struktur zu deuten, müssen wir verstehen, wie diese Häufungen sich aus anfangs gleichförmigen Bedingungen zu bilden begannen – und wie sie sich zu ihrer gegenwärtigen Anordnung entwickelt haben.

Die Materie dazu zu bringen, sich überhaupt anzuhäufen, ist eine schwierige Aufgabe, wenn man bedenkt, wie ebenmäßig das Universum an seinem Anfang gewesen sein muß. Von der Gleichförmigkeit der kosmischen Hintergrundstrahlung wissen wir, daß die Materie sehr gleichmäßig verteilt gewesen sein muß, als das Universum etwa 100 000 Jahre alt war – dem Moment, in dem sich Strahlung und Materie voneinander trennten. Folglich mußte auch die normale Materie, die mit der Strahlung in einem einzigen heißen Plasma bis zu dieser Zeit im Gleichgewicht war, gleichmäßig verteilt sein. Vor diesem Augenblick wäre jede kleine, in diesem Meer entstandene Riffelung schnell geglättet worden, um sich der Strahlung anzupassen. Erst *nach* ihrer Scheidung konnten solche Riffel zu größeren Anhäufungen wachsen und schließlich die Galaxien und Haufen bilden, die die bestimmenden Erscheinungen der Struktur im heutigen Universum sind.

* * *

Ein bedeutendes Fossil des Augenblicks, in dem die Materie dem Licht entkam und der es erlaubte, daß sich Strukturen im frühen Universum zu bilden begannen, ist die kosmische Hintergrundstrahlung. Anhand ihrer Temperatur und ihrer Verteilung über den Himmel können wir zu einer Anzahl von wichtigen Schlußfolgerungen über diesen Zeitabschnitt kommen. Dieses sanfte Nachglühen der Schöpfung ist wirklich eines unserer Hauptbeweisstücke des Modells eines heißen Urknalls für das Universum. Wie ist es entstanden?

Es trat eine plötzliche Scheidung ein, als das Universum etwa 100 000 Jahre alt war, die die Dinge unwiderruflich veränderte. Bis unmittelbar vor diesem Zeitpunkt war es ein heißes Plasma von ungebundenen Elektronen und Protonen – plus Helium und einer Prise anderer Kerne, die während der Zeit der Nukleosynthese gebildet worden waren. Diese Materieteilchen schwammen in einem riesigen Meer von Photonen, oder elektromagnetischer Strahlung. Materie und Strahlung standen in einer engen Verbindung, ähnlich einem Sardinenschwarm, der durch den Ozean schwimmt.

Als die Temperatur auf etwa 3000 Kelvin fiel, hatten die negativ geladenen Elektronen jedoch nicht mehr genug Energie, um unabhängig zu bleiben; sie begannen, sich an die positiv geladenen Kerne zu halten und so elektrisch neutrale Wasserstoff- und Heliumatome zu bilden. Auf diese Weise eingeschränkt, waren diese geladenen Teilchen nicht mehr fähig, mit der Strahlung in Wechselwirkung zu treten – zumindest nicht so leicht. Die Photonen brachen schließlich aus der Materie aus und konnten ungehindert durch das dünne Gas des frühen Universums wandern, das plötzlich so durchsichtig wie Luft geworden war. Die Folge war, daß sich Materie und Strahlung voneinander trennten. Wissenschaftler sagen, sie „entkoppelten".

Eine wohlbekannte Eigenschaft der Materie ist die Neigung jeder zusammenhängenden Fläche – wie einer Wand oder dem Boden – elektromagnetische Strahlung auszusenden. Die Wellenlänge dieser Strahlung hängt nur von der Oberflächentemperatur des strahlenden Körpers ab, nicht von seiner Zusammensetzung. Bei einer Temperatur von etwa 5000 Kelvin strahlt die Sonne Photonen hauptsächlich mit optischen Wellenlängen ab. (Im Grunde haben sich unsere Augen wahrscheinlich so entwickelt, daß sie für diese Photonen empfindlich sind, weil dies die überwiegend verfügbare Strahlung war.) Menschen strahlen längere, „infrarote" Wellenlängen ab, die unsere Augen nicht wahrnehmen, aber die Nachtsichtgeräte von Scharfschützen und andere Infrarotsensoren. Die Seiten dieses Buches geben etwas langwelligere Infrarotstrahlung ab, weil Bücher im allgemeinen kühler als Menschen sind. Je kühler ein Gegenstand, desto langwelliger sind seine Emissionen.

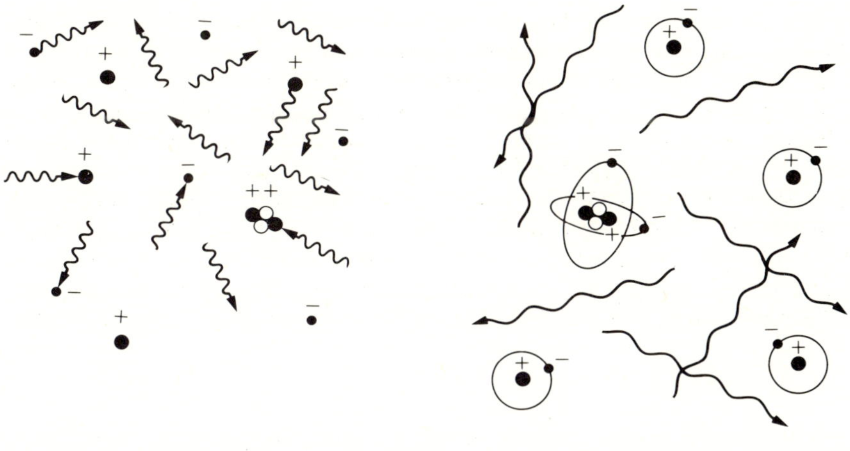

Die Entkopplung von Materie und Strahlung, die eintrat, als die Temperatur des Universums in einem Alter von etwa 100 000 Jahren auf 3000 Kelvin gefallen war. Nach diesem Ereignis konnten Photonen (als gewellte Pfeile dargestellt) ungehindert große Entfernungen zurücklegen.

Als das Universum an der 100 000-Jahres-Marke noch ein heißes Plasma war, war seine Temperatur grob gesehen die gleiche wie heute auf der Oberfläche der Sonne. Als ein einziger, zusammenhängender Körper mit dieser einen Temperatur strahlte das Universum kräftig im gleichen Bereich optischer Wellenlängen. Kurz bevor sie der Materie entkam, war diese Strahlung überwiegend aus sichtbaren und kürzeren, ultravioletten Wellenlängen zusammengesetzt. Nachdem sie sich von der Materie losgerissen hatte, konnte die Strahlung das Universum jedoch nicht verlassen, welches alles enthält, was existiert. Die Überreste dieser Strahlung müssen also heute noch vorhanden sein.

Aber weil der Weltraum sich seit dieser frühen Zeit gewaltig ausgedehnt hat, müssen die Wellenlängen dieser übriggebliebenen Strahlung bis zu einem Punkt zugenommen haben, an dem sie viel länger sind, als damals, als sie zuerst emittiert wurden. Denken Sie sich diese Strahlung als steife Sprungfedern, die einmal sehr eng gewunden waren, aber seitdem so gestreckt wurden, daß es große Lücken zwischen aufeinanderfolgenden Wendeln gibt. Obwohl kurzwelliges sichtbares Licht von der Materie bei etwa 3000 Kelvin ausgestrahlt wurde, erreicht es uns nun bei viel längeren Mikro- und Radiowellenlängen – als ob es von einem Körper mit einer einheitlichen Temperatur von etwa drei Kelvin stammt. Dies ist das matte Glühen, daß wir von einem Körper erwarten würden, der auf die sehr tiefe Temperatur von flüssigem Helium abgekühlt wurde.

Es war der Nachweis dieser Strahlung im Jahre 1964, der der Urknall-Kosmologie den Weg ebnete und Arno Penzias und Robert Wilson 1978 den Nobelpreis für Physik einbrachte. Wie schon im ersten Kapitel bemerkt, verwendeten diese beiden Wissenschaftler der Bell Laboratories eine vorhandene Radioantenne in Holmdel (New Jersey) für die Entdeckung eines gleichförmigen Glühens von Mikrowellenstrahlung, die aus jeder Richtung auf die Erde trifft. Ihre zufällige Entdeckung wurde rasch von einer anderen Wissenschaftlergruppe an der nahegelegenen Princeton University bestätigt, die zur gleichen Zeit eine genau für diesen Effekt konstruierte Radioantenne gebaut hatte.

Andere, die die Holmdel-Antenne vorher verwendet hatten, bemerkten ebenfalls das gleiche sanfte Glühen, aber hatten ohne nachzudenken den Nullpunkt ihrer Meßskala auf diesen „Untergrund“ eingestellt und nur nach darüberliegenden Ausschlägen gesucht. Nachdem er diese früheren Berichte (die keine gleichförmige Mikrowellenstrahlung zeigten) gelesen hatte, kam der sowjetische Physiker Yacov Zeldovich sogar zu dem Schluß, daß die Idee eines heißen Urknalls von Gamow und seinen Kollegen in Wirklichkeit falsch war. Anders als ihre Vorgänger erkannten Penzias und Wilson, daß der „Rauschpegel“ in ihren Instrumenten viel zu hoch lag, und verbrachten Monate harter Arbeit mit dem Versuch, diesen zu beseitigen, oder diesen merkwürdigen Effekt wenigstens zu verstehen. Ihre Sorgfalt und Anstrengung wurden schließlich mit einer der wichtigsten Entdeckungen der modernen Physik belohnt.

* * *

Die verblüffende Gleichförmigkeit dieser übriggebliebenen Mikrowellenstrahlung zeigt an, daß das Universum äußerst ebenmäßig war, als dieses Licht vor etwa 15 Milliarden Jahren emittiert wurde – als es etwa 100 000 Jahre alt war. Ganz gleich, in welche Richtung wir schauen, die effektive Temperatur dieser Strahlung ist dieselbe. Die einzige kleine Abweichung von der absoluten Gleichförmigkeit, die bis jetzt festgestellt wurde, stammt von der Bewegung der Erde relativ zum Rest der Schöpfung. Nachdem wir diese kleine Veränderung beseitigt haben, scheint das frühe Universum keine Dichteschwankungen aufzuweisen, die größer als einige Teile auf 100 000 gewesen wären. Die Oberfläche einer Billardkugel ist zum Beispiel viel rauher. Auf irgendeine Art und Weise waren daher die Galaxien und Haufen in der Lage, sich aus äußerst gleichmäßigen Anfangsbedingungen bis zu dem Zustand extremer Anhäufung zu entwickeln, den wir heute erleben.

Die genauen Messungen dieses Strahlungsrests sind eine faszinierende Episode der Radioastronomie. Während nur wenig Strahlung bei Zentimeter-Wellenlängen mit erdgestützten Geräten wie der Holmdel-Antenne beobachtet werden kann, erreicht das meiste davon die Erde im Millimeterbereich, und diese kürzeren Wellenlängen können die Erdatmospähre nicht durchdringen. Um nach winzigsten Veränderungen in einem beliebigen Signal zu suchen, sei es Sternenlicht oder Radiowellen, brauchen die Astronomen ein sehr starkes Signal. Sie haben Radioantennen auf Berggipfeln gebaut und Geräte mit Ballons oder auf U2-Flugzeugen bis auf Höhen von fast 30 Kilometern gebracht – wo die Absorption dieser Mikrowellenstrahlung sehr vermindert ist, und bessere Messungen möglich sind. Diese Untersuchungen fanden überall auf der Erde statt. Ein Ballon kam im brasilianischen Urwald herunter und wurde als verschollen betrachtet, nur um Monate später in einer Dorfkneipe wieder aufzutauchen, wo er als eine exotische Dekoration aufgehängt worden war.

Die erste wichtige Aufgabe, nachdem Penzias' und Wilsons Entdeckung durch die Princeton-Gruppe bestätigt worden war, bestand darin zu beweisen, daß die gleichförmige kosmische Strahlung ein Spektrum hatte, das zu einer zusammenhängenden Oberfläche bei etwa drei Kelvin paßte. Damit sich dies bewahrheitete, mußte die Intensität der Strahlung zunehmen, wenn man von Zentimeter- zu Millimeter-Wellenlängen kam, mit einem Maximum bei etwa einem Millimeter und einem anschließenden scharfen Abfall bei kürzeren Wellenlängen. Aber Messungen bei Wellenlängen um einen Millimeter sind auf Berggipfeln unmöglich; diese schwierige Aufgabe erfordert Satelliten, Raketen und extrem hoch fliegende Ballons.

Die anfänglichen, raketengestützten Messungen zeigten viel höhere Intensitäten als erwartet und ließen bei Steady-State-Kosmologen Hoffnung keimen. Fred Hoyle hatte

Das U2-Flugzeug, das Physiker aus Berkeley und die NASA einsetzten, um die kosmische Hintergrundstrahlung einzufangen.

eine neue Fassung seiner Theorie entwickelt, die das im Zentimeterbereich bereits beobachtete Spektrum wiedergeben konnte, aber sie zeigte nicht das scharfe Maximum, daß die Urknall-Theorie im Millimeterbereich vorhersagte. Seine Hoffnungen mußte er jedoch bald darauf begraben, als die Astronomen erkannten, wie schwer tiefe Temperaturen richtig zu messen sind, wenn das Instrument von einer heißen Rakete getragen wird.

Bis Mitte der siebziger Jahre hatte jedoch eine Gruppe an der University of California in Berkeley unter der Leitung von Paul Richards eine Reihe von ballongestützten Versuchen ausgeführt, die schließlich bewiesen, daß die Strahlungsintensität tatsächlich bei einem Millimeter ein Maximum hatte, wie von einem Körper bei etwa drei Kelvin zu erwarten. Neuere, sehr genaue Messungen des COBE-Satelliten (Cosmic Background Explorer) ermittelten einen Wert von 2,735 Kelvin für diese Temperatur. Die genaue Temperatur wird von der Lage und der Form des Mikrowellenspektrums bestimmt; eine tiefere Temperatur bedeutet, daß das Spektrum bei größeren Wellenlängen, beziehungsweise kleineren Frequenzen, sein Maximum hat.

* * *

Wenn heute nach Schwankungen in der Mikrowellenhintergrundstrahlung gesucht wird, dann halten die Astronomen Ausschau nach kleinen Abweichungen in der Temperatur des Himmels zwischen Beobachtungen in zwei unterschiedlichen Richtungen. Sie suchen nach einer leichten „Fleckigkeit“ in ihrer ansonsten einheitlichen „Farbe“. Ein Experiment könnte ein einzelnes Gerät verwenden, das wiederholt seine Ausrich-

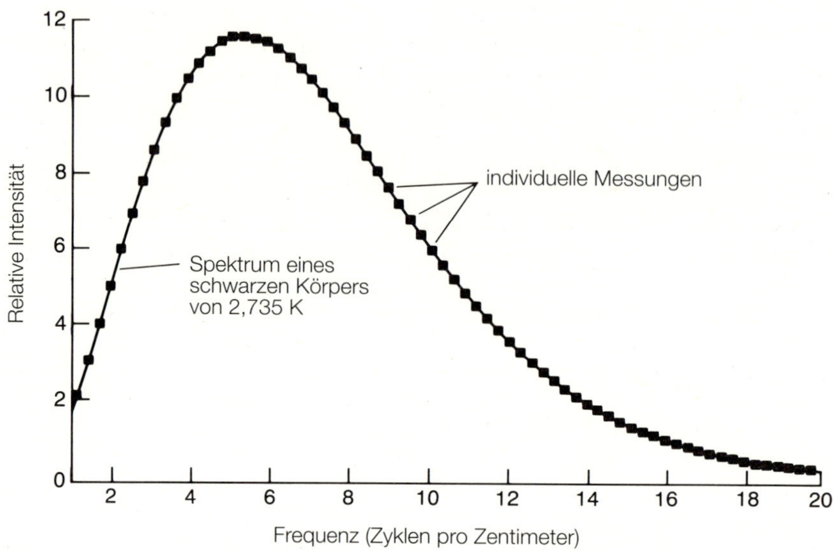

Das Spektrum der kosmischen Hintergrundstrahlung, gegen Ende 1989 von dem Cosmic Background Explorer, oder COBE-Satelliten, gemessen. Die gemessenen Datenpunkte (Quadrate) können fast perfekt durch das Spektrum angepaßt werden, daß ein schwarzer Körper bei einer Temperatur von 2,735 Kelvin emittiert.

tung hin- und herwechselt, von einer Richtung in die andere, und so versuchen, kleine Verschiebungen im Mikrowellenspektrum auszumachen. Oder man könnte identische Antennen verwenden, die zur gleichen Zeit in zwei oder mehr Richtungen weisen. Ein Astronom könnte sich zum Beispiel entscheiden, die Strahlung aus der Nachbarschaft des Sternbilds Herkules zu untersuchen und dann sein Instrument um 180 Grad zu drehen, um in die entgegengesetzte Richtung zu schauen. Ein anderer könnte seine beiden Antennen auf zwei Punkte im Orion richten, die nur wenige Winkelgrade auseinanderliegen. Die physikalische Deutung jedes Temperaturunterschieds hängt von dem Winkel zwischen beiden Messungen ab.

Die einzige Abweichung, die bislang festgestellt wurde, ist die sogenannte „Dipolanisotropie". Messungen, die von einem U2-Flugzeug aus und auf Ballonflügen von Gruppen in Princeton, Berkeley und der Universität Rom gemacht wurden, haben gezeigt, daß es einen wohldefinierten Unterschied von eins zu tausend zwischen zwei spezifischen Richtungen gibt, die 180 Grad auseinanderliegen. In einer Richtung ist die Mikrowellenstrahlung leicht rotverschoben; in der entgegengesetzten Richtung ist sie um den gleichen Betrag zum blauen Ende des Spektrums hin (zu kürzeren Wellenlängen) verschoben.

Diese kleine Abweichung stammt von der Eigenbewegung der Erde durch die kosmische Hintergrundstrahlung. Wenn sie für die Bewegung der Erde relativ zur Sonne und für die der Sonne durch die Milchstraße berichtigt wird, bedeutet sie, daß unsere Galaxie sich mit einer Geschwindigkeit von etwa 600 Kilometern pro Sekunde relativ zum Rest des Universums bewegt. Das sind 2,2 Millionen Kilometer in der Stunde! Wir rasen schnurstracks auf zwei benachbarte Superhaufen zu – Virgo und Hydra-Centaurus.

Die genaue Bestimmung dieser Bewegung erforderte die Kartierung der Temperaturschwankungen über den gesamten Himmel, einschließlich sowohl der nördlichen als auch der südlichen Hemisphäre. Sie können sich die Schwierigkeiten der Wissenschaftler vorstellen, gewisse Regierungen davon zu überzeugen, die U2-Überflüge für diese Messungen zu erlauben. Wachsamen Amtsträgern mußte versichert werden, daß die Geräte nach oben zeigen und nicht nach unten!

Schwankungen der Himmelstemperatur innerhalb von Winkeln kleiner als 90 Grad können uns etwas über die Ebenmäßigkeit des frühen Universums sagen, zu dem Augenblick, als sich Strahlung und Materie voneinander trennten. Kleine Schwankungen in der Dichte der Materie zu dieser Zeit könnten als kosmische Keime gedient haben, die sich schließlich zu den sichtbaren Galaxien und Haufen auswuchsen, die wir heute sehen. Bis jetzt sind keine Schwankungen innerhalb solcher Winkel überzeugend festgestellt worden, aber die Astronomen haben strenge Grenzen gesetzt. David Wilkinson und seine Princetoner Kollegen haben zum Beispiel eine Grenze von 2 zu 100 000 für die mögliche Temperaturabweichung in einem Winkel von sieben Bogenminuten (60 Bogenminuten sind ein Grad) veröffentlicht. Für Messungen, die 90 Grad auseinanderliegen, hat der sowjetische RELIC-Satellit eine Grenze von höchstens 3 zu 100 000 für die sogenannte „Quadrupolanisotropie“ ermittelt.

Die Grenzen sind für Winkel zwischen diesen beiden Extremen nicht so restriktiv, aber nennenswerte Schwankungen sind bis zu einem Verhältnis von 1 zu 10 000 nicht gefunden worden. Hier liefert der COBE-Satellit einen großen Beitrag. Im luftleeren Weltraum ist ein Satellit die ideale Plattform, von der aus man diese Mikrowellenstrahlung untersuchen kann. Obwohl er Mitte der Siebziger konstruiert worden war, wurde dieser Satellit erst Ende 1989 gestartet – hauptsächlich wegen veränderter Prioritäten der NASA und deren Bevorzugung der bemannten Raumfahrt gegenüber unbemannten Sonden. Bis zum Januar 1990 hatte COBE seine ersten wichtigen Daten gesammelt – das präzise Spektrum der kosmischen Hintergrundstrahlung, das auf Seite 92 gezeigt ist.

Ein wichtiges Ziel der COBE-Mission war die Suche nach sehr feinen Abweichungen zwischen getrennten Messungen dieser Strahlung, die in zwei verschiedene Richtungen gemacht wurden. Der Winkel zwischen ihnen kann irgendwo zwischen 10 und 180 Grad liegen. Ein COBE-Team unter der Leitung des Berkeley-Physikers George Smoot hat bereits die bislang beste Bestimmung der Dipolanisotropie bei 180 Grad gemacht und eine obere Grenze von 5 zu 100 000 für die Abweichungen festgestellt, die zwischen Winkeln von 10 und 90 Grad auftreten könnten (siehe die Abbildung auf Seite 95). Wenn es irgendwelche Abweichungen in diesem Winkelbereich gibt, auch wenn sie zehnmal kleiner sind, sollte die COBE-Gruppe sie eines Tage nachweisen können, aber solch eine reife Leistung erfordert die sorgfältige Analyse einer großen Datenmenge. Schlechte Erfahrungen haben gezeigt, daß es viele feine, aber verfälschende Effekte gibt, die einen Temperaturunterschied vortäuschen können.

In nächster Zukunft werden neue bodengestützte Experimente, die für den Südpol vorgeschlagen wurden, COBE vielleicht noch übertreffen können. Die dort vorherrschende kalte und sehr trockene Luft ist eine ideale Vorausetzung für die Beobachtung der kosmischen Hintergrundstrahlung. Diese Messungen könnten schließlich in der Lage sein, minimale Temperaturabweichungen von lediglich eins zu einer Million nachzuweisen.

Bei der Durchführung solcher Messungen müssen Wissenschaftler äußerste Vorsicht gegenüber falschen Quellen von Mikrowellenstrahlung walten lassen. Die Milchstraße gibt Strahlung bei vielen Wellenlängen ab, die bei diesen Experimenten untersucht werden, also muß ihr Beitrag von den beobachteten Signalen abgezogen werden, bevor eine wesentliche Abweichung festgestellt werden kann. Eine Gruppe hat von einer scheinbaren Quadrupolvariation (zwischen im Winkel von 90 Grad

Der COBE-Satellit, 1989 in eine Erdumlaufbahn gebracht, hat die kosmische Hintergrundstrahlung mit bis dahin unerreichter Genauigkeit gemessen.

gemachten Messungen) berichtet, bevor ihr klar wurde, daß es nur unsere eigene Galaxie war, die mit ungewohnten Wellenlängen strahlte. Die Tatsache, daß verschiedene Galaxien und Haufen unterschiedliche Teile des Himmels bedecken, machte einige Winkelabhängigkeiten schwieriger zu messen als andere, wegen der zusätzlichen Strahlung, die diese beitragen. Wenn die Wissenschaftler solch winzige Unterschiede wie 1 zu 100 000 oder kleiner messen wollen, müssen sie sich um alle möglichen Arten von verfälschenden Effekten sorgen. Der COBE-Satellit hat eine besondere Ausrüstung, um nach solchen Effekten zu suchen.

Weil Strukturen auf vielen verschiedenen Entfernungsmaßstäben – Galaxien, Haufen und Superhaufen – beobachtet werden, erwarten wir, daß jene urzeitlichen Dichteschwankungen, die zu diesen Strukturen führten, ebenfalls in vielen verschiedenen Maßstäben auftraten. Edward Harrison an der University of Massachusetts und Zeldovich haben dargelegt, daß diese Schwankungen wahrscheinlich in *allen* Maßstäben von gleicher Größe waren, eine Verteilung, die im allgemeinen als „Harrison-Zeldovich-Spektrum" bekannt ist. Wenn dies wahr ist, dann würden wir erwarten, ähnliche Schwankungen in der Mikrowellenstrahlung bei allen Winkelabständen zwischen wenigen Minuten und 90 Grad zu beobachten (wenn die Dipolanisotropie und alle anderen äußerlichen Effekte erst einmal abgezogen sind). Folglich wäre nach Harrison und Zeldovich die weiteste Einschränkung, die irgendwo in diesem Bereich festgestellt wurde, für den gesamten Bereich im Ganzen gültig. Sie würden also keine Schwankung in der Mikrowellenstrahlung größer als 2 zu 100 000 erwarten – ganz gleich, welcher Winkel zwischen beiden Messungen liegt.

Wie dem auch sei, jede wesentliche Schwankung ist extrem klein – weniger als 1 zu 10 000 für alle Winkel, und wenige Teile auf 100 000 in manchen Fällen. Dieser Überrest der Schöpfung taucht den Weltraum in ein äußerst gleichmäßiges, einheitliches Glühen.

* * *

Aller Wahrscheinlichkeit nach bedeutet die heute festzustellende gleichmäßige Hintergrundstrahlung, daß die Materie sehr einheitlich verteilt war zu der Zeit, als sie vor 15 Milliarden Jahren von der Strahlung entkoppelte. Jede Kräuselung in diesem riesigen Ozean muß damals extrem klein gewesen sein – natürlich unter der Annahme, daß dies *adiabatische* Schwankungen waren, bei denen Materie und Strahlung einander

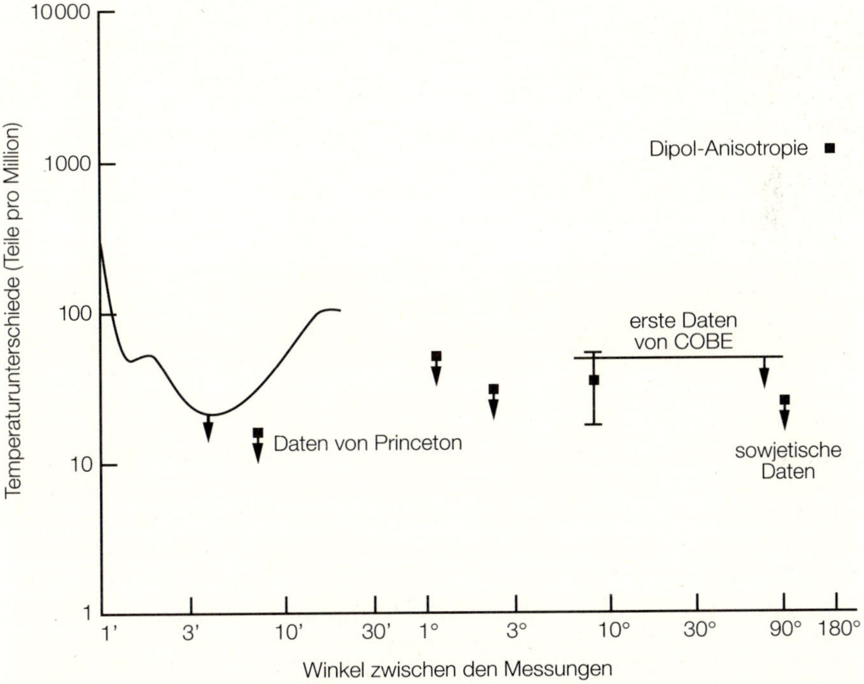

Grenzen für den Unterschied zwischen zwei Messungen der scheinbaren Temperatur der kosmischen Hintergrundstrahlung, aufgetragen gegen den Winkel zwischen den Messungen. Bis jetzt besteht der einzige bestätigte Unterschied zwischen Messungen, die sich um 180 Grad unterscheiden – die Dipolanisotropie.

folgten. Wie wir im letzten Kapitel festgestellt haben, gehören diese zu der Art von Fluktuation, die natürlicherweise in den Großen Vereinheitlichten Theorien auftritt, welche uns die einzige anständige Erklärung dafür bieten, warum das Universum so viel Materie enthält. Isotherme Fluktuationen, bei denen die Strahlung gleichmäßig ist, während die Materie uneben verteilt sein kann, können die gleichförmige Hintergrundstrahlung auch begründen, aber erscheinen unvereinbar mit den GUTs. (Jedoch können GUTs auch „Defekte" im Gefüge des Weltraums selbst erzeugen, die als kosmische Keime dienen können, auf denen Strukturen wachsen; wir werden diese Möglichkeit in späteren Kapiteln untersuchen.)

Nehmen wir an, wir würden mit einer kleinen Schwankung in der Verteilung der Materie beginnen. Wie konnte sie je zu einer großen Galaxie heranwachsen? Wie konnte sich solch eine gerade flügge gewordene Fluktuation über die dazwischenliegenden Milliarden von Jahren entwickeln, um zu einer der herausragenden Strukturen zu werden, die wir heute bestaunen? Dies ist eine sehr gute Frage, insbesondere da unsere Beobachtungen der kosmischen Hintergrundstrahlung uns sagen, daß die ursprüngliche Schwankung wirklich sehr klein gewesen sein muß – wie eine zehn Zentimeter hohe Welle auf einem ein Kilometer langen See.

Es gibt zwei unterschiedliche Phasen in der Entwicklung: eine Anfangsphase mit langsamem, „linearen" Wachstum, gefolgt von einer Phase schneller, „nichtlinearer" Verdichtung. In der ersten Phase hält die Schwerkraft unsere Ansammlung lose zusammen, während der Rest der umgebenden Materie allmählich mit der allgemeinen Ausdehnung des Universums ausdünnt. Die leichte Über-Dichte in diesem Nest von Materie verhindert, daß es sich so schnell wie der Rest des Daseins ausdehnt. Es gibt jedoch genug Materie in den nahegelegenen Gebieten des Weltraums (die alle versuchen, unsere arme Ansammlung in Stücke zu reißen), so daß die Dichte in diesem Nest nur schrittweise wachsen kann.

Diese gespannte Lage der Dinge hält an, bis die Dichte der umgebenden Gebiete auf etwa die Hälfte des Wertes innerhalb des kleinen Nests gefallen ist. An diesem Punkt ergreift die Eigengravitation die völlige Herrschaft über unsere Anhäufung und löst ihren raschen Zusammenfall aus. Der zerstörerische Zug der Schwerkraft des

Bildung einer Spiralgalaxie aus einer überdichten Gaswolke. Einer Phase langsamen, linearen Wachstums folgt der schnelle Kollaps der Wolke zu einer rotierenden Scheibe leuchtender Materie.

umgebenden Materials ist dann bis zu dem Punkt geschwächt, wo er die Anhäufung nicht mehr davon abhalten kann, sich durch seine Eigenanziehung zusammenzuziehen. Wenn dieser Vorgang der Kontraktion einmal begonnen hat, beschleunigt er sich fieberhaft, weil höhere Dichten zu stärkeren Gravitationskräften führen und umgekehrt. Ein äußerst schnelles Wachstum der Dichte folgt und liefert schließlich die vertrauten Himmelsobjekte wie Galaxien, Sterne und Planeten. Diese können leicht 30 oder mehr Größenordnungen dichter sein als der Durchschnitt des Universums.

Während der langsamen, linearen Wachstumsphase wächst die überschüssige Dichte der Anhäufung (bezogen auf den Durchschnitt) im umgekehrten Verhältnis zur Temperatur des Universums. Wenn die Durchschnittstemperatur im Moment der Entkopplung 3000 Kelvin war und 30 Kelvin zu einem späteren Zeitpunkt, sagen wir eine Milliarde Jahre danach, dann würde die Über-Dichte um einen Faktor 3000/30, oder 100, wachsen. Wenn dieser Überschuß ein Teil auf 1000 bei der Entkopplung ausmachte, dann würde er 1 Teil auf 10 werden bis zu der Zeit, wo die Temperatur 30 Kelvin erreicht. Dies ist eigentlich mit „linearem Wachstum" gemeint.

Erinnern Sie sich nun bitte daran, daß die lineare Wachstumsphase immer solange anhält, bis die überschüssige Dichte in der Anhäufung der mittleren Dichte im Universum gleich ist, eine Vergrößerung der Dichte um eins zu eins. Erst dann kann das schnelle, nichtlineare Wachstum beginnen, daß die phantastischen Dichteüberschüsse im heutigen Universum ergibt. Weil die Durchschnittstemperatur heute etwa drei Kelvin ist und im Augenblick der Entkopplung 3000 Kelvin, bedeutet dies, daß der Überschuß der Dichte auch im äußersten Fall nur um einen Faktor 1000 während dieser linearen Wachstumsphase gewachsen sein kann. Also hatten nur jene Gebiete mit einem Dichteüberschuß von *mindestens* eins zu tausend je eine Chance, sich bis zum heutigen Tag zusammenzuziehen.

Vielleicht erleben wir den Beginn eines solchen Ereignisses in einem relativ nahegelegenen Gebiet des Weltalls. 1989 entdeckten Astronomen der Cornell University, Riccardo Giovanelli und Martha Haynes, eine langsam rotierende Wolke von Wasserstoffgas, die nahe am Rande des Zusammenfallens zu stehen scheint. Etwa 70 Millionen Lichtjahre entfernt, ist diese elliptische Wolke ungefähr zehnmal so groß wie die Milchstraße und enthält etwa ein Zehntel der Materie. Wenn sie wirklich in die Phase des nichtlinearen Wachstums eintritt, dann muß sie einem Dichteüberschuß entsprungen sein, der im Moment der Entkopplung nur eins zu tausend betrug. Ihre lineare Wachstumsphase hätte also ungefähr geschlagene 15 Milliarden Jahre gebraucht.

Die hohen Dichten, die wir heute feststellen, etwa 30 Größenordnungen größer als der Durchschnitt des Universums, sagen uns, daß einige Teile des Universums (einschließlich desjenigen unter unseren Füßen) lange vor der jetzigen Zeit in ihre Phase des raschen Zusammenfallens eingetreten sein müssen. Folglich muß es Dichteüberschüsse viel größer als eins zu tausend im Augenblick der Entkopplung gegeben haben, wenn dieses Szenario richtig ist. Ein Dichteüberschuß von eins zu hundert hätte zum Beispiel auf eins zu eins anwachsen können, bis zu dem Zeitpunkt, wo das Universum in einem Alter von 500 Millionen Jahren 30 Kelvin erreicht hätte. In diesem Moment hätte diese Anhäufung ihren Kollaps ausgelöst und wäre schließlich in relativ kurzer Zeit ein Spiralnebel oder ein Quasar geworden (Kurzform für „quasistellare Radioquelle"). In den letzten Jahren sind Quasare mit sehr großen Rotverschiebungen identifiziert worden, was zeigt, daß die Phase des nichtlinearen Wachstums in den ersten paar Milliarden Jahren abgelaufen sein muß, zumindest für einige Objekte. Viele der Galaxien und Haufen, die wir draußen im Weltall sehen, wenn wir Milliarden von Jahren in die Zeit zurückblicken, müssen sich auf ähnliche Weise gebildet haben.

Aber jetzt stehen wir vor einem großen Problem. Aus den heutigen Beobachtungen der kosmischen Hintergrundstrahlung wissen wir, daß die Materie im Moment der Entkopplung *extrem* gleichmäßig verteilt war. Kein Dichteüberschuß zu dieser Zeit kann größer als wenige Teile auf 100 000 gewesen sein. Diese leichten Dichteschwankungen sind viel kleiner als jene, die zur Auslösung des Schwerkraftkollapses vor dem heutigen Tag notwendig sind. Aber die kompakten Strukturen, die wir in allen Richtungen feststellen, sagen uns, daß solche Kollapse fast überall aufgetreten sind. Was ist hier verkehrt?

* * *

Dieses offensichtliche Paradoxon hat die Kosmologen dazu gebracht, einige mögliche Lösungen vorzuschlagen, die im wesentlichen zwei Wegen folgen. Im ersten Ansatz stellen sie die Gültigkeit der üblichen Annahme in Frage, daß die Materie im frühen Universum genauso wie die Strahlung verteilt war. Bei *isothermen*, im Gegensatz zu adiabatischen, Schwankungen kann die Strahlung, wie Sie sich erinnern, gleichmäßig sein, während die Materie angehäuft ist. Auf diese Weise ist es möglich, daß die Strahlung Unregelmäßigkeiten kleiner als eins zu 10 000 aufweist, aber die Materie Dichteüberschüsse größer als eins zu tausend zeigt, die nötig sind, um bis zum heutigen Tag einen Schwerkraftkollaps auszulösen.

Aber dieser Ansatz läuft dem bevorzugten Szenario für die Erschaffung der Materie zuwider, das Große Vereinheitlichte Theorien verwendet. In den GUTs wird, wie im letzten Kapitel erwähnt, ein Überschuß der Materie gegenüber der Antimaterie nach Ablauf von 10^{-34} Sekunden des Urknalls erzeugt. Die Erschaffung der Materie war ein mikroskopischer Vorgang, der genau zu dem Zeitpunkt auftrat, als das Universum gegen Ende der GUTs-Epoche aus dem Gleichgewicht geriet. Es ist schwer zu verstehen, wie diese Materie klumpig gewesen sein soll, während die Strahlung, die ihr Nährboden war, irgendwie gleichmäßig blieb. (Es gibt jedoch ein wichtiges Schlupfloch in dieser Argumentation: die „Defekte" im Raum, die am Ende der GUTs-Epoche erzeugt worden sein könnten und die wir in Kürze untersuchen werden.)

Der andere Weg, um das Paradox aufzulösen, ist, eine Art von dunkler Materie als Schuldigen vorzuschlagen. Wenn es zufällig eine Art dunkler Teilchen gibt, die überhaupt nicht mit der Strahlung in Wechselwirkung tritt, kann sie dem Vorgang des Schwerkraftkollapses einen Vorsprung geben. Die dunkle Materie hätte die Freiheit gehabt, zusammenzuklumpen, lange *vor* dem Moment, in dem sich Materie und Strahlung in einem Alter von etwa 100 000 Jahren voneinander trennten. Weil die Strahlung nicht mit diesen dunklen Teilchen wechselwirkt, hätte sie deren Zusammenklumpen nicht stören können, wie sie es vor dieser Zeit mit der baryonischen Materie getan hat. Anhäufungen solcher dunkler Materie könnten den notwendigen Dichteüberschuß von eins zu tausend zur Zeit der Entkopplung erreicht haben, aber sie hätten nicht zu Veränderungen in der Hintergrundstrahlung geführt und so diese Einschränkung umgangen. Solche dunklen Klumpen hätten als Keime für die letztendliche Bildung von Galaxien dienen können. Die baryonische Materie, die glüht und scheint, hätte sich daraufhin auf diesen Keimen gesammelt wie frühmorgens der Tau auf den Grashalmen und hätte sie mit Sternenlicht glänzen lassen.

Die Galaxien auf diese Weise zu machen, erfordert eine Menge an zusätzlicher Materie, die nicht aus Protonen, Neutronen und Elektronen zusammengesetzt ist. Es kann sich nicht um baryonische Materie handeln, weil baryonische Materie sich nicht angehäuft haben kann, bevor das Universum 100 000 Jahre alt war. Und die Menge der baryonischen Materie ist streng begrenzt durch die Folgerungen aus der Urknall-Nukleosynthese, die wir in Kapitel 4 diskutiert haben.

Verlockende Kandidaten für die dunkle, nichtbaryonische Materie sind die geisterhaften Neutrinos, wenn sie wirklich genügend massereich sind. Wir wissen, daß es die Neutrinos in großer Zahl gibt und daß sie sich von der baryonischen Materie und der Strahlung trennten, als das Universum etwa eine Sekunde alt war. Diese massiven Neutrinos hätten reichlich Zeit gehabt, sich in den folgenden Jahren anzusammeln. Sie hätten allmählich dunkle Schwärme bilden können, die von den rasenden Wechselwirkungen zwischen baryonischer Materie und Strahlung völlig unberührt geblieben wären, die ringsherum vor sich gingen. Als 100 000 Jahre später im Augenblick der Entkopplung dieses Geschehen aufhörte, hätten diese Schwärme leicht Dichteüberschüsse von eins zu tausend oder mehr erreichen können, die zur Auslösung des nachfolgenden Schwerkraftkollapses nötig sind.

Das Problem mit den Neutrinos ist aber, daß sie sich bestenfalls in den größten Entfernungsmaßstäben ansammeln. Weil sie extrem leicht sind, wären sie sehr flink gewesen und hätten nur sehr große Ansammlungen bilden können, die heute der Größe eines Haufens entsprächen, nicht einer einzelnen Galaxie. Sehr viel schwerfälligere oder langsamere Formen dunkler Materie werden gebraucht, um kleinere, galaxiengroße Anhäufungen aus anfänglichen Dichteüberschüssen zu machen.

Unabhängig davon, ob Teilchen dunkler Materie langsam oder schnell sind, können jedoch Dichteüberschüsse in ihrer Verteilung erst in die Phase linearen Wachstums eintreten, wenn ihre durchschnittliche Dichte die der Strahlung übertrifft. Für ein Universum mit der kritischen Dichte $\Omega = 1$, wäre diese Vorherrschaft der (dunklen) Materie über die Strahlung bei einer mittleren Temperatur von 30 000 Kelvin aufgetreten. Dieser Punkt wäre in der Zeit zwischen der Nukleosynthese, die endete, als das Universum wenige Minuten alt war, und dem Moment der Entkopplung 100 000 Jahre später, als die mittlere Temperatur 3000 Kelvin betrug, erreicht worden. In solch einem Universum hätten wir viel mehr Zeit für das lineare Wachstum dieser Ansammlungen von Teilchen dunkler Materie zur Verfügung. Dies bedeutet, daß ursprüngliche Dichteüberschüsse von nur 1 zu 10 000 die heute sichtbaren Galaxien und Haufen hätten hervorbringen können, unter der Annahme, daß sie als Anhäufungen von Teilchen dunkler Materie begannen.

Solch winzige Dichteüberschüsse in der ursprünglichen Materieverteilung würden einer Schwankung in der Hintergrundstrahlung von wenigen Teilen auf 100 000 entsprechen. Dies ist etwa die Grenze für die gegenwärtigen Beobachtungen der Gleichmäßigkeit dieser Strahlung. Die Erwartungen sind groß, daß durch den COBE-Satelliten und die vorgeschlagenen Experimente am Südpol diese Messungen in nächster Zukunft verbessert werden können – sagen wir auf ein Niveau von wenigen Teilen auf eine Million. Wenn auf diesem Niveau immer noch keine Schwankungen zu sehen sind, dann wird es schwierig zu erklären sein, wie jemals Galaxien und Haufen aus adiabatischen Fluktuationen entstanden sein könnten – auch wenn man die Existenz dunkler Materie annimmt.

Wie bereits kurz zuvor erwähnt, gibt es andere mögliche Keime für die Bildung von Galaxien, die auf Defekte im Gefüge des Weltraums zurückgehen, wie etwa die „kosmischen Strings“ oder die „Domänenwände“. Diese topologischen Gebilde könnten auch Überbleibsel der GUTs-Epoche sein; in den späten Achtzigern wurden sie Gegenstand großer theoretischer Spekulationen und Aufregungen. Sie sind gegenwärtig noch hypothetische Gebilde, aber sie stehen für sehr verlockende Ideen. In gewissem Sinne verhalten sich diese Defekte wie isotherme Fluktuationen, weil sie unabhängig von der Materie sind, aber sie haben besondere, charakteristische Geometrien.

Kosmische Strings sind äußerst massive, eindimensionale Stränge und Filamente, die sich bilden können, wenn das Universum aus einer Phase in die andere übergeht, wie es am Ende der GUTs-Epoche passierte. Sollten sie existieren, stellten sie gar keine Teilchen dar. Es wären eher „Sprünge" im Gefüge des Weltraums selbst. Sie würden weder mit Materie noch mit Strahlung in Wechselwirkung treten, außer durch die Kraft der Gravitation. Aber kosmische Strings wären so außergewöhnlich massiv, ein Zentimeter davon wöge mehr als eine Million mal eine Milliarde Tonnen, daß sie sehr wirksame Keime abgäben, an denen sich Materie sammeln könnte. Domänenwände sind ähnliche Defekte, aber sie sind zweidimensionale Flächen anstatt eindimensionaler Strings. Wir werden auf diese Ideen in den folgenden Kapiteln wiederholt zurückkommen.

Um Galaxien zu machen, brauchen wir zwei grundlegende Zutaten – Materie und Keime. Die Materie kann in mindestens zwei Sorten vorkommen: leuchtend und dunkel. Und der Großteil des dunklen Stoffs ist wahrscheinlich nicht baryonisch. Die Keime können entweder zufällige Fluktuationen in der ursprünglichen Dichte der Materie oder topologische Defekte im Raum selbst sein.

* * *

Wie dem auch sei, wir stehen vor einem entscheidenen Paradoxon, das uns etwas Wichtiges über das frühe Universum mitteilt. Auf der einen Seite ist die Materie in einigen sehr dichten, glühenden Gebieten angehäuft, die intelligentes Leben hervorbringen und unterhalten können, das in die Zeit zurückblicken und über seine eigenen Ursprünge nachdenken kann. Auf der anderen Seite zeigt das matte Nachglühen des urzeitlichen Feuerballs, daß die Bedingungen am Anfang extrem gleichmäßig waren, viel gleichmäßiger, als wir es naiverweise angesichts der heute sichtbaren Strukturen erwartet haben könnten. Etwas Neues ist vonnöten – ob neue Arten von Materie, neue physikalische Theorien, oder neue Wege des Denkens – wenn wir dieses Paradoxon auflösen wollen.

7. Der Himmel im Großen und Ganzen

Obwohl nach irdischen Maßstäben riesengroß, ist die von uns bewohnte Galaxie ziemlich unbedeutend im Vergleich zum gesamten Universum. Während das Licht 60 000 Jahre braucht, um durch die Milchstraße zu flitzen, ist dies nur ein sehr kurzer Augenblick wenn wir die 30 *Milliarden* Jahre bedenken, die es zur Durchquerung des gegenwärtig sichtbaren Teils des Universums braucht. Das beobachtbare Universum ist etwa eine Million mal größer als gewöhnliche Galaxien wie unsere eigene oder der Andromedanebel. Wenn wir dieses gesamte Reich auf irgendeine Weise auf die Größe einer riesigen Kathedrale – sagen wir, des Petersdomes in Rom – zusammendrücken könnten, dann wäre die Milchstraße nicht größer als ein winziges, darin umherschwebendes Staubkorn.

Wir wissen natürlich, daß es unsichtbare Halos aus dunkler Materie gibt, die sich weit außerhalb der leuchtenden Ränder sichtbarer Galaxien erstrecken. Vielleicht reichen diese dunklen Halos zehnmal weiter hinaus, vielleicht mehr. Auch so wäre jedoch eine gesamte Galaxie, einschließlich ihres umgebenden Halo, nicht größer als ein großes Sandkorn, das auf dem Fußboden unserer Kathedrale liegt. Wenn wir Gott spielen und diese Ansammlungen von Materie dicht auf dicht packen könnten, so eng wie möglich, dann würden wir eine Million mal eine Milliarde von ihnen in die riesigen Weiten des Universums hineinbekommen.

Galaxien sind jedoch nicht in einer zufälligen, willkürlichen Weise zusammengepackt wie ein Haufen Murmeln in einem Sack. Sie gleichen auch nicht einem ungeordneten Schwarm von Staubteilchen, die ziellos und unabhängig voneinander durch das Weltall schweben. Die große Mehrheit von ihnen scheint sich zu großen, geordneten Ansammlungen verbunden zu haben – den Haufen und Superhaufen, die wir schon früher erwähnt haben. Wenn wir in bestimmte Richtungen tief in den Weltraum schauen, können wir große Ensembles von hunderten oder sogar tausenden Galaxien finden, die in einer relativ „kleinen" Ecke des Universums dicht gedrängt sind. In anderen Gebieten gibt es im Gegensatz dazu riesige leere Löcher, mehr als 100 Millionen Lichtjahre im Durchmesser, die kaum ein einziges sichtbares Gebilde enthalten. Das Universum scheint eine definierte *Struktur* auch in solch extrem großen Maßstäben aufzuweisen.

In den letzten Jahren haben sich die Untersuchungen dieser großräumigen Strukturen bemerkenswert beschleunigt. Wir fangen zum Beispiel gerade erst an zu erkennen, daß Galaxien mit einem Muster im Raum verteilt sind, das Schaum ähnelt. Haufen von ihnen scheinen sich häufiger miteinander zu versammeln als es die einzelnen Galaxien selbst tun. Und einige dieser enormen Haufen, einschließlich des von uns bewohnten, scheinen geradewegs mit gewaltigen Geschwindigkeiten durch das Weltall zu rasen, die nicht allein auf die normale Hubble-Expansion zurückgehen. Wie sich zeigt, könnten solche Erscheinungen wichtige Hinweise auf die Natur der dunklen Materie und die frühesten Augenblicke der Schöpfung geben.

* * *

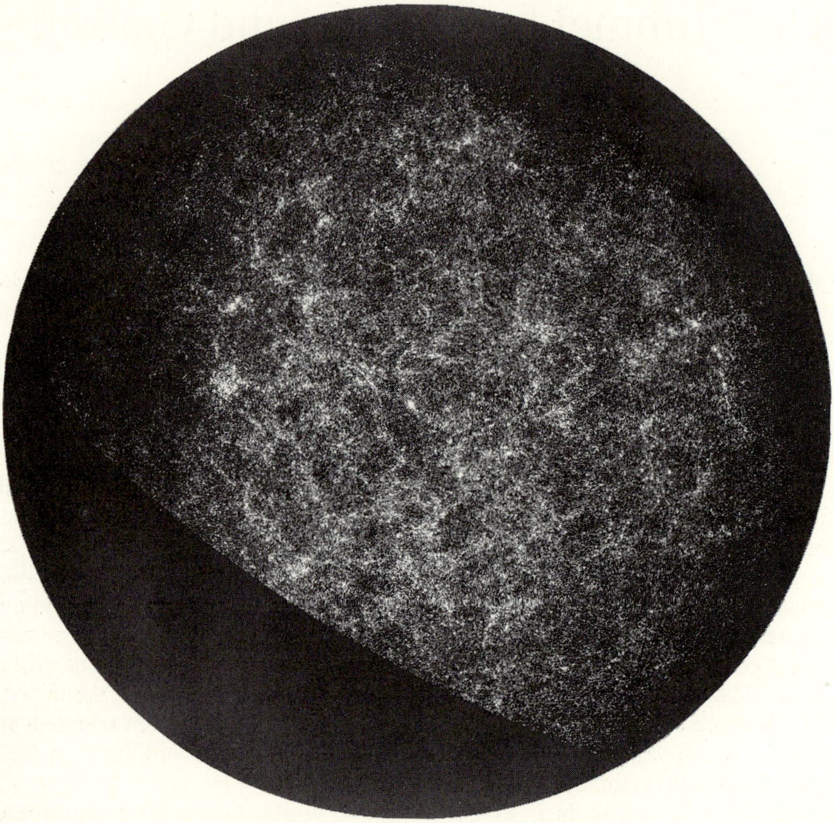

Verteilung der Galaxien, wie sie von der Nordhalbkugel der Erde beobachtet wird. In dieser Ansicht befindet sich jede Galaxie an dem Punkt, wo sie auf einer imaginären Himmelskuppel erscheint. Diese Kuppel ist auf den galaktischen Nordpol zentriert, der sich nahe der Richtung des Comahaufens befindet – der große, helle Fleck in der Mitte des Kreises.

1986 veröffentlichten Valerie de Lapparent, Margaret Geller und John Huchra vom Harvard-Smithsonian Center for Astrophysics (CfA) ein überraschendes Ergebnis im *Astrophysical Journal*. Indem sie die Rotverschiebungen von hunderten Galaxien innerhalb eines dünnen, tortenstückförmigen Ausschnitts in der ungefähren Richtung des Comahaufens bestimmten, konnten sie eine dreidimensionale Struktur der sichtbaren Materie in diesem Gebiet bis zu einer Tiefe von 500 Millionen Lichtjahren feststellen. Ihren Untersuchungen zufolge sind die Galaxien nicht zufällig im Weltraum verstreut. Sie scheinen vielmehr in regulären Mustern angeordnet zu sein, die fast schaum- oder schwammartig aussehen. Die CfA-Astronomen fanden lange Fäden oder dünne Blätter mit vielen Galaxien darin, die riesige leere Gebiete mit sehr wenigen Galaxien darin umgaben. Es schien, als wäre das untersuchte „Tortenstück des Universums" geradewegs durch eine Reihe von „Blasen" geschnitten worden, mit der Mehrzahl der Galaxien auf deren Oberfläche.

Nachfolgende Studien von benachbarten Ausschnitten offenbarten ähnliche, schaumige Muster – als ob man durch Seifenschaum hindurchsähe. Und ein gewaltiges blattartiges Galaxiengebilde erstreckte sich hunderte von Millionen Lichtjahre über das gesamte Gesichtsfeld. Geller und Huchra tauften diese Struktur die „Große Mauer".

Durch diese und andere, neuere Untersuchungen wurde überdeutlich, daß die Galaxien überhaupt nicht zufällig verteilt sind. Dies ist wirklich eine aufregende Entwicklung.

Es gab schon frühere Hinweise auf solche großräumigen Strukturen, als 1978 Robert Kirshner (damals an der University of Michigan) sowie Gus Omler und Paul Schechter (damals in Yale) eine Rotverschiebungsstudie in einer einzigen Richtung machten, der des Sternbildes Bärenhüter (Bootes). Bei solch einer Studie messen die Astronomen die Rotverschiebung ausgewählter Galaxien innerhalb eines wohldefinierten Ausschnitts des Weltraums. Diese Rotverschiebungen werden dann in die Geschwindigkeiten der Galaxien relativ zur Milchstraße umgerechnet.

Sobald sie die Rotverschiebung (oder Geschwindigkeit) einer bestimmten Galaxie in ihrer Auswahl kannten, konnten Kirshner, Omler und Schechter ihren Abstand von der Milchstraße abschätzen. Dabei verwendeten sie die Hubblesche Beziehung zwischen Geschwindigkeit und Abstand unter der Annahme, daß nur leichte Abweichungen von der normalen Hubble-Expansion auftraten. Zu ihrer Überraschung fanden sie eine große Lücke in ihrem Testgebiet, die sich auf mindestens 200 Millionen Lichtjahre im Durchmesser erstreckte und in der kaum eine einzige Galaxie zu sein schien. Wenn man sich auswärts bewegte, schien man erst auf gebündelte Galaxien zu stoßen, dann auf diese große Lücke und dann auf ein anderes Bündel von Galaxien.

Weitere Beobachtungen in der gleichen allgemeinen Richtung haben festgestellt, daß dieses „Loch im Bootes" (als das es Anerkennung fand) beinahe kugelförmig ist. Es ist nicht einfach ein langer, dürrer Leerraum, der nur zufällig gerade in unserer Blickrichtung lag. Es ist ein gewaltiges Loch im Weltraum, das über 10 Billionen mal eine Billion Kubiklichtjahre umfaßt, mit sehr wenigen Galaxien darin. Auch wenn wir annehmen, daß der dunkle Halo einer gewöhnlichen Spiralgalaxie wie der Milchstraße sich zehnmal so weit wie die leuchtende Scheibe erstreckt, könnten wir in ein so enormes Volumen immer noch eine *Milliarde* von ihnen hineinstopfen.

Bis 1986 konnten Skeptiker noch einwenden, daß die Astronomen zufällig auf das einzige Loch von Bedeutung im gesamten Universum gestoßen waren. Aber die CfA-

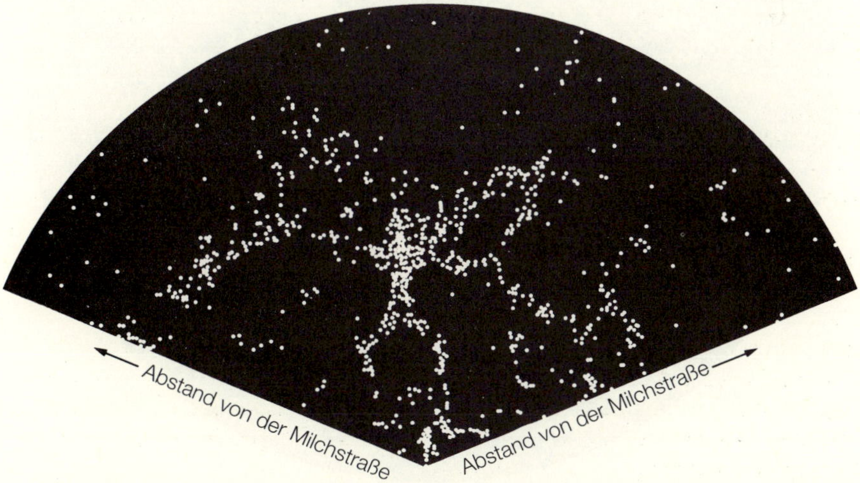

Die erste „Scheibe des Universums", die vom Team des Center for Astrophysics abgesucht wurde. Jeder Punkt entspricht einer einzelnen Galaxie, und die dichte Ansammlung nahe der Mitte ist der Comahaufen. Beachten Sie die offensichtlichen faden- oder blattartigen Formen, plus den großen Leeren mit sehr wenigen Galaxien darin.

Studien haben diese Kritiker zum Schweigen gebracht. Anstatt nur in einer einzigen Richtung entlang des Sehstrahls zu beobachten (auf Englisch „pencil beam survey" genannt), haben sich Geller, Huchra und ihre Kollegen alle Galaxien über einer gewissen Helligkeit in einigen benachbarten Ausschnitten des Universums angesehen, die sich über 500 Millionen Lichtjahre erstreckten. Weil es in einem Ausschnitt so viel mehr Galaxien als entlang eines Sehstrahls gibt, konnten sich die CfA-Untersuchungen nicht so tief in den Weltraum erstrecken wie die vorherige Bootes-Untersuchung. Nachdem sie diese Rotverschiebungen in Entfernungen verwandelt hatten, kamen sie zu dem Schluß, daß die Galaxien überwiegend in großen blatt- oder fadenartigen Strukturen versammelt waren – mit riesigen Leerräumen, die sich dazwischen öffneten. Wie oben schon erwähnt, sieht die Struktur des Universums im großen Maßstab ganz wie Seifenschaum aus.

Die CfA-Studien hatten riesige Leeren, fast so groß wie jene in Bootes, in jedem Teil des Weltraums offenbart, der groß genug war, um welche zu enthalten. Statt daß sie seltene Erscheinungen sind, macht es den Eindruck, daß diese Leeren im Universum verbreitete Gebilde sind. Und die Wände zwischen diesen Leeren sind bemerkenswert dünn – obwohl sie sich über große Entfernungen ausdehnen. Das Gebilde,

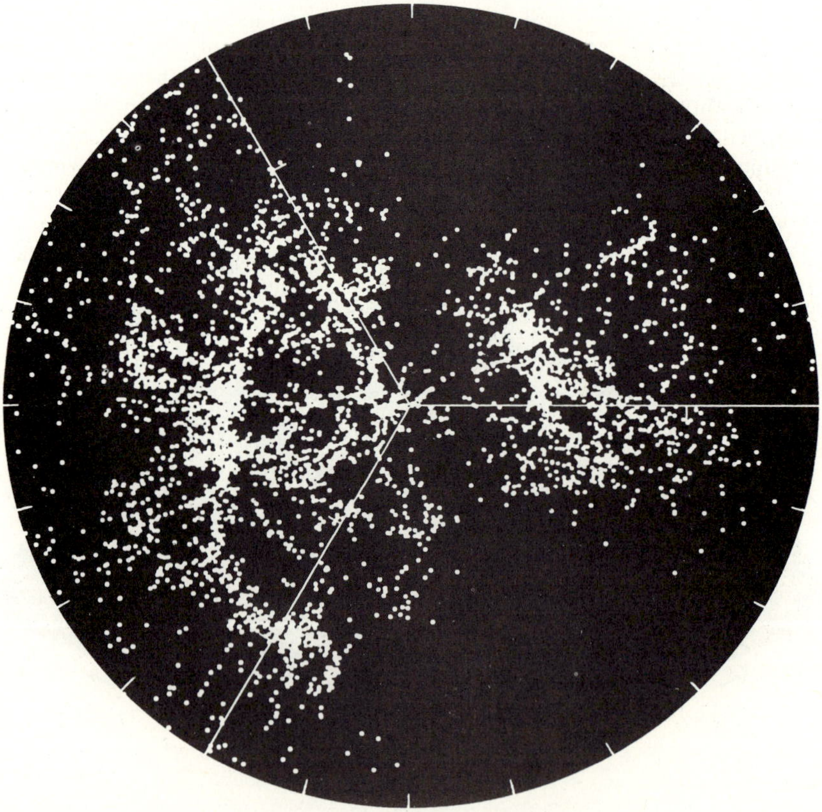

Eine 360-Grad-Ansicht, die jene Galaxien zeigt, welche die Milchstraße umgeben. Die Große Mauer ist die riesige Struktur links, die sich mindestens 500 Millionen Lichtjahre über das gesamte Gesichtsfeld der galaktischen Nordhalbkugel erstreckt. Mindestens 200 Millionen Lichtjahre hoch, ist ihre Größe bisher nur durch den Umfang der CfA-Durchmusterungen begrenzt.

das Geller und Huchra „Große Mauer“ nannten, erstreckt sich über mindestens 500 Millionen Lichtjahre über ihren gesamten Sichtbereich. Seine Größe scheint nur durch die Ausmaße ihrer Untersuchung begrenzt zu sein, und es könnte leicht noch größer sein.

Ein anderes Team von Astronomen hat den Weltraum sogar noch tiefer ausgelotet und großräumige Strukturen in einer Entfernung von *Milliarden* Lichtjahren untersucht. David Koo von der University of California, Santa Cruz, und Richard Kron von der University of Chicago begannen ihre Zusammenarbeit in den siebziger Jahren, als sie noch zusammen im Hauptstudium an der Universität in Berkeley studierten; sie haben ihre Arbeit dann mehr als ein Jahrzehnt lang fortgesetzt. Wie die Gruppe, die das ursprüngliche Loch in Bootes entdeckte, maßen sie Rotverschiebungen entlang bestimmter Himmelsrichtungen, aber ihre Studien dehnten sich viel weiter aus. Sie haben diese Messungen auch in vielen verschiedenen Richtungen wiederholt

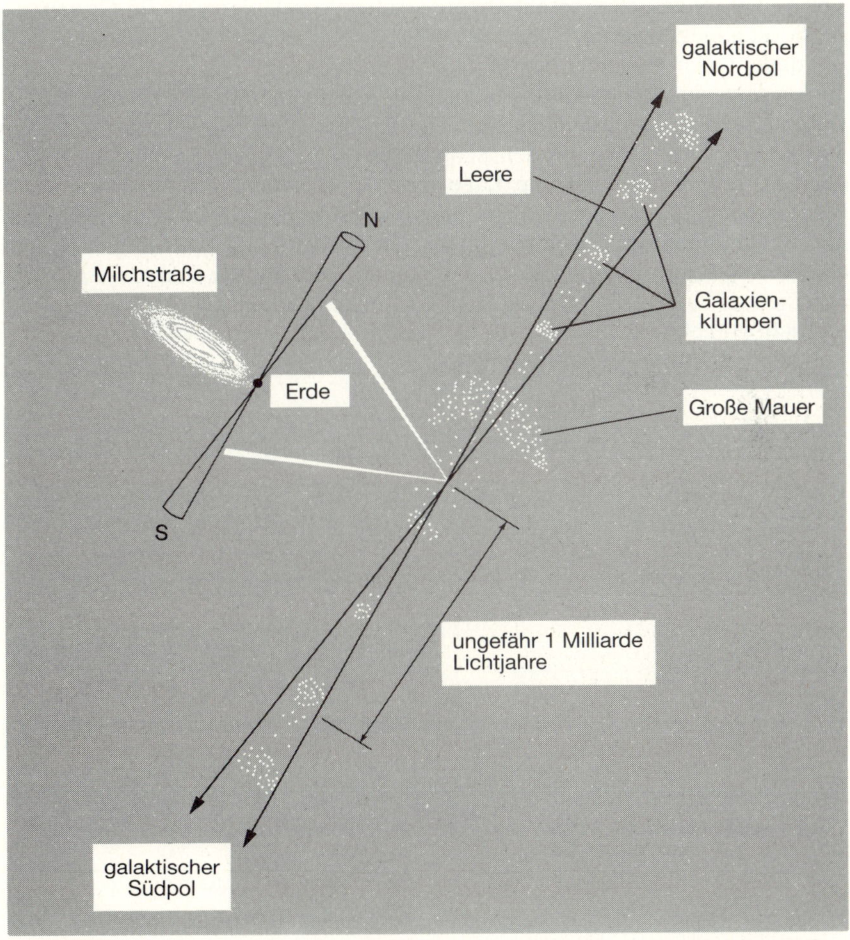

Zwei Durchmusterungen entlang eines Sehstrahls, die in Richtung des galaktischen Nord- und Südpols gemacht wurden. Nach diesen Durchmusterungen, sind dichte „Mauern“ und dünnbesiedelte „Leeren“ weitverbreitete Erscheinungen der großräumigen Galaxienverteilung.

und verschiedene unabhängige Sehstrahlen untersucht, die sich tief in den Weltraum erstreckten. Außerdem haben sich Koo und Kron mit den britischen Astronomen Tom Broadhurst und Richard Ellis zusammengetan und ein Teleskop in Australien verwendet, so daß ihre Sehstrahlen sich unmittelbar durch die Erde hindurch fortsetzen und auch Teile des südlichen Himmels umfassen konnten. Im Endeffekt betrachteten sie ein einzelnes „Bohrloch durch das Universum" mit der Erde im Mittelpunkt, das sich Milliarden von Lichtjahren in beide Richtungen erstreckt.

Zusammen mit Alex Szalay aus Budapest fanden diese Astronomen heraus, daß die Galaxien nicht gleichmäßig entlang der einigen Milliarden Lichtjahre verstreut sind, die in jedem Strahl untersucht wurden. Stattdessen sind sie in auffallenden Anhäufungen versammelt, die durch große Lücken im Durchmesser von etwa 400 Millionen Lichtjahren getrennt sind, sowohl am nördlichen als auch am südlichen Himmel. Diese ersten Daten scheinen eine Folge von großen Wänden zu zeigen, die sehr regelmäßig angeordnet sind. Dies ist eine weiterer Hinweis darauf, daß die sichtbaren Galaxien auf Blättern, Blasen und Fäden verteilt sind. Die gleiche Art von Struktur, die örtlich von Geller und Huchra gesehen wurde, scheint im Universum im Ganzen aufzutreten. Sie ist allgegenwärtig.

Sie wundern sich vielleicht, warum solche auffallenden kosmischen Gebilde nicht viel früher entdeckt worden sind, wo doch die Astronomen Rotverschiebungen schon seit vielen Jahren zu messen verstanden. Der Grund hat ebensoviel mit der Soziologie der Astronomie zu tun, wie mit den Schwierigkeiten, Rotverschiebungen zu messen. Während es ganz einfach ist, die Lage irgendeines leuchtenden Objekts auf einer zweidimensionalen Projektion des Himmels zu bestimmen, verlangt die dritte Dimension die Bestimmung der Geschwindigkeit. Dies bedeutet die Messung von Dopplerverschiebungen seines Lichts, wie wir im Kapitel 1 erwähnten, und diese Aufgabe erfordert eine viel längere Zeit für die Beobachtung eines Objekts. Astronomen müssen dessen Licht aufnehmen, bis die einzelnen Atomlinien in seinem Spektrum sich deutlich von den Hintergrundsignalen abheben.

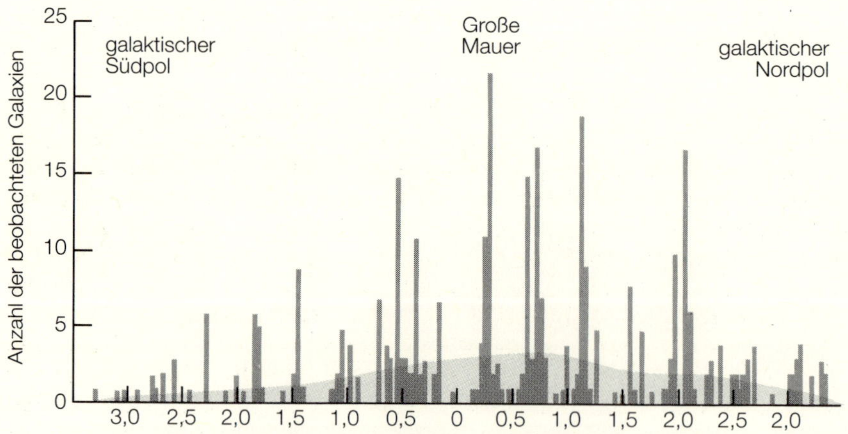

Verteilungen der Galaxien, die bei den verbundenen Durchmusterungen entlang der auf den galaktischen Süd- und Nordpol gerichteten Sehstrahlen beobachtet wurden. Die schattierte Fläche ist das zu erwartende Ergebnis, wenn die Galaxien gleichmäßig verteilt wären, was sie ganz klar nicht sind. Stattdessen scheinen sie in dünnen Mauern angehäuft zu sein, die ziemlich regelmäßig aufeinanderfolgen.

Wenn sich die Astronomen in der Vergangenheit die Mühe solch langwieriger Messungen der Rotverschiebung gemacht haben, untersuchten sie für gewöhnlich Objekte, die für etwas Besonderes gehalten wurden – Quasare zum Beispiel, oder verrückt aussehende Galaxien in der Nähe des Zentrums einzelner Haufen, wie dem Coma- oder Virgohaufen, aber nicht das ganze Ensemble. Die Nachfrage nach Beobachtungszeit, die an den großen Teleskopen zur Untersuchung der Rotverschiebung notwendig war, war immer viel größer als das Angebot.

Im Gegensatz dazu bestimmten die Astronomen bei neueren Studien der großräumigen Strukturen die Rotverschiebungen für alle sichtbaren Galaxien eines bestimmten Testgebiets. Auch wenn solche ausgedehnten Untersuchungen mühsame Anstrengungen erfordern und die meisten Galaxien an und für sich nicht besonders aufregend sind, war das Gesamtergebnis wahrlich außergewöhnlich. Das Universum ist wie Schaum strukturiert.

* * *

Während die oben erwähnten Astronomen ein geometrisches Modell – ein „Bild" – der großräumigen Strukturen im Universum entwickelt haben, versuchten andere es auf mathematischem Wege zu beschreiben. Unter der Leitung von James Peebles hat eine Gruppe von Wissenschaftlern begonnen zu *quantifizieren*, wie Galaxien und Haufen miteinander im Weltraum korreliert sind. Mit welcher Wahrscheinlichkeit findet man eines dieser Objekte in der Nachbarschaft eines anderen?

Während der Siebziger lieh sich Peebles eine hilfreiche Methode aus der Festkörperphysik und paßte sie an die Untersuchung großräumiger kosmologischer Strukturen an. Diese Methode bestimmt die Exzeßwahrscheinlichkeit dafür, daß zwei beliebige Galaxien durch einen gegebenen Abstand getrennt werden, den wir mit dem Buchstaben r bezeichnen werden – diese geht über den für eine Zufallsverteilung zu erwartenden Wert hinaus. Wenn wir einfach Galaxien zufällig im Weltraum verstreuen würden, gäbe es immer eine gewisse Wahrscheinlichkeit, Paare von ihnen nahe beieinander zu finden; was wir eigentlich wissen wollen, ist, wievielmal wahrscheinlicher als dieses Minimum es ist, daß sie nahe beieinander sind. Diese Exzeßwahrscheinlichkeit wird die „Zwei-Punkt-Korrelationsfunktion" eines Systems von Galaxien genannt.

Für das Universum insgesamt ist diese Korrelationsfunktion umgekehrt proportional zur 1,8ten Potenz des Abstands zwischen zwei Galaxien, das heißt sie ist proportional zu $1/r^{1,8}$. Wenn sich der Abstand verdoppelt, fällt die Korrelationsfunktion um einen Wert von etwa 3,5. Zum Vergleich: die Schwerkraft zwischen zwei Galaxien ist umgekehrt proportional zum Quadrat ihres Abstands, oder proportional zu $1/r^2$. Wenn wir den Abstand zwischen ihnen verdoppeln, nimmt die Schwerkraft um einen Faktor 4 ab. Folglich fällt die Schwerkraft etwas schneller ab als die Exzeßwahrscheinlichkeit, daß sich zwei Galaxien in einem gegebenen Abstand befinden.

Dieses Verhalten erscheint einigermaßen vernünftig, weil sich die Galaxien unter dem Einfluß der Schwerkraft umeinander scharen sollten. Es ist keineswegs schwer zu verstehen, wie diese Anhäufung durch die Schwerkraft ein solches Potenz-Gesetz-Verhalten der Korrelationsfunktion bedingt. Wegen der Schwerkraft ist es wahrscheinlicher, Galaxien nahe beieinander als weit auseinander vorzufinden. Wenn wir mit einer Zufallsverteilung der Galaxien anfingen, würde die Schwerkraft eine solche Anhäufung auslösen.

Während der Achtziger begannen Gruppen in den Vereinigten Staaten und in der Sowjetunion, Peebles' Methode anzuwenden, um zu analysieren, wie Galaxien*haufen* miteinander korreliert sind. Neta Bahcall vom Space Science Telescope Institute und Raymond Soneira in Princeton untersuchten zum Beispiel unterschiedlich „reiche“ Haufen – ein Ausdruck für die Zahl der Galaxien im Kern des Haufens. Zu ihrer Überraschung fanden sie, daß Haufen *stärker* miteinander korreliert sind als Galaxien. Wenn wir uns einen Haufen ansehen, heißt das, finden wir sehr wahrscheinlich einen anderen daneben. Bahcall und Soneira entdeckten, daß die Korrelationsfunktion der Haufen ebenfalls mit der 1,8ten Potenz des Haufenabstands abzufallen scheint. Ähnliche Ergebnisse wurden unabhängig davon durch M. A. Klypin und Maxim I. Kolopov am Institut für Raumforschung in Moskau erzielt, sowie durch Geller und Huchra bei Untersuchungen des südlichen Himmels.

Einige Astronomen haben die Frage gestellt, ob die scheinbare Korrelation zwischen reichen Haufen in Wirklichkeit auf Effekte der Projektion zurückgehen könnte. Ein weitentfernter Haufen könnte scheinbar dicht an einem (für uns) benachbarten Haufen sein, der in der gleichen allgemeinen Richtung liegt, oder er könnte den benachbarten Haufen reicher erscheinen lassen, als er eigentlich ist. Beide Effekte würden die Korrelationsfunktion für reiche Haufen verstärken. Die endgültige Antwort hinsichtlich solcher Effekte ist noch nicht eingetroffen, aber es gibt starke Hinweise auf zumindest eine gewisse Verstärkung der Haufenkorrelationsfunktion.

Wenn Haufen wirklich stärker korreliert sind als Galaxien, dann erscheint dies zunächst seltsam. Und Projektionseffekte allein können nicht die merkwürdige Beobachtung erklären, daß je reicher ein Haufen ist, er desto stärker mit anderen reichen Haufen korreliert ist. Wenn man bedenkt, daß reiche Haufen sehr seltene Objekte im Universum sind und folglich im Mittel extrem weit voneinander entfernt liegen sollten, dann scheint es absurd zu sein, daß sie mit größerer Wahrscheinlichkeit nahe beieinander sind als gewöhnliche Haufen und Galaxien. Was geht hier vor?

Wenn die Schwerkraft das einzige wäre, was die Haufen dazu bringt, sich zu versammeln, dann wäre solch ein Endergebnis schwer zu erhalten. Stellen Sie sich vor, wir begännen mit einer Zufallsverteilung von Objekten, die sich anschließend nur aufgrund der Schwerkraft umherbewegen könnten. Dann würden wir erwarten, daß die Dinge, die ihre Reise näher beieinander begonnen haben (bei größerer Dichte also), sich stärker anziehen und daher deutlich stärker korreliert sind als Objekte, die ursprünglich viel weiter auseinander lagen. Im allergrößten Maßstab hat die Schwerkraft einfach keine Gelegenheit, viel Anziehung zu bewirken, weil die Schwerkraft auf großen Entfernungen äußerst schwach ist. Aber Haufen, die im Durchschnitt viel weiter voneinander entfernt sind als Galaxien, scheinen stärker korreliert zu sein.

Wenn Haufen wirklich stärker korreliert sind, spielt etwas anderes außer der Schwerkraft wahrscheinlich eine Rolle. Und in jedem Fall können wir die Tatsache nicht umgehen, daß große Himmelsobjekte wie Galaxien und Haufen *nicht* zufällig verteilt sind. Die Schwerkraft ist vielleicht nicht der einzige Einfluß, der die Struktur des Universums im großen Maßstab beeinflußt.

* * *

Zusätzliche Hinweise auf das kosmologische Verhalten im großen Maßstab kommen aus der Untersuchung des An- und Abschwellens der Galaxien relativ zur allgemeinen kosmischen Ausdehnung. Obwohl sich das Universum im Ganzen beständig in der gleichförmigen Weise ausdehnt, die zuerst 1929 von Hubble beschrieben wurde, gibt es Abweichungen von diesem „Hubble-Fluß“, die „Pekuliargeschwindigkeiten“ genannt werden. Die Erde umkreist die Sonne in einem Abstand von ungefähr 150 Millionen Kilometer; trotz der Hubble-Expansion wächst dieser Abstand nicht mit der

Zeit (glücklicherweise). Und der Abstand der Sonne vom Zentrum der Milchstraße verändert sich auch nicht sehr. In beiden Fällen übersteigt die lokale Kraft der Gravitation die Wirkungen der kosmologischen Expansion, und die Erde und die Sonne haben Pekuliargeschwindigkeiten relativ zum Hubble-Fluß.

Ähnliche Effekte treten sogar auf größeren Maßstäben auf. Die Milchstraße nähert sich beispielsweise der Andromedagalaxie, M31, und entfernt sich nicht langsam von ihr, wie wir es gewöhnlich wegen des Hubble-Flusses erwarteten. Das Licht von M31 zeigt eine Blauverschiebung – zum blauen Ende des Spektrums hin – nicht eine Rotverschiebung. Und wenn wir die Hubble-Expansion herausrechnen, scheinen sowohl die Milchstraße als auch M31 auf das Zentrum des Virgohaufens, etwa 50 Millionen Lichtjahre entfernt, zuzufallen. Pekuliargeschwindigkeiten wie diese sind der Massenanziehung zwischen verschiedenen Massenanhäufungen zuzuschreiben, die dem Hubble-Fluß entgegenwirkt. Nur auf extrem großen Entfernungen erwarten wir, daß diese gleichförmige kosmologische Ausdehnung zum überwiegenden Effekt wird.

Eine Pekuliarbewegung im großen Maßstab wurde Ende der Achtziger durch ein Team von sieben Astronomen entdeckt, genannt die „Sieben Samurai“ (oder die „Sieben Sucher der Wahrheit“, wie sie wohl lieber genannt werden wollen), unter der Leitung von Alan Dressler vom Mount Wilson Observatory, Sandra Faber vom Lick Observatory und Donald Lynden-Bell von der Cambridge University. Durch Untersuchung des Lichts einer Auswahl elliptischer Galaxien zeigten sie, daß der gesamte Virgohaufen – einschließlich M31 und der Milchstraße – in die grobe Richtung des Hydra-Centaurus-Superhaufens rast. Und Hydra-Centaurus seinerseits scheint dem Virgohaufen in die gleiche Richtung vorauszueilen.

Im Grunde hat es den Anschein, daß ein riesiges Volumen des Weltalls mit einem Durchmesser von mehr als 100 Millionen Lichtjahren unter Einschluß der Milchstraße, des Virgohaufens und Hydra-Centaurus' sich zusammenhängend als ein einziges Gebilde bewegt und sich *nicht* mit der Hubble-Expansion ausbreitet, wie man es erwarten würde. Die Pekuliargeschwindigkeit dieses gesamten Gebietes ist überraschend groß, mehr als 600 Kilometer in der Sekunde. Das sind mehr als 2,2 Millionen Kilometer in der Stunde! Vergleichen Sie das mit der Geschwindigkeit des Sonnensystems um das Zentrum der Milchstraße – etwa 230 Kilometer in der Sekunde oder 830 000 Kilometer in der Stunde.

Diese Beobachtung wurde durch weitere Untersuchungen der Galaxien unserer gesamten kosmischen Nachbarschaft gestützt. Eine Gruppe von Astronomen (einschließlich John Huchra) untersuchte ein großes Ensemble von Spiralgalaxien statt elliptischen, während eine andere Gruppe die Daten analysierte, die vor kurzem im infraroten Teil des elektromagnetischen Spektrums durch IRAS (InfraRed Astronomy Satellite) gesammelt wurden. Beide Gruppen fanden ein Muster von Pekuliargeschwindigkeiten ähnlich dem ursprünglich von den Sieben Samurai entdeckten.

Diese großräumige Bewegung stimmt ziemlich gut – sowohl im Betrag als auch der Richtung der Geschwindigkeit – mit dem überein, was vorher aus der Dipolanisotropie der kosmischen Hintergrundstrahlung erhalten wurde (siehe Kapitel 6). Denken Sie daran, daß diese überall verbreitete Strahlung in einer Richtung leicht rotverschoben und in der anderen leicht blauverschoben ist, ein Beweis, daß sich die Erde relativ zum Rest des Universums bewegt. Zwei völlig verschiedene Arten von Messungen sagen uns anscheinend, daß unser Eckchen der Schöpfung geradewegs etwa in die Richtung des Hydra-Centaurus-Superhaufens rast. (Um etwas genauer zu sein, liegt diese Richtung zwischen Hydra-Centaurus und dem Zentrum des Virgohaufens.)

Offensichtlich ist die großräumige, schaumige Struktur überhaupt weder festgefügt wie etwa Styropor, noch dehnt sie sich gleichmäßig wie ein Biskuitkuchen aus, der im

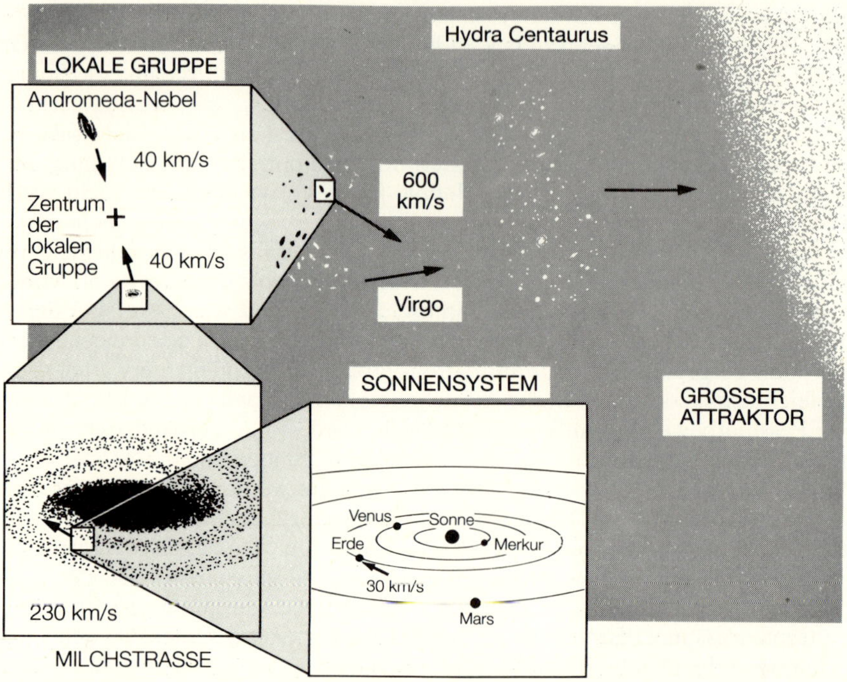

Pekuliarbewegungen in unserer Ecke des Universums. Die gesamte Lokale Gruppe bewegt sich zusammen mit dem Virgo- und Hydra-Centaurus-Superhaufen mit etwa 600 Kilometern in der Sekunde auf ein Gebiet zu, wo es vermutlich eine riesige Ansammlung von Materie gibt, genannt der Große Attraktor.

Ofen aufgeht. Stattdessen scheint sie hin und her zu wirbeln wie die Gischt auf einem sturmgepeitschten Meer. Und die Größe der darunterliegenden Wellen könnte viel größer sein als ein einzelner Galaxienhaufen. Jede Rosine in unserem Rosinenbrot-Modell des Universums, die besser für mehrere Haufen anstatt eines einzigen stünde, zappelt umher wie eine mexikanische Springbohne!

Wir sollten hier jedoch etwas Vorsicht walten lassen. Die Beobachtung einer Pekuliargeschwindigkeit gestaltet sich sowohl bei der Durchführung als auch bei der Deutung schwieriger als die Bestimmung der dreidimensionalen Position einer Galaxie. Sie erfordert nicht nur eine präzise Bewertung ihrer Rotverschiebung, um ihre Geschwindigkeit relativ zu uns zu erhalten, sondern auch eine sichere Einschätzung des Abstands zur Galaxie. Beide Messungen sind notwendig, um die *Abweichungen* von jenen Geschwindigkeiten zu beurteilen, die man normalerweise bei einer völlig gleichförmigen Hubble-Expansion erwarten würde.

Wie wir im Kapitel 1 dargelegt haben, war es für Astronomen immer schwierig, Abstände richtig zu messen – insbesondere im kosmologischen Maßstab. Man kann nicht einfach ein langes Lineal auslegen oder einfache Triangulation verwenden wie ein Landvermesser, weil die Abstände zu anderen Galaxien so gewaltig sind. Die Erdbewegung um die Sonne hat keine sichtbare Wirkung auf die scheinbare Position anderer Galaxien am Himmel, also können wir diesen Effekt nicht gebrauchen, um den Abstand zu einer Galaxie zu bestimmen. Die Bewegung der Sonne um die Milchstraße *würde* einen Unterschied ausmachen, aber wer kann es sich leisten, Millionen von Jahren zu warten, um die scheinbare Veränderung der Position zu erleben?

Wir müssen uns deshalb bei der Vermessung solcher kosmischen Abstände auf „Normalkerzen“ verlassen. Dies sind Objekte, deren wahre Helligkeit wir a priori zu kennen meinen. Wir können dann ihren Abstand abschätzen, indem wir ihre scheinbare Helligkeit in unseren Teleskopen mit ihrem vermutlich wahren Wert vergleichen. Je matter sie erscheinen, desto weiter weg müssen sie sein. Unglücklicherweise ist das Auffinden verläßlicher Normalkerzen für Galaxien nicht ganz so einfach. Deshalb scheinen sich immer große Unsicherheiten in alle Bestimmungen von Pekuliargeschwindigkeiten einzuschleichen.

Es ist jedoch ermutigend, daß auch präzise Messungen der kosmischen Hintergrundstrahlung nahelegen, daß die Milchstraße ungefähr in Richtung von Hydra-Centaurus rast. Zum Glück hängt diese Schlußfolgerung *nicht* von der Kenntnis kosmischer Abstände ab. Wir können ruhig darauf setzen, daß unsere Ecke des Universums tatsächlich eine große Pekuliargeschwindigkeit relativ zum Hubble-Fluß besitzt.

* * *

Erklärungsversuche für diese hohe Pekuliargeschwindigkeit haben sich auf die mögliche Existenz einer riesigen Materieansammlung konzentriert, die jenseits des Hydra-Centaurus-Superhaufens in einer Entfernung von etwa 150 Millionen Lichtjahren von der Milchstraße liegt. Solch eine große Ansammlung, die „Großer Attraktor“ genannt wird und deren Inhalt einigen zehntausend Galaxien oder mehr als einer *Billiarde* Sonnenmassen entspricht, könnte gut vorstellbar unter dem Strich eine Gravitationskraft auf die Galaxien und Haufen in unserer Nachbarschaft ausüben. Wenn diese Ansammlung existiert, sollte sie diese alle unerbittlich in die ungefähre Richtung von Hydra-Centaurus ziehen.

Bemühungen, den Großen Attraktor zu orten, haben bereits erste Erfolge erzielt. Mehrere Gruppen von Astronomen haben Ansammlungen von reichen Haufen in der richtigen Richtung gefunden, aber etwa 500 Millionen Lichtjahre entfernt – zu weit, um alle beobachteten Wirkungen auf die Galaxien unserer nächsten kosmischen Nachbarschaft zu verursachen. Andere Wissenschaftler haben die Verteilung des Lichts in unserer gesamten Nachbarschaft untersucht, unter Verwendung vorhandener Galaxienkataloge oder der IRAS-Studie und der Annahme, daß die Masse in der gleichen Weise verteilt ist wie das Licht. Beide Arten von Untersuchungen legen nahe, daß die beobachteten Pekuliargeschwindigkeiten auf die Massenanziehung der Materie zurückzuführen ist.

Andere Astronomenteams haben die Pekuliargeschwindigkeiten in noch größeren Abständen studiert und versucht, den Entfernungsmaßstab festzustellen, bei dem das Universum schließlich völlig gleichmäßig wird. Wenn es zum Beispiel wirklich solch einen Großen Attraktor gibt, dann sollten die Galaxien auf seiner anderen Seite insgesamt eine Pekuliarbewegung in unsere Richtung aufweisen. Der Große Attraktor würde sie zu uns heranziehen. Es gibt Hinweise, daß sich der Fluß tatsächlich umkehrt – in einer Entfernung von mehreren hundert Millionen Lichtjahren. Anfang 1990 erbrachten Dressler und Faber den Beweis, daß die Galaxien wirklich wie erwartet einwärts fallen. Ähnliche Ergebnisse wurden auch in einer unabhängigen Untersuchung erhalten.

* * *

Die Untersuchung der Struktur und Bewegung im großen Maßstab stellt das aufregendste und sich am schnellsten verändernde Gebiet der heutigen Kosmologie dar,

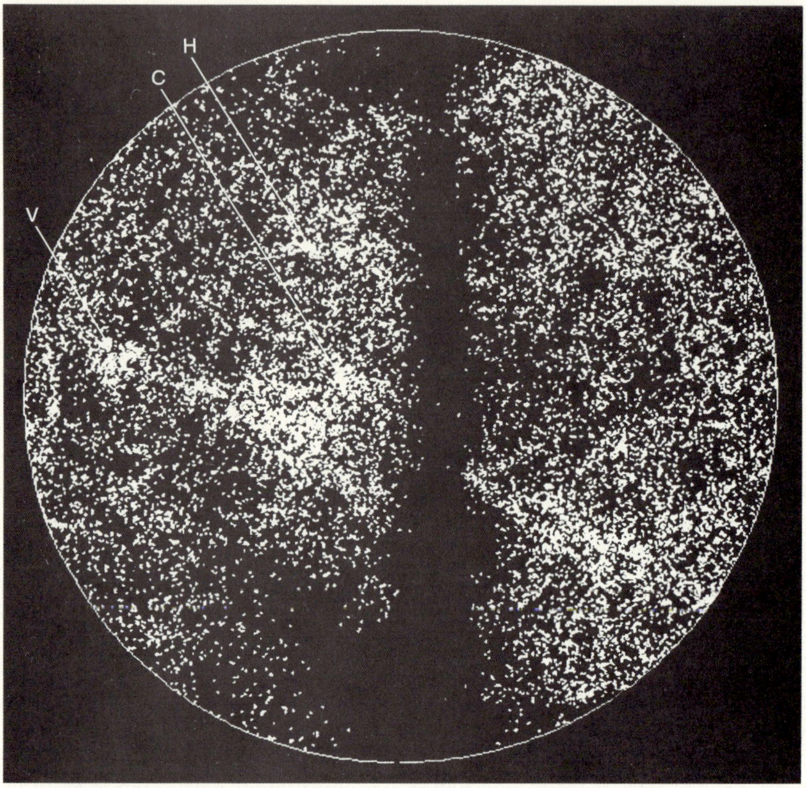

Darstellung der Galaxien in unserer Nachbarschaft. Die Virgo- (V) und Hydra-Centaurus-Superhaufen (H und C) scheinen auf den Großen Attraktor zuzurasen, von dem ein Teil die große Ansammlung rechts von Virgo und knapp unterhalb von Centaurus sein könnte.

mit neuen, oft überraschenden Ergebnissen, die fast monatlich auftauchen. Was auch immer das bleibende Ergebnis dieser Anstrengungen sein wird, bemerkt Alan Dressler von den Sieben Samurai: »Wir haben bereits festgestellt, daß sogar im Maßstab von Hunderten von Millionen Lichtjahren das Universum aus überdichten Gebieten besteht, ebenso wie aus Gebieten, die relativ frei von Materie sind.« Das gewaltige Loch in Bootes, die Große Mauer und die großen Pekuliargeschwindigkeiten des Virgo- und des Hydra-Centaurus-Superhaufens sind verläßliche Beweise für abgestimmtes großräumiges Verhalten sogar über solch gewaltige Entfernungen. Wie solche großräumigen Erscheinungen entstanden sind, aus der gegebenen sehr gleichmäßigen Anfangsverteilung der Materie, stellt eine der großen Herausforderungen für die modernen Theorien des frühen Universums dar.

8. Ein Ausbruch der Inflation

Obwohl das Universum heute äußerst klumpig erscheint, mit sichtbaren Strukturen, die sich über Millionen von Lichtjahren erstrecken, begann es eindeutig als ein extrem gleichmäßiges und homogenes Medium. Die fast vollkommene Gleichförmigkeit der kosmischen Mikrowellenstrahlung (wie in Kapitel 6 diskutiert) bezeugt diese unausweichliche Tatsache. Beinahe die gleiche Einheitlichkeit finden wir heute nur auf den allergrößten Entfernungsmaßstäben – bei Milliarden von Lichtjahren. Ähnlich erscheint ein Eisblock homogen, wenn man ihn mit einer Armlänge Abstand betrachtet, aber er zeigt winzige Sprünge, Blasen und Risse aus der Nähe.

Es ist daher natürlich zu fragen, wie überhaupt das Universum erst so gleichmäßig wurde. Fing es einfach so an, oder gab es irgendeinen Vorgang, der die allgemeine Gleichförmigkeit aus einem Zustand ursprünglichen Chaos' hervorgebracht hat? In beiden Fällen: Was verursachte die Unebenheit, die wir heute im benachbarten Weltall feststellen? Und wie wurde das Universum jemals so alt – etwa 15 Milliarden Jahre nach jüngsten Schätzungen? Diese Art Fragen hat die Kosmologen schon immer gefesselt, seit die Urknall-Theorie breite Zustimmung gefunden hat.

Einfache Antworten darauf sowie Lösungen für andere drückende kosmologische Probleme können in einem eigenartigen Vorgang gefunden werden, der *Inflation* genannt wird und in den Großen Vereinheitlichten Theorien der Grundkräfte auftritt. Dies ist nicht dasselbe wie die wirtschaftliche Inflation, mit der Minister und Geschäftsleute fertig zu werden versuchen, aber sie hat einige Ähnlichkeiten. Die kosmologische Inflation ist eine außerordentlich heftige Beschleunigung des Wachstums, die im ersten Sekundenbruchteil des Daseins aufgetreten sein könnte – während der GUTs-Epoche, die nach 10^{-34} Sekunden endete. Solch eine gewaltige Explosion wäre viel, viel, viel schneller gewesen als die gemütlichere Urknall-Expansion, deren Wirkung wir heute noch in den Rotverschiebungen der Galaxien sehen.

Außer mehrere kosmologische Schlüsselprobleme mit einem großen Wurf zu lösen, hat die Inflation eine weitere, äußerst wichtige Folge. Sie erfordert, daß unser Universum ein offenes Universum mit *exakt* der kritischen Dichte ist – das heißt, mit $\Omega = 1$. Kein anderer Wert dieses Parameters, den wir ausführlich in früheren Kapiteln diskutiert haben, ist möglich, wenn es die Inflation gegeben hat. Und brauchbare Modelle der Inflation haben anscheinend zur Folge, daß das Universum, welches wir kennen und lieben, vielleicht nur eine einzige Blase des Raumes ist, möglicherweise nur eine von vielen solcher umherschwebenden Blasen, alle ohne jegliche Verbindung miteinander. Auch wenn unsere Blase eine enorme Blase zu sein scheint, bräuchte sie nicht die einzige sein, die existiert.

* * *

In Kapitel 6 haben wir gezeigt, daß die kosmische Hintergrundstrahlung absolut gleichförmig zu sein scheint, so gut wir das bestimmen können. Sie kommt mit gleicher Intensität aus allen Richtungen und offenbart dieselbe effektive Temperatur, wo wir auch hingucken. Je mehr man über diese Tatsache der Gleichförmigkeit nachdenkt, desto beunruhigender wird sie. Denken Sie bitte daran, daß diese Strahlung vor etwa 15 Milliarden Jahren ausgesandt wurde (oder vielleicht ist „freigelassen" ein besseres Wort), als das Universum ungefähr 100 000 Jahre alt war. Die Photonen, die jetzt aus zwei entgegengesetzten Richtungen ankommen, sagen wir Norden und Süden, traten ihre lange Reise zu unseren Radioantennen in zwei Gebieten des Universums an, die heute wegen der Hubble-Expansion fast 30 Milliarden Jahre auseinander liegen.

Weil das Universum nur 15 Milliarden Jahre alt ist, gibt es absolut keine Möglichkeit, daß diese beiden Gebiete irgendeine Art von Signal von einem zum anderen übertragen könnten. Information kann sich nicht schneller als mit Lichtgeschwindigkeit verbreiten. Die Wissenschaftler sagen, daß zwei Gebiete dieser Art „kausal getrennt" sind. Was in dem einen geschieht, sollte völlig unabhängig von dem sein, was im anderen passiert. Im Grunde muß die kosmische Hintergrundstrahlung, die aus zwei beliebigen Punkten im Abstand von wenigen Winkelgraden oder mehr kommt, aus zwei dieser unterschiedlichen, kausal getrennten Gebiete stammen. Das Licht hätte in den etwa 15 Milliarden Jahren seit dem Urknall niemals von einem Gebiet zum anderen wandern können. Wie war es also überhaupt möglich, daß sie genug Informationen voneinander hatten, um auf fast *exakt* der gleichen Temperatur zu sein – besser als eins zu zehntausend?

Wenn wir über diese Angelegenheit weiter nachdenken, wird das Rätsel noch mysteriöser. Als diese übriggebliebene Strahlung erstmals emittiert wurde, war das Universum viel kompakter. Die Menge der Masse in einem gegebenen Horizont (der Strecke, die das Licht seit dem Anfang der Zeit zurückgelegt haben kann) war damals nur ein Bruchteil des heutigen Wertes. Die Entfernung des Horizonts war nur etwa 100 000 Lichtjahre statt etwa 15 Milliarden. Als jedoch die Photonen emittiert wurden, die heute zwei Antennen aus entgegengesetzten Richtungen erreichen, mußten sie zwei Punkten entspringen, die durch 10 Millionen Lichtjahre voneinander getrennt waren – beinahe *hundert*mal so weit, wie eine Information bis zu diesem Moment zurückgelegt haben konnte. Diese Diskrepanz ist viel schlimmer als die oben erwähnte, die nur einem Faktor zwei entsprach.

Unser Problem ist es aber nun, zu verstehen, wie zwei solcher kausal getrennter Gebiete überhaupt ein und dieselbe Temperatur haben können. Die Kosmologen haben traditionell schlicht eine willkürliche Anfangsbedingung gewählt: das Universum *begann* einfach so gleichmäßig. Solch eine unbedachte, ad hoc gegebene Antwort weicht jedoch der Frage nur aus. Wie ist solch eine nahezu vollkommene Gleichmäßigkeit überhaupt erst entstanden? Was wir sehr bevorzugen würden, wäre ein konkreter *Mechanismus*, der solche Bedingungen auf natürliche Weise erzeugen kann, ohne daß wir sie postulieren müßten. Die Physik, und nicht die Metaphysik, sollte eine Antwort geben.

Ein verwandtes Mysterium ist der Ursprung der Struktur. Obwohl das Universum auf den weitesten Entfernungen außerordentlich gleichmäßig ist, ist es in kleinerem Maßstab extrem unregelmäßig. Die meiste seiner sichtbaren Materie findet sich zusammengepreßt in winzigen Nestern hoher Dichte – Galaxien, Sterne und Planeten – im Vergleich zum Durchschnitt des Universums. Wie kam diese Körnigkeit zustande?

Die gleiche Art von Beobachtungen gelten auch für das Wasser in einem Eimer. Dem unbewaffneten Auge erscheint das Wasser äußerst gleichmäßig. Rühren Sie mit der Hand darin herum, und Sie werden keine Unregelmäßigkeit spüren, nur eine gleichmäßige, nahtlose Flüssigkeit. Aber ein hinreichend starkes Mikroskop wird aufdecken, daß das Wasser aus zahllosen einzelnen H_2O-Molekülen besteht. Und fast die gesamte Masse dieser Moleküle ist in den winzigen Kernen im Zentrum der sie

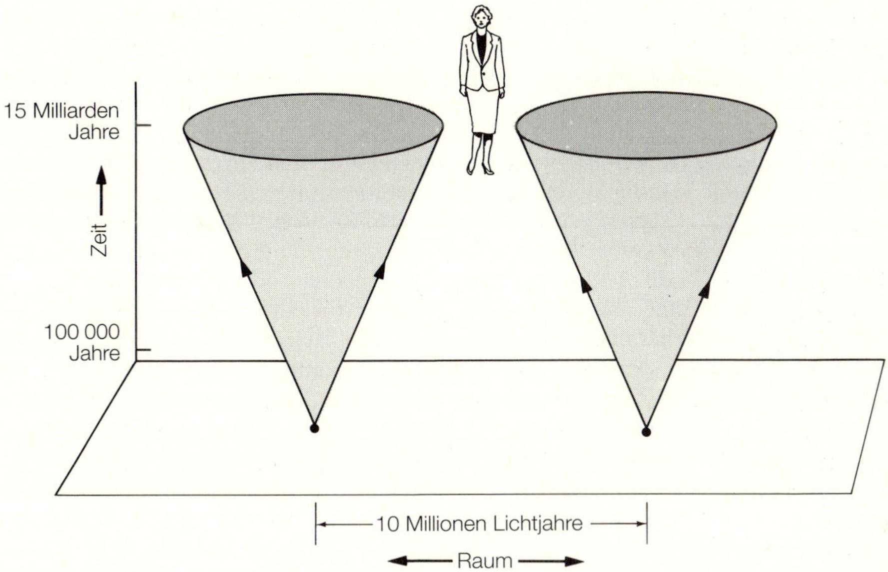

Das „Horizont-Problem“. Beobachter der kosmischen Hintergrundstrahlung empfangen Signale aus Quellen, die 10 Millionen Lichtjahre voneinander entfernt waren, als das Universum etwa 100 000 Jahre alt war. Aber die Temperatur dieser Strahlung, die aus solchen kausal getrennten Gebieten kommt, ist im wesentlichen die gleiche, als ob die Quellen irgendwie voneinander wüßten.

bildenden Atome konzentriert, die mehr als 99,9 Prozent der Gesamtmasse enthalten. Was auf den ersten Blick sehr gleichmäßig aussah, stellt sich bei näherer Betrachtung als äußerst körnig heraus.

Wie wir im Kapitel 6 bemerkten, gibt es heute Teile des Universums, wo die Dichte 30 Größenordnungen über dem Durchschnitt liegt. Damit solche Anhäufungen überhaupt existieren können, muß es eine Art von urzeitlichen Kräuselungen und Falten im Gefüge des frühen Universums gegeben haben, die durch die Schwerkraft zu Haufen und Galaxien heranwuchsen. Diese zerbrachen schließlich in Sterne und Planeten, die intelligentes Leben hervorbringen konnten, welches nun über seine eigenen Ursprünge grübelt. Wie sind diese Falten entstanden? Es muß irgendeine winzige Störung in der ansonsten vollkommen gleichmäßigen Anfangsverteilung der Materie und der Energie gegeben haben. Müssen wir diese Falten nur postulieren? Oder gibt es einen Weg, auf dem sie sich natürlich entwickeln können, aus konkreten physikalischen Grundsätzen?

* * *

Obwohl die Kosmologen beim genauen Wert unterschiedlicher Auffassung sein können, stimmen die meisten überein, daß das Universum etwa 15 Milliarden Jahre alt ist, plusminus 5 Milliarden Jahre. Sein Alter wird mit einer Anzahl unterschiedlicher Methoden bestimmt. Wir können das Alter der ältesten Sterne in Kugelsternhaufen untersuchen, die relativen Anteile radioaktiver Substanzen in Meteoriten vergleichen oder auf der Grundlage der Hubble-Expansionsrate abschätzen, wie lange die Galaxien brauchten, um sich bis zu ihren heutigen Positionen auszubreiten. Diese drei Methoden ergeben ein Alter zwischen 10 und 20 Milliarden Jahren.

In der Standard-Urknall-Kosmologie entwickelt sich die Dichte im Laufe der Zeit; sie bleibt nicht bei einem festen Wert. Wenn die Dichte ausreichend hoch ist, wie wir ausführlich im Kapitel 1 diskutiert haben, wird das Universum schließlich eine maximale Größe erreichen und beginnen, sich zusammenzuziehen; die mittlere Dichte wird also eine Talsohle durchschreiten und dann wieder zunehmen. Wenn die Dichte andererseits niedrig genug ist, wird das Universum seine Ausdehnung fortsetzen, während die Dichte ständig weiter fällt. Mit dem Parameter Ω (Omega) ausgedrückt, dem Verhältnis der tatsächlichen Dichte zu ihrem kritischen Wert, heißt das, daß die Kontraktion des Universums nur auftreten kann, wenn Ω größer als eins ist, und die Ausdehnung ins Unendliche passiert nur, wenn es kleiner oder gleich eins ist.

Der Parameter Ω muß jedoch nicht fest bleiben. Er kann auch zunehmen oder abfallen, weil er das Verhältnis zweier Dichten ist, der tatsächlichen und der kritischen, die sich beide mit der Zeit entwickeln. Wenn Ω zufällig zu irgendeinem Zeitpunkt größer als eins wäre, würde es für immer wachsen – und zwar unendlich, bis das Universum im Big Crunch zusammenfällt. In solch einem Fall wäre die tatsächliche Dichte des Universums (der Zähler des Verhältnisses) größer als der kritische Wert; die Schwerkraft wäre stark genug, um das beständige Auseinanderfließen der Materie anzuhalten, und die kritische Dichte (der Nenner) fiele schneller ab als die tatsächliche Dichte. Das Verhältnis der beiden Dichten, oder Ω, nähme ständig an Größe zu.

Wenn andererseits Ω jemals kleiner als eins wäre, bedeutete dies, daß in diesem Augenblick die tatsächliche Dichte kleiner als die kritische Dichte wäre. In diesem Fall hätte die Gravitation *nicht* genug Kraft, um das allgemeine Auseinanderfließen anzuhalten, und der Zähler von Ω fiele schneller als der Nenner. Da es schon zu Beginn kleiner als eins wäre, fiele Ω unablässig auf null, während das Universum sich ewig ausdehnte und im Big Chill endete.

Nur in dem ganz besonderen Fall, wo Ω *genau* gleich eins ist, bleibt dieser Parameter für immer unverändert. Hierbei stimmen tatsächliche und kritische Dichte exakt überein, also entwickeln sie sich mit genau der gleichen Rate weiter. Anders gesagt, in einem Universum mit der kritischen Dichte müßte Ω immer 1,000 000 000 000 . . . sein. Wenn es, aus irgendwelchen vorstellbaren Gründen, nur den leichtesten, winzigsten Schubs nach oben bekäme, wüchse Ω bis ins Unendliche und das Universum fiele in der Folge zusammen. Wenn es jemals unter eins abfiele, fiele es schließlich auf null ab. Der einzige Weg, auf dem Ω ewig eins sein kann, ist, exakt gleich eins zu sein.

Ähnliche Überlegungen gelten für ein Raumschiff, das auf einer Rakete von der Erde startet. Wenn es genau die richtige Geschwindigkeit (und Richtung) hat, wird es eine stabile Umlaufbahn erreichen. Nur eine geringfügig höhere Geschwindigkeit, und es kann aus dem Schwerefeld der Erde ausbrechen und seinen Weg in die Tiefen des Weltalls fortsetzen. Wenn die Rakete jedoch nicht ganz die nötige Geschwindigkeit für die Umlaufbahn erreicht, wird sie bald wieder auf der Erdoberfläche aufschlagen. Und sogar wenn sie die Umlaufbahn erreicht, können Reibungskräfte aufgrund von Zusammenstößen mit streunenden Gasmolekülen sie schließlich genug verlangsamen, um sie in Flammen auf die Erde zurückzubringen. Dieser Fall entspricht dem von Ω mit einem kleinen Ausschlag über die eins. Wenn dieses jemals größer als eins wird, strebt das Universum unerbittlich dem Kollaps entgegen.

Wenn wir nun einen genaueren Blick auf die Gleichungen werfen, die bestimmen, wie sich das Universum entwickelt, begegnen wir einer charakteristischen Zeit, innerhalb derer Veränderungen der Dichte auftreten. Diese „dynamische Zeit“ können wir uns als die Zeit denken, die die Dichte braucht, um sich um einen Faktor drei zu ändern. Sie ist umgekehrt proportional zur Quadratwurzel der Dichte selbst. Je größer also die Dichte des Universums, desto schneller entwickelt es sich. Wenn sich zum

Beispiel die Dichte vervierfacht, halbiert sich die dynamische Zeit, und die Entwicklung ginge zweimal schneller vor sich. Wenn die Dichte durch 100 geteilt wird, nimmt die dynamische Zeit um einen Faktor zehn zu, und die Dinge würden sehr viel langsamer geschehen. Die Dichte entwickelt sich viel schneller in einem dichteren Universum, aber die *Geschwindigkeit* dieser Entwicklung nimmt nur mit der Quadratwurzel der Dichte zu.

Sowohl die mittlere Dichte als auch der Parameter Ω entwickeln sich auf derselben dynamischen Zeitskala, die in gerundeten Zahlen etwa gleich dem Alter des Universums zum jeweiligen Zeitpunkt ist. Die gegenwärtige Dichte des Universums beispielsweise verändert sich auf einer Skala von 10 bis 20 Milliarden Jahren, was grob gesehen die Zeit angibt, bis die Dichte um einen Faktor drei von ihrem augenblicklichen Niveau abgefallen ist. Im sehr frühen Universum, als es aus einer schäumenden Raumzeit mit einer absolut gewaltigen Dichte hervorging, war die dynamische Zeit ausgesprochen kurz – 10^{-43} Sekunden (oder weniger als ein Billionstel eines Billionstels eines Billionstels einer Sekunde). Genau zu diesem Augenblick änderte sich die Dichte (und Ω) extrem schnell und brauchte nur 10^{-43} Sekunden, um um einen Faktor drei zu fallen. Sogar am Ende der GUTs-Epoche – was nur kurze Zeit später ist –, dem Moment der Entstehung der Materie, hätte solch eine Änderung nur 10^{-34} Sekunden benötigt. Zur Zeit der Nukleosynthese, wo es nach unserem Verständnis einen Überfluß an leichten Elementen gab, veränderte sich Ω immer noch auf einer in Sekunden bemessenen Zeitskala.

Auf den frühesten Stufen entwickelte sich das Universum daher äußerst rasch. Wenn der Schlüsselparameter jemals geringfügig größer oder kleiner als eins gewesen wäre, wäre Ω im Bruchteil eines Augenzwinkerns ins Unendliche gerauscht oder auf null abgestürzt. Nur in dem besonderen Fall, wo Ω *exakt* gleich eins ist, hätte es überhaupt konstant bleiben können und sich nicht mit der Zeit verändert. Die Eins ist anscheinend ein sehr labiler Gleichgewichtspunkt. Weichen Sie auch nur das kleinste Bißchen nach oben oder unten von eins ab, und Ω steigt oder fällt mit absolut rasender Geschwindigkeit.

Wie oben schon erwähnt, ist das Universum etwa 15 Milliarden Jahre alt, was mehr als 60 Größenordnungen größer als 10^{-43} Sekunden ist. Wenn das Universum aus dem raumzeitlichen Schaum mit einem Ω entstanden wäre, das sich von eins nur um den winzigsten Betrag unterschied, sagen wir an der *sechzigsten* Stelle hinter dem Komma, dann hätte sich dieser Parameter mittlerweile deutlich weiterentwickelt und wäre schon längst auf dem Weg nach null oder nach unendlich. Gegenwärtig, obwohl wir nicht mit Sicherheit sagen können, daß exakt $\Omega = 1$ gilt, wissen wir doch, daß es größer als 0,1 und kleiner als 3 ist – oder in der Größenordnung von eins liegt. Um heute so dicht daran zu sein, muß Ω in frühesten Augenblick (bei 10^{-43} Sekunden) extrem dicht bei eins gelegen haben. Jede mögliche Abweichung hätte erst nahe der sechzigsten Dezimalstelle oder dahinter auftreten können.

Wie konnte es jemals zu einer solchen Feinabstimmung von Ω kommen, mit einem Anfangswert so außerordentlich nahe bei eins? Oder, anders gefragt, wie konnte das Universum jemals so unglaublich *alt* werden, ohne sich zu einer unendlichen Dichte oder einer von null zu entwickeln? Dieses Rätsel ist den Kosmologen als das „Problem des Alters" bekannt. Und weil $\Omega = 1$ einem Universum mit einer flachen, euklidischen Geometrie entspricht (siehe Kapitel 1), wird es auch als das „Problem der Flachheit" bezeichnet. Es ist ein weiteres Problem der Anfangsbedingungen, das wir lieber mit physikalischen Prinzipien lösen wollen.

* * *

Ein anderes Problem, das in den Großen Vereinheitlichten Theorien des frühen Universums auftaucht, ist als das „Monopol-Problem" bekannt. Wir erwähnten es schon in den Kapiteln 1 und 5, wo wir bemerkten, daß massive Teilchen, die magnetischen Monopole, in großer Zahl entstanden sein sollten, als sich die Symmetrie der GUTs-Kraft verflüchtigte und in getrennte, völlig verschiedene Kräfte aufbrach. Ende der Siebziger bewies der sowjetische Theoretiker Sasha Polyakov (mittlerweile in Princeton), daß diese exotischen Teilchen entstehen *müssen*, wann immer eine vereinheitlichte Kraft in die elektromagnetische Kraft (sowie anderen Kräften) auseinanderbricht. Genauso wie der GUTs-Zusammenbruch Baryonen produzierte und einen winzigen Materieüberschuß erzeugte, sollte er deshalb auch eine vergleichbare Zahl dieser ultraschweren Teilchen geschaffen haben, die um eine Million mal eine Milliarde schwerer sind als Protonen und die magnetischen Eigenschaften eines einzelnen Nord- oder Südpols besitzen.

Obwohl es gelegentlich Berichte mit der Behauptung gab, welche gefunden zu haben, wurden magnetische Monopole nie überzeugend nachgewiesen. Die wenigen „Entdeckungen" wurden nie bestätigt oder wiederholt. Selbst wenn diese Berichte wahr *wären*, ist es doch völlig klar, daß es viel weniger magnetische Monopole als Baryonen im Universum gibt. Und dafür muß man auch dankbar sein. Anderenfalls hätten sie mit Leichtigkeit die Masse des Universums bestimmt und seinen Kollaps schon vor langer Zeit ausgelöst. Dann wären Sie jetzt nicht hier, um diese Zeilen zu lesen. (Noch hätten wir sie schreiben können!) Irgendwie muß das Universum einen Ausweg gefunden haben – ein Mittel, um alle diese Monopole loszuwerden, oder zumindest die große Mehrheit, und dennoch die Baryonen intakt zu lassen.

Ein letztes Dilemma, mit dem die Kosmologen ringen, ist die Frage: „Warum dreht sich das Universum nicht?" Beinahe jedes Himmelsobjekt – Sonnen, Monde, Planeten und Galaxien – rotieren auf die eine oder andere Weise. Warum nicht das ganze Universum selbst?

Um über irgendeine Drehung zu reden, muß man im Grunde eine Achse angeben, um die die kreisende, rotierende Bewegung erfolgt. Aber das Universum hat keinen Mittelpunkt, es hat gar keinen bevorzugten Punkt oder eine Achse. Alle Punkte in ihm sind gleichwertig. Wie also hat das Universum diesen besonderen Zustand eingenommen – mit durchweg äquivalenten Punkten und ohne Rotationsachse?

* * *

Vor 1980 erforderte das Auffinden einer Lösung für diese drückenden kosmologischen Probleme – Gleichmäßigkeit, Klumpigkeit, Alter, Flachheit, Monopole und Drehung – das willkürliche Setzen von Anfangsbedingungen des Urknalls. Diese Bedingungen waren nicht a priori zu rechtfertigen, sie mußten postuliert werden. Aber in jenem Jahr veröffentlichte Alan Guth, der (wie wir am Beginn dieses Buches erwähnten) damals Postdoc am Stanford Linear Accelerator Center war, eine dramatische Arbeit, die einen Weg aufzeigte, um alle diese Probleme gleichzeitig zu lösen. In dem Jahrzehnt seit seiner großen Einsicht entstand ein völlig neues Bild des frühen Universums.

Im vorangegangenen Herbst hatte Guth mit Henry Tye von der Cornell University zusammengearbeitet und das Monopol-Problem zu lösen versucht, das jedesmal sein häßliches Haupt zu erheben schien, wenn Große Vereinheitlichte Theorien auf das frühe Universum angewandt wurden. Als er am 6. Dezember 1979 spätabends zuhause arbeitete, fand er einen Weg, um dieses Problem zu lösen, und der auch erklärte, warum das Universum heute so alt und flach ist. »Ich entdeckte, daß das Universum exponentiell wuchs, sich aufblähte wie ein Luftballon«, erinnerte er sich, »ich empfand es als eine spektakuläre Erkenntnis.«

Guth nannte seine bahnbrechende Idee „Inflation", einesteils wegen der fürchterlichen Explosion, die das frühe Universum erschüttert hätte. Und auch die Währungsinflation raste während der späten Siebziger durch die Volkwirtschaften; so schien es eine naheliegende Namenswahl zu sein. Die kosmologische Inflation steht nicht im Gegensatz zum Urknall. Sie ist ein einzigartiger und leistungsfähiger Weg, um die Anfangsbedingungen des Urknalls während der GUTs-Epoche festzulegen, zu einer Zeit von etwa 10^{-34} Sekunden.

Um zu verstehen, wie dieser revolutionäre Vorgang der Inflation funktioniert, erinnern Sie sich, daß die Expansionsrate des Universums zu jedem Zeitpunkt durch die Dichte seiner Gesamtenergie bestimmt ist, der Summe von Materie und Strahlung pro Volumeneinheit. Je größer die Energiedichte, desto schneller dehnt sich das Universum aus. Weil das frühe Universum so extrem heiß und dicht war, fast über unser Vorstellungsvermögen, dehnte es sich äußerst rasch aus. Aber als die Zeit verging und sich die Ausdehnung fortsetzte, als dem Universum mehr Raum hinzugefügt wurde, fiel die Energiedichte notwendigerweise ab und mit ihr die Expansionsrate. Die vorhandene Gesamtenergie mußte auf ein ständig zunehmendes Volumen verteilt werden, was die Energiedichte des Universums verminderte und das allgemeine Auseinanderstreben verlangsamte.

Angenommen es gäbe jedoch einen Weg, um die Energiedichte *konstant* zu halten, obwohl der Raum an sich expandiert. Dann würden wir einen wahrlich inflationären Zustand erreichen, in dem die Expansionsrate den geruhsameren Gang der normalen Urknallexplosion weit übertrifft. Der starke, nach außen gerichtete Schub würde unvermindert anhalten, bis dieser Zustand nicht mehr gegeben ist. Das Universum würde wirklich buchstäblich *explodieren*.

Aber wie, fragen Sie sich vielleicht, können wir die Energiedichte konstant halten, während der Raum an sich dabei ist, zu explodieren? Verdünnt dieses gewaltige Auseinanderstieben nicht sofort die Gesamtenergie darin und verbreitet sie immer spärlicher? Das schien die natürliche Folge zu sein. Aber wenn der hinzukommende neue Raum bei seiner Entstehung *auch* Energie beiträgt, dann kann die Gesamtenergiedichte in der Tat relativ konstant bleiben, und die Inflation ginge unerbittlich weiter.

Dieses Szenario mag paradox erscheinen, in Anbetracht unserer starken Vorurteile gegen die Erschaffung von Materie und Energie aus praktisch überhaupt nichts. Aber indem wir dem Raum selbst mit einem ihm eigenen Betrag an Energie ausstatten, tun wir etwas, was der Wirkung des „kosmologischen Gliedes" in Einsteins Allgemeiner Relativitätstheorie ähnelt. Dieser Parameter spiegelt die alles umfassende Krümmung des Raumes wieder. Die Allgemeine Relativität sagt uns, daß die Krümmung des Raumes eng mit der Schwerkraft und folglich mit der Energiedichte zusammenhängt; der Raum ist in der Gegenwart von Materie und Energie verbogen. Wenn „leerer" Raum auch eine Energiedichte besäße, hieße das, daß der Raum selbst eine ihm eigene Krümmung hätte, sogar in der völligen Abwesenheit von Materie. Wie Einstein explizit gezeigt hat, kann eine solche „Vakuumkrümmung" die Expansion des Universums antreiben.

Wenn wir irgendwie im Laufe des frühen Universums solch einen Zustand hätten erreichen können, das heißt, wo der Raum selbst Energie ganz für sich besäße – wo das Vakuum, heißt das, insgesamt eine positive Energie hätte –, hätte diese Vakuumenergie einen Ausbruch der Inflation antreiben können. Es mag unsinnig erscheinen, daß der Leere etwas innewohnen könnte, weil das Vakuum im allgemeinen als die *Abwesenheit* von allem gedacht wird, aber die Großen Vereinheitlichten Theorien räumen genau diese Möglichkeit ein.

In vereinheitlichten Theorien mit einer Eigenschaft, die „spontane Symmetriebrechung" genannt wird, gibt es eine einzigartige Erscheinung, die „Higgs-Feld" heißt (nach dem Theoretiker Peter Higgs von der University of Edinburgh, der sich diese Idee 1964 erstmals ausdachte). Dieses Feld ist allgegenwärtig und kann im Endeffekt dem Vakuum eine positive Energiedichte verleihen. Diese Symmetriebrechung, die vermutlich durch die Wirkung des Higgs-Feldes auftrat, führte das Universum von einem Zustand, wo es nur eine *einzige* Kraft bei hoher Energie (und Temperatur) gab, zu einem, wo es mehrere verschiedene Kräfte bei niedriger Energie gab – so wie das Ganze heute aussieht.

Als die vereinheitlichte elektroschwache Kraft in die Schwache und die Elektromagnetische Kraft aufbrach, etwa eine Picosekunde (10^{-12} Sekunden) nach der Schöpfung, war solch ein Higgs-Feld verantwortlich für die scheinbare Ungleichheit zwischen ihnen. Dieses Feld ist es, was die Massen der Teilchen verursacht, einschließlich der Teilchen, die Kräfte übertragen. Es gibt den W- und Z-Bosonen (die die Schwache Kraft übertragen) Massen von 80 und 91 Gigaelektronenvolt, während das Photon, das die Elektromagnetische Kraft vermittelt, völlig masselos bleibt. So erscheint die Schwache Kraft extrem schwächlich, weil es schwierig ist, solche massiven Überträger zu erzeugen. Diese können deshalb nur über kurze Abstände wirken, viel kleiner als die Größe eines Protons. Es ist andererseits leicht, masselose Photonen zu erzeugen, und die Wirkungen der Elektromagnetischen Kraft können sich über große Abstände erstrecken.

Eine ähnliche Folge von Ereignissen mag ungefähr nach 10^{-34} Sekunden eingetreten sein, als eine GUTs-Kraft spontan in die Starke und die elektroschwache Kraft zerbrach. Als die anfängliche Symmetrie zerstört war, wurde die riesige Energie eines anderen Higgs-Feldes, sagen wir eines „Ultra-Higgs-Feldes" durch die Massen der kraftübertragenden Teilchen gebunden – hier den absolut gigantischen X- und Y-Bosonen, mit Massen von etwa 10^{14} Gigaelektronenvolt. An diesem Punkt fiel die Eigenenergie des Vakuums praktisch auf null.

Kurz vor diesem Moment steckte die Energie des Ultra-Higgs-Feldes im Raum selbst, so daß die Energiedichte des Vakuums damals nicht null war, sondern einen endlichen (und äußerst großen) Wert hatte. Heute wissen wir, daß die Energiedichte des Vakuums null ist, oder zumindest nahe bei null liegt. Aber als das Universum aus einem Zustand, in dem alle Kräfte vereint waren und eine vollkommene Symmetrie alles beherrschte, in seinen gegenwärtigen Zustand mit gebrochener Symmetrie überging, enthielt das Vakuum selbst Energie, welche die Symmetriebrechung bewirkte, haufenweise Energie – an die 10^{88} Joule oder rund 10^{82} Kilowattstunden pro Kubikzentimeter. Zum Vergleich: die Energiedichte von Wasser (gemäß $E = mc^2$) ist 10^{14} und die von Atomkernen ist 10^{29} Joule pro Kubikzentimeter. Also war die Energiedichte des Vakuums kurz vor 10^{-34} Sekunden fast eine Billion mal eine Billion mal eine Billion mal eine Billion mal eine Billion des heutigen Wertes für einen Atomkern!

Bei den extrem hohen Temperaturen des ganz frühen Universums, lange vor 10^{-34} Sekunden, war die Dichte der Gesamtenergie viel größer als selbst dieser gewaltige Wert. Also wäre das Fortschreiten der Expansion vor diesem Moment der Standardvorschrift gefolgt und deren Tempo wäre allmählich zurückgegangen, während sich der Raum entfaltet und die Energiedichte abgenommen hätte.

Aber sobald das Universum auf eine Temperatur abgekühlt war, wo das Ultra-Higgs-Feld auftrat, hätte dieses eine Vakuumenergie erzeugt, die bald die Gesamtenergiedichte bestimmt hätte, und die Dinge hätten sich dramatisch beschleunigt. Jetzt wäre, während sich zusätzlicher Raum entfaltete, auch mehr Vakuumenergie erzeugt worden, die die alles umfassende Energiedichte des Universums relativ konstant gehalten hätte. Und da die Expansionsrate proportional zur Energiedichte ist, dehnte sich das Universum weiterhin mit der gleichen, konstanten Rate aus, was weiteren Raum hinzufügte und die Expansion noch weiter trieb.

Solch eine inflationäre Phase hätte sich fortgesetzt, bis das Universum einen Übergang am Ende der GUTs-Epoche vollzogen hätte, bei dem die Symmetrie zwischen allen Kräften schließlich zusammenbrach. In diesem Moment verlieh das Ultra-Higgs-Feld den X- und Y-Teilchen effektive Massen, was notwendigerweise die Symmetrie zwischen den Kräften brach. Als sich diese Teilchen Massen zulegten, fiel die Energie des Vakuums praktisch auf Null. Die Strahlung begann, wiederum die Gesamtenergiedichte zu beherrschen, welche die heute zu beobachtende, viel langsamere Urknall-Expansion antrieb. Die angestaute Energie dieses Ultra-Higgs-Feldes wurde sichtbar als ein expandierender Feuerball aus Materie und Licht, in dem die vollkommene Symmetrie der ursprünglich vereinten Kräfte für immer gebrochen war.

Während dieser inflationären Phase explodierte das Universum buchstäblich. Seine Größe wuchs exponentiell von dem Augenblick an, wo die Vakuumenergiedichte die Gesamtenergiedichte zu bestimmen begann, bis dieser Phasenübergang mit einem phantastischen Feuerwerk am Schluß der GUTs-Epoche endete. (Wenn etwas exponentiell wächst, wird es in jeder Zeiteinheit mit einem gegebenen Faktor, sagen wir 10, malgenommen. Also könnte es in der ersten Zeiteinheit 1 sein, 10 in der nächsten, dann 100, 1000 und so weiter. Die Zahlen werden sehr schnell extrem groß.) Am Ende dieser Ära, nach etwa 10^{-32} Sekunden, war der Abstand zwischen zwei Punkten als Ergebnis der Inflation um mindestens 50 Größenordnungen angeschwollen oder um einen Faktor 10^{50}. Fast nichts war mehr so wie vorher.

* * *

Mit dem Konzept der Inflation können wir nun die Probleme lösen, die wir vorhin diskutiert haben. Die Gleichmäßigkeit des beobachtbaren Universums ist nicht mehr ein so verblüffendes Rätsel, weil das Gebiet, aus dem es stammt (vor 10^{-34} Sekunden)

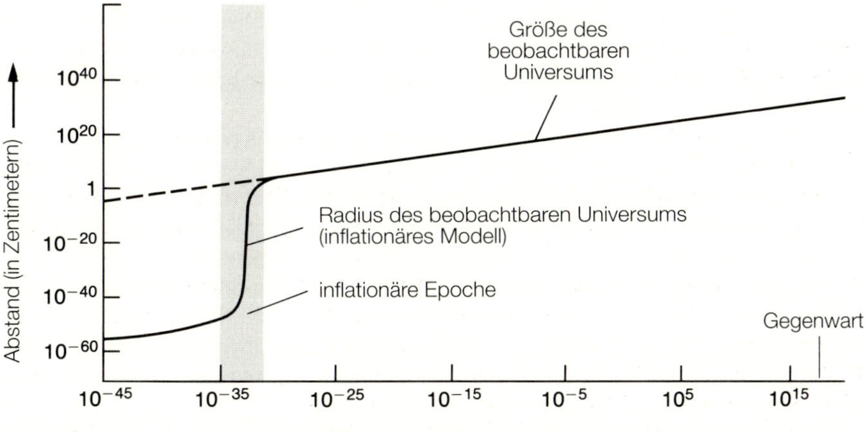

Expansion des Universums vor, während und nach der Inflation. Die Größe dessen, was heute das beobachtbare Universum ist, schwillt um einen gewaltigen Faktor von mindesten 10^{50} während der kurzen inflationären Epoche an.

ein sehr, sehr winziges Reich war, wo alles vollständig mit allem in Berührung war. Genaugenommen hatte es einen Durchmesser von weniger als 10^{-34} Lichtsekunden (oder etwa 10^{-24} Zentimeter) vor der Inflation, einer Strecke, die das Licht in 10^{-34} Sekunden zurücklegt. Das ist ungefähr ein Billionstel des Durchmessers eines Protons!

Während der Inflation schwoll dieses winzige Gebiet *gewaltig* an, mindestens bis zur Größe einer Pampelmuse und vielleicht sogar bis zu einem Durchmesser von einer Milliarde mal einer Milliarde Kilometern. Alle Materie, die wir heute im Universum sehen, mußte aus diesem winzigen Gebiet hervorgehen, wo alles vor der Inflation im thermischen Gleichgewicht gewesen war. So ist es leicht zu verstehen, wie Gebiete des Universums, die heute kausal getrennt zu sein scheinen, exakt die gleiche Temperatur haben können. Sie begannen ihren Weg vor langer, langer Zeit – bevor die Inflation einsetzte.

Die Inflation löst auch das Problem des Alters, oder der Flachheit – warum das Universum so alt oder so flach ist. Es stellt sich heraus, daß jene Ausdrücke in der Gleichung, die Ω von eins abweichen lassen, umgekehrt proportional zum Quadrat der charakteristischen Größe des Universums sind, dem sogenannten „Skalenfaktor" R. Wenn R sich verdoppelt, heißt das, werden diese Ausdrücke um einen Faktor vier kleiner; wenn R um einen Faktor zehn wächst, nehmen sie um das Hundertfache ab. Aber während der Inflation schwillt der Skalenfaktor des Universums um viele, viele Größenordnungen an, und diese Ausdrücke werden absolut vernachlässigbar – ganz gleich, was der Anfangswert gewesen sein mag. Folglich treibt die Inflation Ω unerbittlich auf eins zu.

Folgerichtig leben wir in einem sehr alten Universum, in welchem die flache, euklidische Geometrie regiert. Wenn Ω nicht gleich eins wäre, wie wir im Kapitel 1 diskutiert haben, dann wäre der Raum gekrümmt – entweder mit einer sphärischen ($\Omega > 1$) oder einer hyperbolischen ($\Omega < 1$) Krümmung. Nehmen wir an, die Dinge hätten so oder so vor 10^{-34} Sekunden angefangen. Was die Inflation macht, ist, die Skalierung jeder vorhandenen Krümmung (verknüpft mit R) zu zwingen, so immens zu sein, daß das Universum hinterher völlig flach erscheint. Der Radius der Erde ist groß, verglichen mit Illinois, zum Beispiel, also erscheint Illinois flach, obwohl es eigentlich eine kleine Krümmung hat.

Die Inflation beseitigt das Problem der Drehung in einer ähnlichen Weise. Die Ausdrücke, die die Rotation des Universums um irgendeine Achse beschreiben, sind umgekehrt proportional zu einer Potenz von R. Deshalb verschwinden sie während der Inflation völlig, weil R selbst praktisch explodiert, und wir haben zum Schluß heute offensichtlich *keine* Drehung.

Das Monopol-Problem wird ebenfalls gelöst, weil in einem inflationären Universum nur wenige Monopole erschaffen werden können, und wir niemals erwarten können, welchen zu begegnen. Nur ein Monopol kann pro Horizontvolumen kurz vor der Inflation erzeugt werden. (Ein Horizontvolumen ist dasjenige Volumen des Raumes, das das Licht seit Beginn der Universums durchmessen haben kann.) Weil das gesamte beobachtbare Universum in einem *einzigen* Horizontvolumen von etwa 10^{-24} Zentimeter Durchmesser kurz vor der Inflation entstanden sein muß, heißt das nur ein Monopol im Ganzen. Tatsächlich ist die Lage komplizierter, und wir könnten aufgrund von Ereignissen nach der Inflation ein paar mehr Monopole erwarten, aber die Gesamtzahl ist immer noch sehr, sehr klein. Sofern wir nicht unglaubliches Glück haben, werden wir voraussichtlich nie einen zu sehen bekommen, ganz gleich wie lange wir warten. Einige unerschrockene Physiker versuchen es jedoch immer noch!

In der Standard-Urknall-Kosmologie ohne Inflation sind im Gegensatz dazu 10^{80} Horizontvolumen in der GUTs-Epoche nötig, um genug Materie für unser heutiges

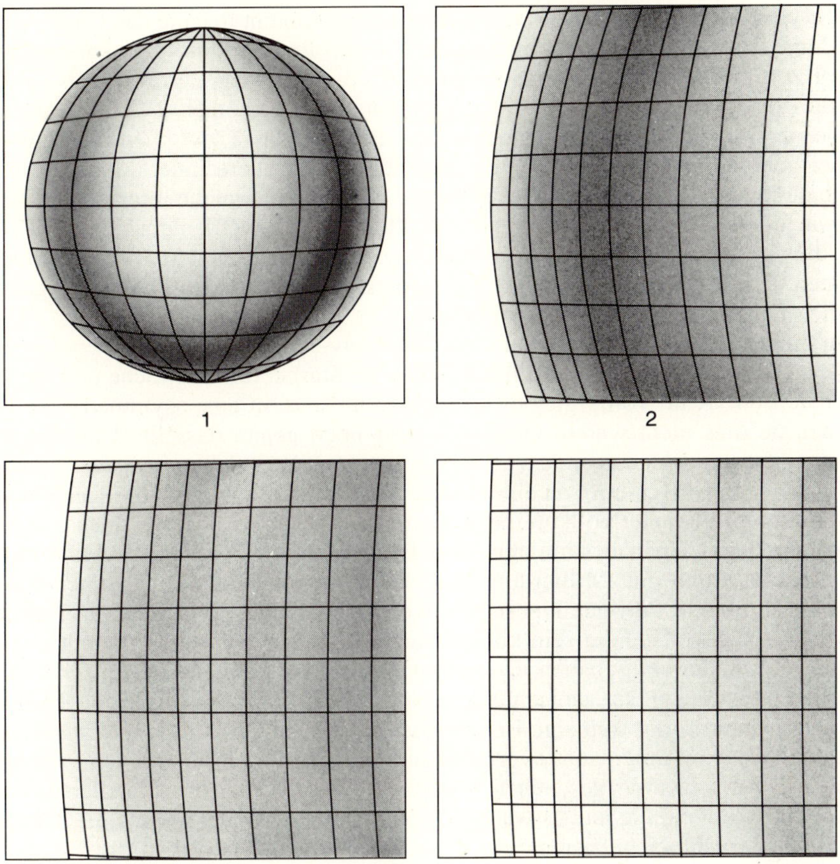

Wie die Inflation ein flaches Universum ergibt. In jeder Zeichnung ist die ursprüngliche Kugel um einen Faktor 3 aufgebläht; die Krümmung der Kugel wird sehr schnell praktisch nicht mehr wahrnehmbar.

Universum zu erschaffen. In ähnlicher Weise hätten wir die Erzeugung von 10^{80} Monopolen erwartet – etwa soviele Monopole wie Baryonen! Dies ist eindeutig nicht der Fall. Die Gesamtzahl der Baryonen wird jedoch durch die Inflation nicht berührt, weil sie ganz am Ende der GUTs-Epoche geschaffen wurden, *nachdem* die Inflation aufgehört hatte. Wir erzeugen immer noch reichlich Baryonen in einem inflationären Universum, was uns festen Grund gibt, um darauf stehen zu können, und viel Sonnenlicht, um unsere Tage zu erhellen.

* * *

Nachdem wir nun einen Weg gefunden haben, um die Gleichmäßigkeit des Universums zu erzeugen, müssen wir immer noch seine offensichtlichen Unebenheiten erklären – die Galaxien, Haufen und anderen großräumigen Strukturen. Dies erweist sich als ein verwickeltes Problem, das eine weitere Ausarbeitung der Inflation erfordert, über das hinaus, was Guth sich ursprünglich ausgedacht hatte.

Einige Unebenheiten müssen am Schluß der GUTs-Epoche entstanden sein, als die Symmetrie der großen vereinheitlichten „Superkraft" gebrochen wurde, die Inflation aufhörte und Materie erschaffen wurde. In diesem Moment machte das Universum etwas durch, was „Phasenübergang“ genannt wird, ähnlich dem, was passiert, wenn Dampf zu flüssigem Wasser kondensiert oder Wasser zu Eis gefriert. Dies sind einfach drei verschiedene „Phasen“ (oder Aggregatzustände) von H_2O – und Kondensation, Gefrieren, Kochen oder Schmelzen sind die Übergänge zwischen ihnen. Phasen, die bei höherer Temperatur auftreten, besitzen eine größere innere Symmetrie. Die Gasphase hat eine größere Symmetrie als die Flüssigkeit, welche ihrerseits symmetrischer als die feste Phase ist. Während sich alles abkühlt, werden einzelne H_2O-Moleküle, die einst frei umherstreiften, in starreren, asymmetrischen Mustern gefangengenommen. Die gesamte Ansammlung von Molekülen erlebt einen Phasenübergang zur gleichen Zeit, zu der ihre Symmetrie bricht.

Am Ende der GUTs-Epoche machte das Universum einen ähnlichen Übergang durch, aus einer symmetrischen Phase, in der die Starke, die Schwache und die Elektromagnetische Kraft völlig gleichwertig gewesen sind, in eine asymmetrische Phase – in der sie dies nicht waren. Obwohl immer noch genau dasselbe Universum, erscheint es nun entschieden anders als das, was es vor 10^{-34} Sekunden gewesen war.

Wie kam das Universum von einer Phase in die andere? Während es sich abkühlte, brach die ursprüngliche, vollkommene Symmetrie zusammen, wann auch immer die Temperatur unter einen bestimmten Wert fiel – etwa 10^{27} (oder eine Milliarde mal eine Milliarde mal eine Milliarde) Grad. Kleine Gebiete asymmetrischen Raumes müssen sich überall dort gebildet haben, wo diese Bedingung erfüllt war. Damit der Phasenübergang vollständig sein konnte, muß sich jedoch jedes Gebiet mit allen anderen irgendwie vereinigt haben. Dies war kein belangloses Unterfangen.

Stellen Sie sich vor, sie versuchten ein bestimmtes Volumen Wasser, sagen wir ein paar Liter, einzufrieren. Winzige Eiskristalle bilden sich allmählich und wachsen zufällig, sich langsam miteinander vermischend, um einen multikristallinen Eisblock zu bilden. Aber was würde geschehen, wenn das Wasser zufällig schneller auseinanderfliegt als die Kristalle jemals wachsen könnten? Das Wasser könnte niemals zu einem einzigen Eisblock gefrieren.

In dem Vorangegangenen wurde eine entscheidende Annahme gemacht, nämlich daß Sie diesen Einfrierversuch auf der Oberfläche der Erde durchführen, wo der Atmosphärendruck und die Schwerkraft vereint das Wasser im Eimer zusammenhalten. Wenn Sie versuchten, dies draußen im Weltall zu machen, flögen die Wassermoleküle sofort auseinander, und das Gefrieren träte nicht ein.

Ein besserer Vergleich ist vielleicht das, was in einer Schneekanone passiert, die zur Präparation von Abfahrtshängen eingesetzt wird, wenn es die Natur allein nicht schafft. Wasser wird mit hoher Geschwindigkeit aus einer Düse gesprüht und gefriert fast augenblicklich beim Kontakt mit der kalten nächtlichen Luft. Aber die einzelnen Tröpfchen bewegen sich zu schnell auseinander, um sich zu vereinen. Die Eiskristalle in verschiedenen Tröpfchen, die Körnchen der neuen Phase, können niemals aufeinandertreffen. Wir bekommen nur einzelne Schneeflocken, jede mit ihrer eigenen Kristallstruktur, keinen Eisblock.

Kosmologen benutzen oft den Ausdruck „Blasen“, um die einzelnen Körner asymmetrischen Raumes zu bezeichnen, die im GUTs-Phasenübergang des frühen Universums gebildet werden. Hierbei berufen sie sich auf eine Analogie zu kochendem Wasser (welches unglücklicherweise ein Übergang von einer nieder- zu einer hochsymmetrischen Phase ist, im Gegensatz zu dem, was beim GUTs-Phasenübergang geschah). Wenn Wasser kocht, bilden sich getrennte Blasen in der Flüssigkeit heraus und laufen anschließend ineinander, wobei schließlich die gesamte vorhandene Flüssigkeit in Dampf verwandelt wird. Als das Universum den GUTs-

Übergang beendete, sollten sich die einzelnen „Blasen" der endgültigen Phase vermengt haben.

Man könnte vermutlich begreifen, wie die Unebenheit des Universums entstand, indem man herausbekommt, wie seine Körner, oder Blasen, des Raumes sich vereinten, als der GUTs-Übergang endete. Betrachten Sie wieder, was in einer ruhenden Menge Wasser passiert, wenn sie gefriert. Kleine Unregelmäßigkeiten treten auf, wenn die vielen verschiedenen Kristalle sich vermengen. In einem inflationären Szenario gibt es jedoch einen wichtigen Haken dabei: Körner der neuen Phase – seine einzelnen Blasen – können sich so schnell voneinander wegbewegen, daß sie sich *niemals* vermengen werden. Der GUTs-Phasenübergang könnte niemals vollständig sein. Im wesentlichen ist dies übrigens das, was in der ursprünglichen Theorie der Inflation geschieht, wie sie von Guth vertreten wurde.

Die Auflösung dieser Schwierigkeit wurde 1982 von Andrei Linde vom Lebedev Physikalischen Institut in Moskau vorgeschlagen – und unabhängig davon von Andreas Albrecht und Paul Steinhardt von der University of Pennsylvania. Der tatsächliche GUTs-Phasenübergang, so ihr Vorschlag, könnte eine sehr gleichmäßige Art von Übergang gewesen sein, von einem Typ, der ursprünglich von Erick Weinberg an der Columbia University und Sidney Coleman in Harvard untersucht worden war. Nach diesen Überlegungen wäre das gesamte beobachtbare Universum im Inneren einer *einzigen* Blase (oder eines Korns) entstanden; einzelne Blasen hätten sich nicht überholen müssen, damit der Phasenübergang enden konnte. Und durch die Forderung, daß der Übergang extrem gleichmäßig war, mit einer einheitlich in der Blase verteilten Gesamtenergie, konnten diese Wissenschaftler sicherstellen, daß das Universum jetzt homogen erscheint – gleichförmig in allen Richtungen. „Neue Inflation" genannt, erlaubte die Methode auch die Erzeugung von ausreichender Materie am Ende der GUTs-Epoche, um mit heutigen Beobachtungen übereinzustimmen.

Die Idee, daß das Universum aus einer einzelnen Blase während des GUTs-Übergangs entstanden ist, hat gewaltige Folgen. Jedes Horizontvolumen, das es vor der Inflation gab, könnte sich zu einem ganz eigenen, unabhängigen Universum entwickelt haben. Dies bedeutet, daß es wahrscheinlich viele, viele andere Blasen beim GUTs-Phasenübergang gab – die alle zu anderen, parallelen Universen führten, welche völlig von unserem eigenen abgeschnitten sind. Die Science-Fiction-Schriftsteller erleben wahrscheinlich mit dieser Idee einen großen Triumph.

Obwohl es wirklich viele andere Universen „da draußen" geben könnte, die wir niemals zuvor in Erwägung gezogen haben, wird es für uns keinen Weg geben, zu ihnen zu reisen oder etwas über sie in Erfahrung zu bringen. Sogar das Raumschiff „Enterprise", das seine unerschrockenen Helden aus einer Galaxie in die nächste mit erstaunlicher, Schneller-als-das-Licht-Geschwindigkeit beamen kann, würde wenig nützen, um aus einem Universum in ein anderes zu hüpfen. Der „Raum" zwischen diesen Blasen-Universen ist überhaupt nicht unser vertrauter leerer Raum, sondern ein undifferenzierter, symmetrischer Raum, in dem alle Kräfte noch in einer Superkraft vereint sind. Er ist ein Reich, in dem alle Teilchen identisch sind und normale Materie nicht existiert. Wir würden dort nur reiner Higgs-Energie begegnen – der gewaltigen Energie des Ultra-Higgs-Feldes – was im Endeffekt alles wäre, was möglich ist, alle Dinge auf einmal.

Trotz ihres Erfolges hat die neue Inflation Schwierigkeiten, genug Unebenheit für eine Übereinstimmung mit dem zu erzeugen, was heute im Universum beobachtet wird. Wenn das gesamte Universum als eine einzige, gleichmäßige Blase angefangen hätte, dann hätte diese einsame Blase irgendwie alle ursprünglichen Unregelmäßigkeiten (oder kosmischen Keime) *innerhalb* ihrer selbst erzeugen müssen. Wir können

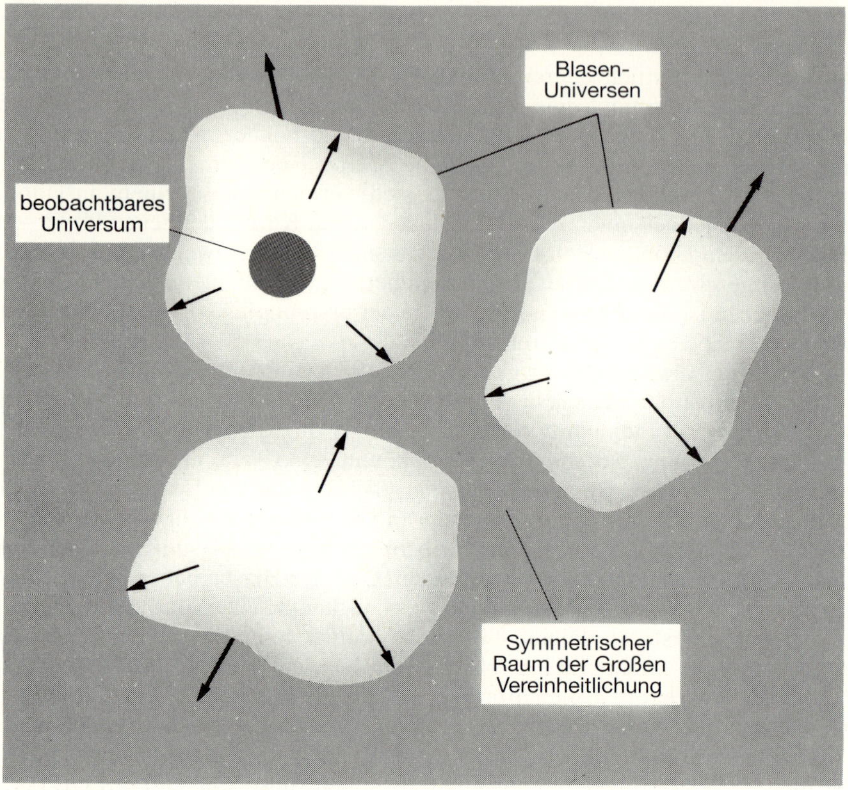

Blasen-Universen, die in der Theorie der neuen Inflation auftreten könnten. Unser eigenes, beobachtbares Universum ist vielleicht nur ein kleiner Teil eines solchen Blasen-Universums, welches von den vielen anderen völlig abgeschnitten ist.

nicht länger auf Zusammenstöße zwischen einzelnen Blasen zählen, um dies hinzukriegen. Und wegen der Inflation können wir uns nicht auf irgendwelche eventuell früher, vor der GUTs-Epoche vorhandenen Unregelmäßigkeiten verlassen. Diese wären vollständig weggewischt worden während der extrem raschen Ausdehnung durch die Inflation, wie die Knitterfalten auf der Oberfläche eines Luftballons, wenn er aufgeblasen wird. Nein, alle Unregelmäßigkeiten, die schließlich zu Haufen und Galaxien herangewachsen sein könnten, müssen im Inneren dieser einen Blase während oder nach der Inflation angefangen haben, wenn die Theorie der neuen Inflation recht behält.

Mehrere Physiker, einschließlich Guth und Steinhardt, knöpften sich diese Schwachstelle im Sommer 1982 beim Nuffield Workshop über das sehr frühe Universum vor. Bald kam eine interessante Lösung heraus. In einer einzigen Blase, so scheint es, hätte es zufällige Oszillationen durch etwas gegeben, was „Quantenfluktuationen" des Ultra-Higgs-Feldes genannt wird. Der Raum, der während dieses Phasenübergangs geschaffen wurde, hätte leicht „gewackelt" wie eine Götterspeise, aufgrund der berühmten Heisenbergschen Unschärferelation. Nach diesem Prinzip kann man physikalische Größen wie Energie, Zeit, Ort und Impuls nie exakt kennen. In der mikroskopischen Domäne der Quanten gibt es immer *etwas* Unsicherheit, die nicht zu vermindern ist. Die gemessenen Werte solcher Größen können innerhalb bestimmter wohldefinierter Grenzen schwanken.

Im frühen Universum hätten solche Quantenfluktuationen kleine Störungen in der ansonsten gleichförmigen Dichte einer einzelnen Blase erzeugen können. Die Inflation hätte dann diese winzigen Unregelmäßigkeiten zu makroskopischer Größe aufgeblasen. Äonen später hätten sie den Schwerkraftkollaps ausgelöst, der zur Bildung von Galaxien und Haufen führte. Aus den allerwinzigsten, unbedeutendsten Fältchen im Gefüge der Raumzeit erhalten wir auf diese Weise schließlich die größten Strukturen von allen, die es gibt.

Im Übrigen besitzen diese Quantenfluktuationen eine sehr wünschenswerte Eigenschaft. Sie haben genau die Massenverteilung, die in den frühen Siebzigern von Edward Harrison und Yacov Zeldovich vorgeschlagen wurde (siehe Kapitel 6). Um die beobachteten Massen der Galaxien und Haufen zu erklären, hatten diese beiden Astrophysiker unabhängig voneinander den Vorschlag gemacht, daß die Wahrscheinlichkeit von ursprünglichen Dichteschwankungen (mit einer gegebenen Masse) langsam mit zunehmender Masse kleiner geworden sein muß. Folglich bringen Große Vereinheitlichte Theorien, durch den Mechanismus der neuen Inflation, die erforderliche Massenverteilung automatisch hervor. Es werden keine willkürlichen Annahmen gebraucht.

Obwohl die Massenverteilung richtig herauskommt, tut die Amplitude (oder Größe) dieser ursprünglichen Schwankungen das nicht. Die einfachsten Großen Vereinheitlichten Theorien führen zu großen Verdichtungen, die ihren Kollaps viel zu früh in der Geschichte des Universums begonnen hätten. Vom Kapitel 6 her erinnern Sie sich vielleicht, daß jedweder Dichteüberschuß kleiner als eins zu tausend in dem Moment gewesen sein muß, in dem die Strahlung von der Materie entkoppelte, andernfalls gäbe es offensichtliche Schwankungen in der kosmischen Hintergrundstrahlung. In den einfachsten GUTs (wie etwa Georgis und Glashows SU5-Theorie), hätten die Quantenfluktuationen 50 zu 1 betragen, nicht 1 zu 1000. Solch eine gewaltige Verdichtung wäre schon lange vorher zu einem Schwarzen Loch zusammengefallen. Galaxien hätten sich niemals bilden können.

Kosmologen und Teilchenphysiker begannen bald nach Großen Vereinheitlichten Theorien zu suchen, die eine solche ernsthafte Schwachstelle nicht besaßen. Die Anforderung, daß diese ursprünglichen Unregelmäßigkeiten nicht zu groß sein dürfen, ist eine wichtige Einschränkung für lebensfähige Theorien. Obwohl das letzte Wort noch nicht gesprochen wurde, sind GUTs, die die Eigenschaft der Supersymmetrie einschließen, genannt „SUSY-GUTs", offensichtliche Favoriten. Wie in Kapitel 5 diskutiert, mag die Supersymmetrie notwendig sein, um die GUTs-Kraft mit der Gravitation zu vereinen, und sie sagt eine ganz neue Klasse von Teilchen voraus, die eine Quelle der dunklen Materie sein könnten. SUSY-GUTs können die Größe der Unregelmäßigkeiten begrenzen und dabei für fast alles andere sorgen – Inflation, Blasen-Universen und das richtige Massenspektrum. Ihre Verfechter denken, daß solche Theorien der wahre Schlüssel zum Universum sind.

* * *

Alle Theorien der Inflation machen eine dramatische Vorhersage, anhand derer sie einfach überprüft werden können. Bei der Lösung des Alters- oder Flachheitsproblems verlangt die Inflation, daß Ω fast *exakt* gleich eins ist. Keine andere physikalische Theorie war in der Lage, den Wert dieses zentralen Parameters so genau und unbedingt anzugeben. In der Vergangenheit mußten sich die Kosmologen in erster Linie aufs Raten oder auf ihre Intuition verlassen. Jetzt gibt es eine eindeutige und prüfbare Vorhersage.

Das Erfordernis, daß $\Omega = 1$ ist, hat noch eine andere Konsequenz. Weil die Folgerungen der Urknall-Nukleosynthese den Baryonen nur einen Beitrag von zehn Prozent zu der Materie gestatten, die zur Schließung des Universums nötig ist, muß es eine Menge nichtbaryonischer Materie geben, wenn die Inflation wahr ist. Genaugenommen müßte der größte Teil der Materie – zwischen 90 und 95 Prozent – nichtbaryonisch sein. Und weil die dunkle Materie, die sich bei Galaxien und Haufen ansammelt, nicht für ein Ω größer als 0,3 sorgen kann, wie im Kapitel 3 diskutiert, müßten wir den Schluß ziehen, daß die meiste nichtbaryonische dunkle Materie nicht mit einem sichtbaren Objekt verbunden ist. Wenn die Inflation wahr ist, ist der Großteil der dunklen Materie völlig anders als die normale, alltägliche Materie, die aus Quarks gemacht ist, und sie häuft sich nicht einmal mit dem Stoff an, den wir sehen.

Hat die inflationäre Vorhersage für Ω also gute oder schlechte Karten gegenüber den Beobachtungen? Von den Untersuchungen der dunklen Halos von Galaxien und Haufen wissen wir, daß Ω wahrscheinlich größer als 0,1 ist und vielleicht sogar 0,3 erreicht. Folglich liegt die untere Grenze für Ω innerhalb eines Faktors zehn von dem Wert, der von der Inflation vorausgesagt wird. Für Kosmologen ist das dicht daran.

Eine obere Grenze für Ω kann durch Untersuchung der Hubble-"Konstante" festgelegt werden, wenn wir in die Zeit zurückblicken – tiefer und tiefer in den Weltraum hinaus. Aus dem Kapitel 1 erinnern Sie sich vielleicht, daß die Hubble-Kontante der Fluchtgeschwindigkeit einer Galaxie, geteilt durch ihre Entfernung von der Milchstraße, entspricht; diese Zahl legt die Rate der Ausdehnung des Universums fest. Wenn wir jedoch eine Galaxie ansehen, die Milliarden von Lichtjahren entfernt ist, gibt uns das Verhältnis von ihrer Geschwindigkeit zu ihrem Abstand die Hubble-Konstante an, wie sie vor Milliarden Jahren war, und nicht heute. Wenn wir auf diese früheren Zeiten zurückblicken, erwarten wir deshalb, daß dieses Verhältnis *größer* ist als heute in unserer örtlichen Nachbarschaft, weil die Expansion des Universums mit der Zeit langsamer geworden ist.

Der Vergleich der gestrigen Werte der Hubble-Konstante mit den heutigen gibt uns die „Rate der Verlangsamung" des Universums. Obwohl dieses Abbremsen schwer präzise zu messen ist, wegen der Schwierigkeiten, solche extrem großen Entfernungen zu bestimmen, scheint es doch wahr zu sein, daß diese Verlangsamungsrate nicht übermäßig groß ist. Andernfalls gäbe es große und leicht meßbare Abweichungen von der konstanten Hubble-Expansion, und die sieht man nicht.

In der Standard-Urknall-Kosmologie hängt die Verlangsamungsrate unmittelbar mit der Dichte des Universums zusammen und damit mit Ω. Je größer die mittlere Dichte, desto größer ist der Zug der Gravitation des Universums an sich selbst, und desto stärker wird die Hubble-Expansion gebremst. Aus den mit der größten Vorsicht gezogenen Grenzen für die Verlangsamungsrate können wir den Schluß ziehen, daß Ω kleiner als etwa drei sein muß. Dies liegt sehr dicht an der inflationären Vorhersage, nach kosmologischen Maßstäben.

Die Princetoner Physiker Edwin Loh und Earl Spillar haben versucht, dem Wert von Ω noch strengere Grenzen zu setzen, unter Ausnutzung der Tatsache, daß ein Universum hoher Dichte (mit großem Ω) mehr Galaxienhaufen pro Volumeneinheit haben sollte als ein weniger dichtes Universum. Mit einem 230-Zentimeter-Teleskop in Wyoming führten sie eine Untersuchung der Rotverschiebung von mehr als tausend Galaxien in fünf Abschnitten des Himmels durch. Aus den gemessenen Dichten der Haufen in immer größeren Abständen schätzten sie, daß Ω etwa 0,9 ist, mit einer oberen Grenze von 1,6 und einer unteren Grenze von 0,4. Für sich betrachtet, ist dieses Ergebnis eine deutliche Bestätigung der inflationären Voraussage und ein Beweis für die Notwendigkeit nichtbaryonischer Materie im Universum.

Allerdings haben viele Astronomen dagegen eingewandt, daß die Meßtechniken von Loh und Spillar auf einigen fragwürdigen Annahmen beruhen – und daß ihre Daten uns mehr über die Entwicklung der Galaxien im Laufe der Zeit als über den Wert von Ω sagen. Diese Kritik könnte jedoch Konkurrenzneid widerspiegeln, zumindest in Teilen. Loh und Spillar sind Physiker, nicht Astronomen, und die alte Garde könnte mit ihrer Kritik an diesen jungen Emporkömmlingen ein bißchen übereifrig sein. Offensichtlich ist das letzte Wort über ihren Ansatz noch nicht gesprochen worden. Weitere Beobachtungen sind notwendig.

Ein anderer Weg, um Ω zu messen, nutzt die Pekuliargeschwindigkeiten der Galaxien, um eine Idee von der zugrundeliegenden Massenverteilung zu bekommen. Wie Sie sich aus Kapitel 7 erinnern, lieferten die relativ hohen Werte dieser Geschwindigkeiten in unserer eigenen galaktischen Nachbarschaft die ersten Hinweise auf den Großen Attraktor. Durch Untersuchung solcher Pekuliargeschwindigkeiten, in einem riesigen Volumen von Hunderten von Millionen Lichtjahren im Durchmesser, können die Astronomen die Verteilung der massiven Objekte darin bestimmen, die diese Bewegungen verursacht. Erste Ergebnisse aus zwei solchen Untersuchungen, die eine unter der Leitung von Edmund Bertschinger vom MIT, die andere unter der von Nicholas Kaiser vom Canadian Institute of Theoretical Astrophysics, deuten darauf hin, daß Ω nahe eins liegen muß, wenn wir die beobachteten Pekuliargeschwindigkeiten erklären wollen. Im Maßstab von Hunderten von Millionen Lichtjahren, behaupten sie, muß Ω größer als 0,4 sein. Wenn sich diese Ergebnisse bestätigen, werden sie die Notwendigkeit nichtbaryonischer dunkler Materie verifizieren.

Ähnliche Ergebnisse waren zuvor in einer Untersuchung der Galaxien erhalten worden, die bei infraroten Wellenlängen mit dem IRAS-Satelliten beobachtet wurden. Teams unter der Leitung von Marc Davis in Berkeley, Amos Yahil von der State University of New York in Stony Brook und Michael Rowen-Robinson vom Queen Mary College in London vermaßen die Geschwindigkeiten dieser infraroten Galaxien bis hinaus zu mehreren hundert Millionen Lichtjahren. Die Verteilung dieser Geschwindigkeiten scheint ebenfalls zu erfordern, daß Ω nahe bei eins liegt.

Diese Arten von Messungen sind noch in einem sehr frühen Stadium. In naher Zukunft können wir erwarten, daß sie verbessert und verfeinert – und ihre Uneindeutigkeiten beseitigt werden. Wie auch immer die endgültige Schlußfolgerung sein wird, ist doch das eine klar, daß nämlich Ω ziemlich nahe bei eins liegt, zumindest nach kosmologischen Maßstäben. Ein überzeugender Beweis, daß das Universum eine inflationäre Epoche durchlief, mag fast schon greifbar sein.

* * *

In dem Jahrzehnt, seitdem sie das erste Mal vorgeschlagen wurde, ist die Theorie der Inflation zu einer der bestimmenden Vorstellungen in der gesamten Urknall-Kosmologie geworden. Obwohl immer noch eine Hypothese, ist sie eine sehr überzeugende, die viele Kosmologen schon für selbstverständlich halten. Es wird zunehmend schwieriger sich vorzustellen, wie unser Universum angefangen haben könnte, ohne etwas wie Inflation zu bemühen, um die Monopole aus dem Weg zu räumen und es so flach enden zu lassen, ganz gleich wie das Universum vorher war. Und ein experimenteller Beweis der Inflation – daß Ω sehr nahe bei eins liegt – scheint schon fast greifbar. Wenn und sobald er kommt, werden wir uns der Möglichkeit stellen müssen, daß über 90 Prozent des Universums völlig dunkel sind und nicht aus gewöhnlicher Materie bestehen.

9. Die Schattenwelt

Wohin wir auch im Universum blicken, es gibt anscheinend viel mehr, als das Auge überhaupt sehen kann. Die Bewegungen der Galaxien und Haufen, die rasche Entstehung der Galaxien und die Theorie der Inflation verlangen alle das Vorhandensein dunkler Materie. Ohne sie wären wir in Verlegenheit, alle diese Erscheinungen zu erklären, und wir hätten große Schwierigkeiten zu verstehen, warum das Universum so flach, gleichmäßig und frei von Monopolen ist. Obwohl die Hinweise auf *irgendeine* Art von dunkler Materie in den letzten Jahren ziemlich überzeugend wurden, bleibt die genaue Beschaffenheit dieses verbreiteten kosmischen Ektoplasmas immer noch ein Rätsel. Wir wenden uns nun dieser wichtigen Frage zu.

Das Vorhandensein riesiger dunkler Halos, die die leuchtenden Bereiche der Galaxien umgeben, hängt von sehr wenigen Annahmen ab, wie wir im Kapitel 3 bemerkten. Entweder ist Newtons allgemeines Gesetz der Schwerkraft nicht so allgemein wie ursprünglich gedacht, oder es gibt riesige Schleier unsichtbarer Materie, die sich bis weit jenseits der sichtbaren Kerne praktisch jeder Galaxie erstrecken. Es gibt keine andere Möglichkeit. Was dieser geisterhafte Stoff sein mag, können wir nicht mit Sicherheit sagen, aber wir können einige wohlbegründete Vermutungen anstellen.

Von den Überlegungen über die Urknall-Nukleosynthese wissen wir, wie im Kapitel 4 diskutiert, daß nicht genug Baryonen vorhanden sind, um das Universum zu schließen. Genaugenommen verfehlen wir dieses Ziel um einen Faktor zehn: die mittlere Dichte der baryonischen Materie ist kleiner als zehn Prozent der kritischen Dichte ($\Omega = 1$). Wenn sie auch nur so groß wie 20 Prozent wäre, dann wären die Anteile an Deuterium, Helium und Lithium in Universum ganz andere, als beobachtet wird. Wie wir im Kapitel 3 erwähnten, macht die Materie, die um die Galaxien herum lauert, zufällig auch etwa zehn Prozent der kritischen Dichte aus, so daß die dunklen Halos sehr gut einfach aus normaler, baryonischer Materie sein könnten, welche es irgendwie nicht geschafft hat zu leuchten.

Etwas anderes außer baryonischer Materie wurde wahrscheinlich benötigt, um Galaxien überhaupt erst zu machen. Wie im Kapitel 6 dargelegt, müssen die Baryonen, als das Universum etwa 100 000 Jahre alt war, viel zu gleichmäßig verteilt gewesen sein, als das sie sich eine Milliarde Jahre später zu Galaxien hätten vereinigt haben können. Etwas, was von der Strahlung völlig unberührt blieb, mußte in dieser frühen Epoche vorhanden sein. Es war entweder eine Form kosmischer Keime oder eine Art dunkler Materie, die sich hätte anhäufen können, lange *bevor* die Baryonen und die Strahlung entkoppelten. Dann wäre die gleichmäßige baryonische Materie anschließend auf diesen bereits vorhandenen Keimen kondensiert, um leuchtende Bälle und Spiralen zu bilden, die wir heute überall sehen.

Eine Kategorie kosmischer Keime, die von der Strahlung nicht beeinflußt wird, umfaßt die kosmischen Strings, welche im Kapitel 5 vorgestellt wurden. Solche exotischen, ultramassiven Schlaufen und Stränge der urzeitlichen Energiedichte wären widerstandsfähige Überbleibsel der GUTs-Epoche, die es irgendwie schafften, eine Million Jahre und mehr zu überleben. Eine weitere Alternative wäre die Erzeugung neuer

Keime bei einem Phasenübergang, der aufgetreten sein könnte, *nachdem* die Strahlung von der Materie entkoppelte. In jedem Fall wird es ganz offenkundig, daß wir etwas anderes außer normalen Protonen und Neutronen brauchen, um bei der Simulation der Galaxienentstehung zu helfen. Sie können es mit eigener Kraft nicht in weniger als einer Milliarde Jahren schaffen.

Schließlich hat die Einführung der Großen Vereinheitlichten Theorien der Kräfte zwischen Teilchen eine kleine Revolution in der Art ausgelöst, wie Kosmologen über das sehr frühe Universum denken. Die GUTs stellen nicht nur einen einfachen Mechanismus zur Verfügung, um einen Überschuß an Materie (gegenüber Antimaterie) zu erzeugen, sondern sie bieten auch den verführerischen Ausblick auf die Inflation, welche mehrere andere drückende Probleme auf einmal löst. Aber mit der Inflation muß die Dichte des Universums *exakt* die kritische Dichte sein. Der Raum muß absolut flach sein. Mit der Vorbedingung, daß alle sichtbare Materie weniger als ein Prozent der kritischen Dichte liefert, und daß alle baryonische Materie (sichtbar oder unsichtbar) weniger als zehn Prozent ausmachen muß, verlangt die Inflation daher, daß 99 Prozent der Materie dunkel ist – und daß 90 Prozent davon gar keine gewöhnliche Materie sein kann. Die Protonen, Neutronen und Elektronen, die unsere Körper und alles um uns herum aufbauen, müssen ziemlich seltene und exotische Teilchen im Gesamtaufbau des Universums sein, wenn die Inflation oder etwas ähnliches zutrifft.

Nachdem wir alle wesentlichen kosmologischen und physikalischen Argumente für die Existenz der dunklen Materie noch einmal zusammengefaßt haben, können wir uns nun der beunruhigenden Frage nach ihrer Beschaffenheit zuwenden. Was um alles in der Welt könnte diese dunkle Materie sein? Bevor wir die exotischeren Vorschläge untersuchen, die kürzlich vorgebracht wurden, werden wir ein letztes Mal die baryonische Materie betrachten. Schließlich macht sie etwa fünf Prozent des gesamten Universums aus – ein nicht unwesentlicher Anteil. Die nichtbaryonische Materie fällt dann in zwei Kategorien, als „heiße" und „kalte" dunkle Materie bekannt, je nachdem, ob sie sich zur Zeit der Galaxienbildung mit relativistischer Geschwindigkeit (also nahezu mit Lichtgeschwindigkeit) fortbewegt hat oder nicht.

Im Kapitel 10 werden wir diese Kandidaten für die dunkle Materie zusammen mit zwei Arten urzeitlicher Unregelmäßigkeiten einsetzen, die aufgrund eines kosmischen Phasenübergangs entstanden sein könnten – Quantenfluktuationen und Defekte im Raum an sich (kosmische Strings, beispielsweise) –, um Szenarien für die Bildung von Galaxien und großen Strukturen zu entwickeln. Um eine Struktur in das Universum zu bekommen, brauchen wir sowohl Materie (sichtbar und dunkel) *als auch* etwas, um den Schwerkraftkollaps auszulösen, genauso wie wir eine Wolke von Wasserdampf und eine Art von Keim benötigen, um es regnen zu lassen. Wenn die unterschiedlichen Arten von Keimen mit den verschiedenen Möglichkeiten für dunkle Materie kombiniert werden, führen sie zu ausgeprägten Mustern für die sichtbare Struktur im Universum. Durch Vergleich der beobachteten Strukturen mit jenen, die Wissenschaftler voraussagen können, kann es möglich sein, die richtige Kombination zu bestimmen.

* * *

Allein schon wegen ihrer Beschaffenheit sollten Baryonen (und die Elektronen, die sie in den Atomen begleiten) ziemlich leicht auszumachen sein. Da sie eher gesellige Korpuskeln sind, treten sie gerne mit Photonen in Wechselwirkung – Teilchen der elektromagnetischen Strahlung – und tun dies auch bei fast jeder sich bietenden Gelegenheit. Aufgrund dieser Neigung könnten wir naiverweise erwarten, daß alle baryonische Materie sichtbar ist. What you see is what you get.

Aber die dunklen Baryonen übertreffen merkwürdigerweise jene, die scheinen, an Zahl. Denken Sie daran, daß die leuchtende Materie weniger als ein Prozent der kritischen Dichte beiträgt, aber unsere Überlegungen zur Urknall-Nukleosynthese zeigen, daß Baryonen *mindestens* zwei Prozent und vielleicht sogar zehn Prozent ausmachen. Folglich muß die Mehrzahl der Baryonen nicht in scheinenden Objekten wie Sternen auftauchen, sondern in etwas anderem versteckt sein, wie Gas- oder Staubwolken, großen Planeten, Braunen Zwergen, Neutronensternen oder Schwarzen Löchern. Vielleicht können wir feststellen, welche Möglichkeit, wenn überhaupt eine, die richtige sein könnte.

Tatsächlich haben neuere Untersuchungen der Röntgenemissionen mit dem Einstein-Satelliten aufgedeckt, daß es eine Menge äußerst heißen Gases in reichen Haufen gibt. Es scheint genausoviel baryonische Materie in diesem Gas zu geben wie in den scheinenden Sternen dieser Ensembles. (Es könnte auch weiteres Gas in den intergalaktischen Zwischenräumen geben, das für die Aussendung von Röntgenstrahlen nicht heiß genug ist.) Vielleicht wurde die dunkle, gasförmige Materie in den Halos der einzelnen Galaxien von diesen abgestreift, als sie unerbittlich auf die Zentren dieser Haufen zufielen. Die Stoß- und Reibungsenergie zwischen Galaxien hätte das Gas auf Temperaturen von Millionen Grad aufgeheizt, so daß es die registrierten hochenergetischen Röntgenstrahlen abgab.

Aber ein kaltes, dünnes Gas, das gleichförmig in dem ganzen Halo der Milchstraße verteilt ist, wäre schon indirekt nachgewiesen worden – weil es das Licht von anderen Galaxien absorbiert hätte. Astronomen, die dieses Licht untersuchen, hätten einige verräterische dunkle Linien im elektromagnetischen Spektrum dieser Galaxien bemerken müssen, bei ein paar spezifischen Wellenlängen, die für die tatverdächtigen Atome charakteristisch sind. Da diese in einem nennenswerten Ausmaß nicht zu sehen sind, können wir sagen, daß der Großteil des Materials in unserem eigenen dunklen Halo kein kaltes, gleichmäßig verteiltes Gas aus baryonischer Materie ist.

Wolken oder Anhäufungen von Gas wären jedoch ganz etwas anderes. Sie könnten leicht in dem Halo existieren, ohne unsere Sichtverbindung zu entfernten Galaxien zu unterbrechen, deren spektrale Zusammensetzung bislang untersucht wurde. Sie könnten auch die gewaltigen Leeren zwischen den Galaxien bewohnen. In der Tat scheinen neuere Forschungen von Astronomen riesige intergalaktische Wolken von Wasserstoffgas zu offenbaren. Untersuchungen des Lichts von entfernten Quasaren zeigen einen „Wald" von dunklen Absorptionslinien, die damit erklärt werden können, daß dieses Licht auf dem Weg zur Erde durch Wolken neutralen Wasserstoffgases gegangen ist. Diese Wolken sind von vergleichbarer Größe wie eine normale Galaxie; die Gesamtmasse in ihnen ist schätzungsweise etwa soviel, wie in leuchtenden Objekten auftritt. Eine solche Wolke wurde kürzlich relativ nahe bei der Milchstraße entdeckt, anscheinend am Rande des Kollaps.

Einige Astrophysiker sind für Staubwolken als baryonische dunkle Materie eingetreten. Aber es ist schwer nachzuvollziehen, wie dieser Staub dem normalen interstellaren Staub gleichen könnte, der aus schweren Elementen (alle Elemente schwerer als Helium) zusammengesetzt ist, der Art, wie sie bei der Nukleosynthese in stellaren Kernen erzeugt und dann bei Supernovae in das Weltall gespuckt werden. Die mittlere Häufigkeit dieser schweren Elemente im sichtbaren Universum ist sehr gering – nur etwa zwei Prozent. Es wäre wirklich seltsam, wenn solche schweren Elemente einen größeren Prozentsatz zu dunklen Halos beitrügen, insbesondere wenn es überhaupt so wenige sichtbare Sterne gibt. (Ein Schlupfloch wäre jedoch Wasserstoffgas, das zu Körnern oder „Schneebällen“ gefroren ist; solche Schneebälle sind schwer herzustellen und zerbrechlich, aber es könnte sie sehr wohl geben.) Wie dem auch sei, die Absorption des hereinkommenden Lichts durch *jede* Art von Staub sollte andere Galaxien verdunkeln und ihr Licht röter machen – genauso wie es der Staub in der Scheibe der Milchstraße mit den entfernteren Sternen darin macht. Solch ein Effekt wird nicht in größerem Ausmaß beobachtet. Wir ziehen den Schluß, daß Staub kein guter Platz ist, um große Mengen baryonischer dunkler Materie zu verstecken.

Eine andere Möglichkeit ist, daß die baryonische dunkle Materie in Objekten niedriger Masse gebunden ist, die Braune Zwerge genannt werden und eine mittlere Masse zwischen der eines Planeten und der eines Sterns besitzen. Weniger als zehn Prozent der Sonnenmasse enthaltend, sind diese Braunen Zwerge wie eine schwelende Glut. Sie emittieren wenig sichtbares Licht und sind fast nicht zu beobachten, sofern sie sich nicht ganz in der Nähe befinden. Auch dann muß man im infraroten Teil des elektromagnetischen Spektrums nachsehen, wo sie die meiste ihrer Strahlung abgeben. Konkrete Hinweise auf einen Braunen Zwerg, der einen nahegelegenen Stern umkreist, könnten kürzlich von Ben Zuckerman von der UCLA und Eric Becklin von der University of Hawaii gefunden worden sein, die ein Infrarotteleskop auf dem Mauna Kea benutzten. 1989 berichtete William Forrest von der University of Rochester über deutliche Anzeichen für vier solcher Objekte, die sich im Sternbild Stier befinden.

Zur gleichen Kategorie gehören große planetenartige Objekte von der Größe des Jupiter oder kleiner. Dies sind große Gasbälle, die, wie Jupiter, nicht massiv genug sind, um thermonukleare Reaktionen auszulösen. Jedes Objekt mit weniger als acht Prozent der Sonnenmasse (Jupiter hat 0,1 Prozent) wird kein nukleares Brennen durchmachen, aber es kann Hitze erzeugen und Strahlung abgeben, weil es sich wegen der Gravitation zusammenzieht. Während die Materie unter der Schwerkraft einwärts sinkt, nimmt sie kinetische Energie auf, wie ein Ball, der einen Hügel hinunterrollt. Diese Energie wird schließlich in Hitze oder Strahlung verwandelt.

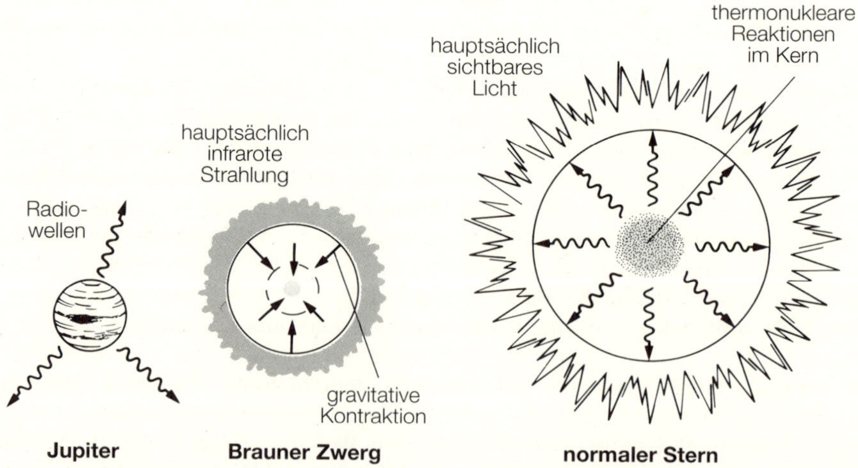

Ein jupitergroßer Planet verglichen mit einem Braunen Zwerg und einem normalen Stern. Ein Brauner Zwerg erzeugt durch gravitative Kontraktion Hitze und emittiert etwas Strahlung, meistenteils im infraroten Teil des Spektrums. Normale Sterne wie die Sonne betreiben thermonukleare Reaktionen in ihren Kernen und emittieren sichtbares Licht.

Um für alle baryonische Materie nur mit Braunen Zwergen und Jupitern aufzukommen, bedarf es jedoch einiger ungewöhnlicher Annahmen, wie Dennis Hegyi von der University of Michigan und Keith Olive von der University of Minnesota dargelegt haben. Es müßte gewaltige Anzahlen solcher dunklen Kugeln niedriger Masse in dem Halo geben, aber äußerst wenige schwere Objekte, die das Brennen entfachen *könnten* und also sichtbar sind. Obwohl sie sich von der Verteilung der Sterne in der Scheibe der Milchstraße unterscheidet, erscheint solch eine Massenverteilung – so sehr zugunsten niedriger Massen verzerrt – auf den ersten Blick ungewöhnlich, aber sie mag nicht völlig unmöglich sein.

Alle baryonische dunkle Materie in Objekte hoher Masse wie Neutronensterne oder Schwarze Löcher zu stecken scheint gleichermaßen schwierig. Diese dunklen Überreste von Supernovae, den explosiven Todesfällen unter sehr massiven Sternen, könnten gewiß eine Menge Baryonen verstecken, ohne viel Licht abzugeben. Aber *alle* baryonische dunkle Materie auf diese Art zu erklären, verlangte, daß die Massenverteilung aller ursprünglichen Objekte zugunsten hoher Massen verzerrt ist. Und außerdem, wo sind die anderen Überreste solcher kosmischen Anfälle, einschließlich der beträchtlichen Mengen an schweren Elementen, die für gewöhnlich ausgestoßen werden? In der großen 1987er Supernova SN1987A wurden neu geprägte Elemente wie Eisen, Nickel und Kobalt in der ins Weltall ausgeworfenen Materie entdeckt. Sofern nicht die Mehrzahl der schweren Elemente irgendwie in den Schwarzen Löchern selbst gefangen oder zu solchen Objekten wie Asteroiden oder Planeten angehäuft ist, würden wir erwarten, große Mengen schwerer Elemente in dunklen Halos zu bemerken. Aber wir sehen nichts Ungewöhnliches.

Ein Wort zur Vorsicht ist jedoch notwendig, bevor wir diese Möglichkeiten verwerfen. Wir wissen eigentlich nicht von vornherein, welche die urzeitliche Massenverteilung sterngroßer Objekte war. Im frühen Universum gab es überhaupt keine schweren Elemente, so daß die ursprüngliche Verteilung der stellaren Massen wahrscheinlich eine ganz andere war, als diejenige, die heute die Norm zu sein scheint. Die urzeitliche Verteilung könnte deutliche Maxima bei niedrigen oder hohen Massen gehabt haben. Gegenwärtig gibt es große Debatten um diesen Punkt. Wenn sie ein Maximum bei niedrigen Massen hatte, dann sollte es Braune Zwerge und solche Planeten wie Jupiter noch sehr häufig geben. Wenn sie statt dessen ein Maximum bei hohen Massen gehabt hätte, dann gäbe es eine Vielzahl Schwarzer Löcher.

Außerdem würden alle kugeligen Gebilde (einschließlich Jupitern, Braunen Zwergen und Schwarzen Löchern), die sich vor der galaktischen Scheibe bildeten, natürlicherweise in einer sphärischen Verteilung oder Halo enden. Die sehr alten Sterne in einem Kugelsternhaufen sind beispielsweise sphärisch um das Zentrum einer Spiralgalaxie angeordnet und sind nicht in ihrer Scheibe zu finden. Neuere Beobachtungen scheinen auch darauf hinzudeuten, daß diese Scheiben an sich erst mehrere Milliarden Jahre nach dem Kollaps der Galaxie enstanden. Folglich ist es nicht allzu schwer sich vorzustellen, daß jedes Objekt (oder sein Überrest), das sich im Gebiet des Halo einer Spiralgalaxie befindet, nicht zur gleichen Art von Dingen gehört wie jene in der Scheibe.

Der genaue Aufenthaltsort der baryonischen dunklen Materie ist daher noch eine offene Frage. Sie könnte in galaktischen Halos angesiedelt sein und sogar fast die gesamte unsichtbare Masse beisteuern, die es dort vermutlich gibt. Oder ein beachtlicher Anteil könnte in den riesigen intergalaktischen Leeren umhersegeln – entweder in Klumpen oder als heißes, ionisiertes Gas, das dennoch zu kalt ist, um Röntgenstrahlen zu emittieren. Wenn sich die dunklen Baryonen dort befinden, wird jedoch eine andere Art dunkler Materie benötigt, um die Halos zu erklären. Wo auch immer die baryonische dunkle Materie sich versteckt, sollten wir doch grundsätzlich in der Lage sein, sie schließlich zu beobachten (sofern sie nicht in Schwarzen Löchern gefangen ist), weil es sich um den normalen, vertrauten Stoff handelt, der gerne Photonen emittiert und absorbiert. Sie zu finden, wird uns verläßlich Aufschluß geben über den Vorgang der Galaxienentstehung – und könnte uns auch mehr über die nichtbaryonische dunkle Materie verraten.

* * *

Kosmologen unterscheiden zwei Sorten nichtbaryonischer dunkler Materie: heiße und kalte. (Diese Namen wurden von Richard Bond von der University of Toronto und Alex Szalay von der Eötvös Universität in Budapest geprägt.) Heiße dunkle Materie besteht aus Teilchen, die sich kurz vor der Zeit der Galaxienentstehung sehr schnell bewegten, praktisch mit Lichtgeschwindigkeit. Kalte dunkle Materie andererseits bezieht sich auf alle Korpuskeln, die sich in dieser Epoche sehr langsam bewegt haben. Früher einmal sprachen Physiker auch von „warmer" dunkler Materie, welche alle Teilchen mit mittlerer Geschwindigkeit umfaßte, aber dies hat sich als keine sehr nützliche Katergorie herausgestellt und ist aus dem allgemeinen Gebrauch verschwunden.

Ein leichtes Neutrino ist der bevorzugte Kandidat für heiße dunkle Materie. Wenn eine der drei Arten von Neutrinos eine kleine Masse von etwa 30 Elektronenvolt hätte, weniger als ein Zehntausendstel der Masse eines Elektrons, dann wären diese neutralen Teilchen vor der Epoche der Galaxienbildung fast mit Lichtgeschwindigkeit herumgerast. Sobald das Universum sich weiter abkühlte, wären solche leichten Neutrinos langsamer geworden, bis ihre Massen-Energie größer als ihre Bewegungsenergie war, und so würden sie einen wichtigen Beitrag zur alles umfassenden kosmologischen Massendichte liefern. Da so viele Neutrinos vorhanden sind – etwa 500 pro Kubikzentimeter –, könnten sie leicht genug Masse beitragen, um das Universum zu schließen, sogar wenn sie nur 20 bis 30 Elektronenvolt auf die Waage brächten.

Das Interesse an den Neutrinos schwoll während der Achtziger an, als zwei unabhängige Messungen nahelegten, daß Elektron-Neutrinos tatsächlich eine Masse im passenden Bereich haben könnten. Ein Team von Physikern unter der Leitung von Frederick Reines an der University of California in Irvine berichtete von der Beobachtung eines Phänomens, das „Neutrino-Oszillationen" genannt wird und nur auftreten kann, wenn die Neutrinos eine Masse haben. Eine andere Gruppe in der Sowjetunion unter der Leitung von Wladimir Lyubimow behauptete, daß sie eine Masse des Elektron-Neutrinos von etwa 30 Elektronenvolt gemessen hätten. Aber nachfolgende Experimente sind wiederholt dabei gescheitert, diese Ergebnisse zu bestätigen. Der heutige Konsens ist, aufgrund eines Experiments, das am Los Alamos National Laboratory gemacht wurde, daß das Elektron-Neutrino eine Masse von weniger als zehn Elektronenvolt hat.

Dies ist etwas besser als der Grenzwert, der aus der Supernova SN1987A in der Großen Magellanschen Wolke abgeleitet wurde. Je massiver ein Neutrino ist, desto zeitlich ausgedehnter ist der intensive Ausbruch von Neutrinos, die aus dem kollabierenden Kern des ursprünglichen Sterns ausgestoßen werden. Aus dem beobachteten Zeitintervall von etwa zehn Sekunden, wie es in den enormen unterirdischen Detektoren in Ohio und Japan (ursprünglich zur Untersuchung des Protonenzerfalls errichtet) registriert wurde, können wir den Schluß ziehen, daß die Masse des Neutrinos weniger als 25 Elektronenvolt beträgt.

Auch wenn das Elektron-Neutrino nicht massiv genug ist, um das Universum zu schließen, könnten es seine Vettern aus den anderen beiden Quark-Lepton-Familien sehr wohl sein. Vielleicht haben die in Kapitel 2 erwähnten Müon- oder Tau-Neutrinos die richtige Masse, um diesen Job zu erledigen. Wir erwarten, daß das zum schwersten Lepton gehörende Tau-Neutrino am massereichsten ist – und daher auch am meisten zur kosmischen Massendichte beiträgt. Wenn dem tatsächlich so ist, dann stellten die engen Grenzen, die der Masse des Elektron-Neutrinos gezogen wurden, keine Hürde mehr dar.

Alle Heiße-Materie-Kandidaten kommen jedoch in ernste Schwierigkeiten: sie können schwerlich die Galaxienbildung in einem Universum erklären, in dem die Quantenfluktuationen in der urzeitlichen Dichte als einzige Keime des Schwerkraftkollaps dienen. Mit geschwinden Teilchen wären jegliche Kräuselungen in der ansonsten glatten See der ursprünglichen Materie rasch über Gebiete verschmiert worden, deren Größe der Entfernung entsprochen hätte, die diese Teilchen seit ihrer Entkopplung durchmessen haben konnten. Wenn ihre Geschwindigkeiten nahe bei der Lichtgeschwindigkeit gelegen hätten, ist dies die Entfernung zum Horizont in der jeweiligen Epoche. In einem Universum, das vorwiegend aus heißer dunkler Materie besteht, entspricht deshalb das kleinste Gebiet, dessen Verdichtung beginnen kann (ohne die Hilfe einer anderen Art von Keimen), der Größe des Ereignishorizonts zur Zeit der Galaxienbildung.

Da solche Prozesse nicht eher hätten beginnen können, bis das Universum im Alter von etwa 10 000 Jahren von der Materie beherrscht wurde, erhalten wir äußerst große Himmelsobjekte, zumindest am Anfang. Zu dieser Zeit enthielt ein Horizont den Betrag an Masse, der heute in einem reichen Haufen zu finden ist – der Masse von eintausend Galaxien oder hundert Billionen Sonnen. Deshalb bekommen wir ein „auf dem Kopf stehendes" Szenario der Galaxienbildung: Reiche Haufen kondensieren zuerst und Galaxien bilden sich später, wenn diese Haufen dann in kleinere Stückchen aufbrechen.

Solch ein umgekehrtes Szenario strapaziert die Vorstellungskraft, indem sie die Ära der Galaxienbildung zu spät ins Spiel bringt. Von der Beobachtung der Quasare und Galaxien mit sehr großen Rotverschiebungen wissen wir, daß diese Zusammenballungen sich schon zu bilden begannen, als das Universum nur eine halbe Milliarde Jahre alt war. Solch massive Objekte so früh zu machen ist schwer genug, wenn es direkt passiert. Sie bei einem sekundären Vorgang entstehen zu lassen, *nach* dem Zerbrechen eines viel größeren Gebildes, scheint buchstäblich unmöglich. So ist die heiße dunkle Materie bei der Erklärung der Galaxienbildung in ernste Schwierigkeiten gekommen – zumindest wenn die Keime, die den Schwerkraftkollaps auslösten, urzeitliche Unregelmäßigkeiten in der Dichte der Materie waren.

Wenn diese Unregelmäßigkeiten jedoch nicht in der heißen dunklen Materie auftraten, sondern in etwas anderem, dann könnte es einen Weg geben, um dieses Problem zu vermeiden. Angenommen, es gäbe einen Mechanismus, der es den galaxiengroßen, urzeitlichen Unregelmäßigkeiten erlaubte, begrenzt zu bleiben und nicht sofort durch die sich schnell bewegenden Teilchen verschmiert zu werden. Dann wäre es in einem von heißer Materie bestimmten Universum immer noch möglich gewesen, Galaxien zu der Zeit aufzubauen, wo das Universum eine drittel Milliarde Jahre alt war. Kosmische Strings (oder andere Defekte im Raum) stellen genau so einen Mechanismus zur Verfügung, und wir werden eine Menge mehr über sie im nächsten Kapitel sagen. Aber ohne solche zusätzlichen Gebilde ist die heiße dunkle Materie keine lebensfähige Alternative, weil sie in viel zu viele Schwierigkeiten kommt, die Galaxien im Universum früh genug zu erzeugen.

* * *

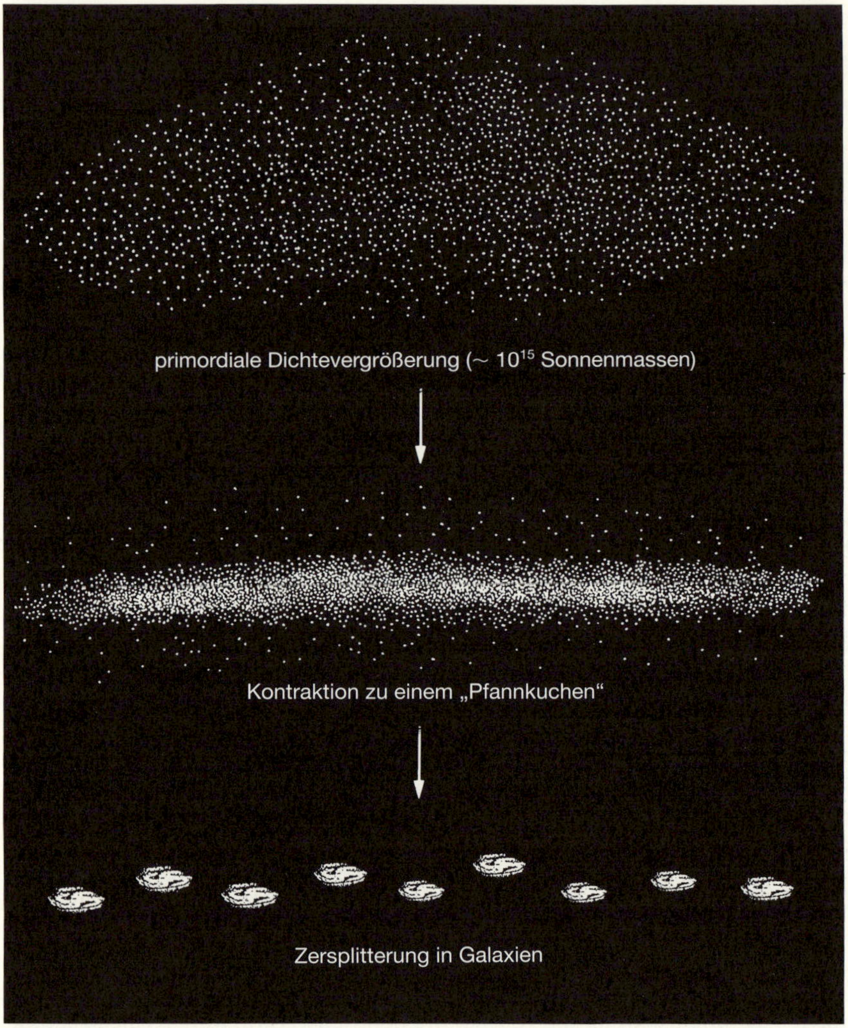

Umgekehrte Strukturbildung mit heißer dunkler Materie. Eine große Masse von etwa 10^{15} Sonnenmassen fällt zunächst zu einem dünnen „Pfannkuchen" zusammen, der in Haufen aufbricht, welche schließlich zu einzelnen Galaxien kondensieren.

Kalte dunkle Materie ist andererseits ideal, um Galaxien zu erschaffen. Diese Teilchen bewegen sich zu langsam, als daß irgendwelche urzeitlichen Unregelmäßigkeiten in der ansonsten gleichmäßigen Dichte verschmiert werden könnten; sie können deshalb aus eigenem Antrieb beginnen zusammenzuklumpen, lange bevor die baryonische Materie von der Strahlung entkoppelt – und so unsichtbare Keime für die Galaxienentstehung bilden. Zunächst in kleinem Maßstab zusammenklumpend, würden Teilchen kalter Materie rasch galaxiengroße Objekte aufbauen, wenn das Universum wenige Milliarden Jahre alt ist. Ein paar Objekte könnten sich früher bilden, vielleicht schon nach 500 Millionen Jahren.

Die kalte dunkle Materie war so erfolgreich bei der Lösung des verwickelten Problems der Galaxienbildung, daß sie um 1983 mit Leichtigkeit zur führenden Kandidatin

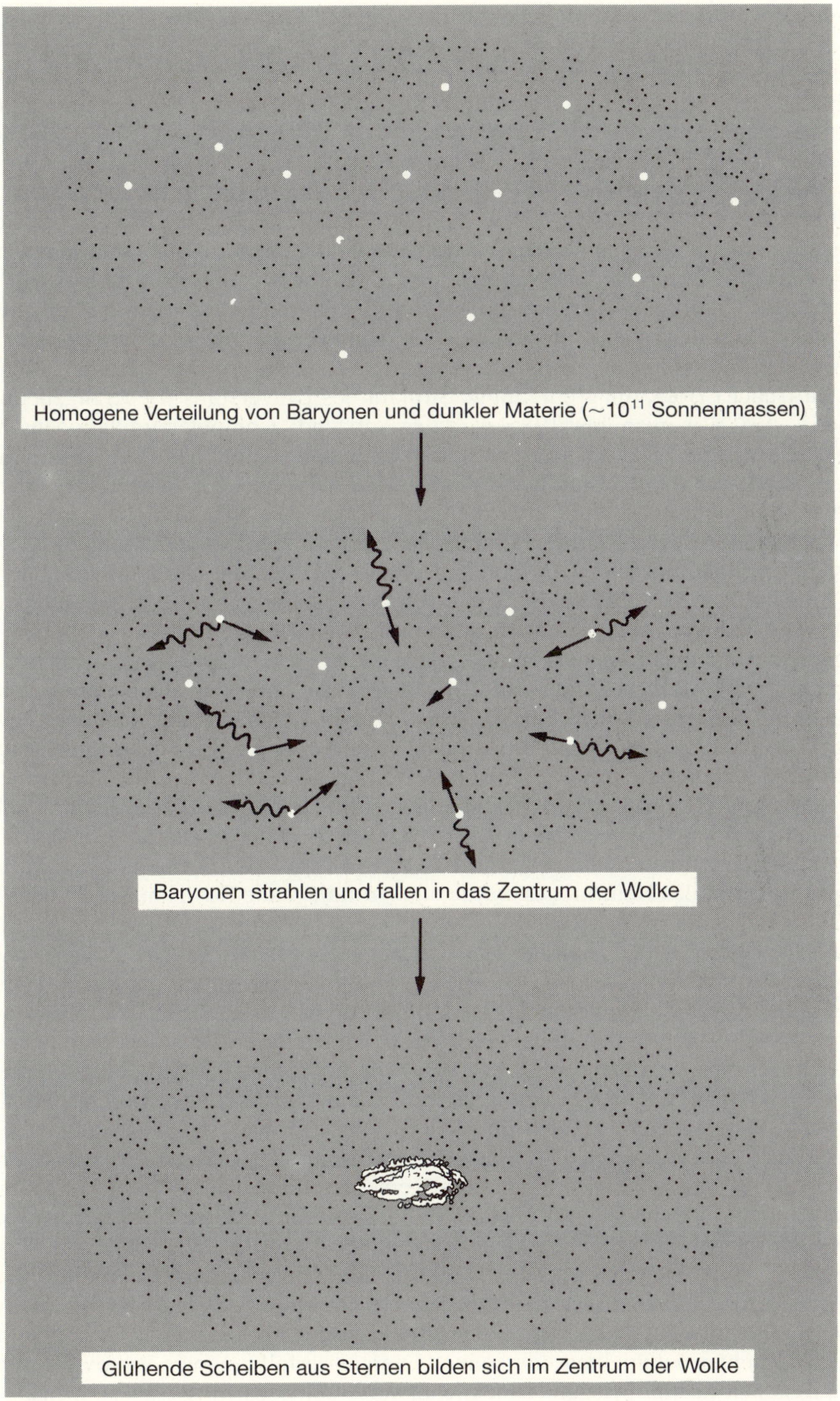

Bildung von Spiralgalaxien mit kalter dunkler Materie. Baryonische Materie gibt Strahlung ab und verliert Energie, wodurch sie schneller zum Zentrum der Wolke fällt, während die dunkle Materie oben bleibt.

geworden war. Detaillierte Modelle des Entstehungsprozesses, denen von Joel Primack und George Blumenthal von der University of California in Santa Cruz der Weg bereitet wurde, stimmten wunderschön mit den beobachteten Bewegungen und Strukturen der Galaxien überein. Angefangen mit einer rotierenden Wolke von Baryonen und kalter dunkler Materie, ohne Unterschied zusammengemischt, treten die Baryonen miteinander in Wechselwirkung und geben Licht ab, wodurch sie Energie und Geschwindigkeit verlieren. Die Baryonen fallen dann nach innen, in Richtung des Zentrums der Wolke, um sich dort wegen ihrer Drehbewegung in einer flachen Scheibe anzusammeln. Unterdessen bleibt die kalte dunkle Materie oben und bildet einen dunklen Halo, der um die leuchtende zentrale Scheibe herumwirbelt. Dieses Bild entspricht den heute beobachteten tatsächlichen Strukturen außerordentlich gut: flache, leuchtende Spiralen, die sich friedlich in der Mitte riesiger dunkler Halos aalen.

Was ebenfalls den Optimismus angesichts der kalten dunklen Materie anfeuerte, war ihr früher Erfolg, die großräumige Struktur des Universums wiederzugeben – zumindest das, was man bis 1985 darunter verstand. Computersimulationen dieser Struktur, von Marc Davis und Mitarbeitern in Berkeley durchgeführt, funktionierten viel besser, wenn kalte anstatt heiße dunkle Materie verwendet wurde. Aber noch aktuellere Beobachtungen der Strukturen im großen Maßstab und hohe Pekuliargeschwindigkeiten (siehe Kapitel 7), haben das Szenario der kalten dunklen Materie vor ernsthafte Probleme gestellt. Obwohl solche Gebilde wie die Große Mauer gelegentlich in Simulationen auftauchen, die auf kalter dunkler Materie basieren, sind sie nicht weit verbreitet – wie es nach den kürzlich gemachten Durchmusterungen entlang eines Sehstrahls zu sein scheint.

Ein mögliches Beispiel kalter dunkler Materie wäre ein schweres Neutrino, mit der mindestens *doppelten* Masse eines Protons. Dieses Teilchen wäre nicht der Gefährte eines bekannten Leptons – des Elektrons, des Müons oder des Taus –, noch tauchte solch ein Teilchen unter den Zerfallsprodukten des Z-Teilchens in den Experimenten am Stanforder SLC oder dem LEP-Speicherring am CERN auf. Folglich muß die Masse eines solch schweren Neutrinos größer als die halbe Z-Masse sein, oder mehr als 45 Gigaelektronenvolt. Solch ein massives Wesen wäre, wenn es existiert, überhaupt kein normales Neutrino; es würde eine grundlegende Revision des Standardmodells der Teilchenphysik erfordern.

Jedes andere schwere, neutrale, schwach wechselwirkende Teilchen würde auch als kalte dunkle Materie ausreichen. Solche Geschöpfe entstehen auf natürliche Weise in den Großen Vereinheitlichten Theorien mit Supersymmetrie (SUSY). Sie werden sich aus Kapitel 5 erinnern, daß diese Theorien im Endeffekt die Zahl der grundlegenden Teilchen *verdoppeln*, indem sie einen „supersymmetrischen Partner", oder „Sparticle" für jedes normale Teilchen hinzufügen, das im Standardmodell vorkommt. Photonen haben Photinos als Partner, Elektronen die Selektronen, Quarks haben Squarks, Gluonen Gluinos und so weiter. Die Massen dieser Sparticles werden von den Theorien nicht vorausgesagt, aber sie werden im allgemeinen für größer als die Protonenmasse gehalten und vielleicht sogar größer als die des Z-Teilchens. SUSY-Teilchen sind bis jetzt noch nicht in Teilchenbeschleunigern entdeckt worden, aber der Enthusiasmus für ihre Existenz ist immer noch hoch, insbesondere unter theoretischen Physikern.

Bevor irgendein derartiges Teilchen jedoch zur Masse des Universums beitragen kann, muß es absolut stabil sein, oder zumindest äußerst langlebig. Es könnte nicht rasch zu leichteren Objekten oder reiner Energie zerfallen – wie es soviele subatomare Teilchen zu tun pflegen. Glücklicherweise sollte es in der quasi Armada von Sparticles, die von einer beliebigen SUSY-Theorie vorausgesagt werden, ein Sparticle geben, genannt das „leichteste supersymmetrische Partikel" (oder kurz LSP), das

Elementarteilchen des Standardmodells und ihre von den supersymmetrischen Theorien vorausgesagten Gegenstücke

Standardmodell-Teilchen	entsprechendes SUSY-Teilchen
Leptonen	Sleptonen
Neutrino	Sneutrino
Elektron	Selektron
Müon	Smüon
Tau	Stau
Quarks	Squarks
Photon	Photino
Gluon	Gluino
Weakons	Weakinos
W	Wino
Z	Zino
(Higgs)	(Higgsino)

tatsächlich stabil ist. Die anderen, schwereren Sparticles zerfielen in das LSP (plus normale Teilchen), aber das LSP als leichtestes kann nicht weiter zerfallen. Es bekommt den Schwarzen Peter zugeschoben.

Das Photino wurde in der wissenschaftlichen Literatur am häufigsten als das wahrscheinliche LSP zitiert, neben dem das Gravitino (der SUSY-Partner des Gravitons, des Teilchens, das die Schwerkraft überträgt) und das Higgsino (der SUSY-Partner des Higgs-Teilchens) Fürsprache erhielten. Der Gattungsname, der dieser Klasse von neutralen SUSY-Teilchen gegeben wurde, ist „Neutralino". Schwerer als ein Proton, würden sich solche Teilchen äußerst schwerfällig bewegen, wie verlangt. Vielleicht ist der dunkle Halo unserer eigenen Milchstraßengalaxie ein gewaltiger Schwarm von Neutralinos, durch den sich die Erde und Sonne und alle anderen Sterne bewegen.

Zunächst war die einzige Einschränkung für die Masse des LSP (die überwiegend aus kosmologischen Betrachtungen stammte), daß es schwerer als etwa zwei Gigaelektronenvolt sein sollte, der doppelten Protonenmasse. Aber die Tatsache, daß bis jetzt kein SUSY-Teilchen in Teilchenbeschleunigern und Speicherringen – LEP, SLC und dem Tevatron – beobachtet wurde, schiebt diese Grenze immer weiter nach oben. Wenn es existiert, sollte die Masse des LSP nun mindestens 15 Gigaelektronenvolt betragen und wahrscheinlich noch viel mehr.

Ein anderer bevorzugter Kandidat für die kalte dunkle Materie ist ein unscheinbares, kleines Teilchen, das „Axion" genannt wird. Als es 1978 erstmals von Steven Weinberg von der University of Texas, und unabhängig davon von Frank Wilczek in Princeton, vorgeschlagen wurde, sollte es nach der Vorhersage eine Masse von etwa einem Fünftel derjenigen des Elektrons haben und in weniger als einer Sekunde in zwei Protonen zerfallen. Kaum ein guter Kandidat für stabile dunkle Materie. Aber als Experimente der Hochenergiephysik bald zeigten, daß solch ein Geschöpf überhaupt nicht existieren kann, überarbeiteten andere Wissenschaftler die ursprüngliche Theorie und sagten eine Axionmasse von weniger als 0,0001 Elektronenvolt voraus – oder weniger als ein Billionstel der Masse eines Elektrons.

Mit einer Lebensdauer, die praktisch unendlich ist, gäbe solch ein „unsichtbares Axion" einen hervorragenden Kandidaten für dunkle Materie ab. Es würde reichlich im frühen Universum erzeugt werden, in etwa dem Augenblick, wo Quarks zu Protonen und Neutronen gefrieren. Auch wenn sie so unglaublich leicht wären, würden diese hypothetischen Gebilde in so großer Zahl entstehen – weit größer als die der Neutrinos übrigens –, daß sie mit Leichtigkeit die Gesamtmasse des Universums bestimmen könnten. Und Axionen würden auch praktisch im Ruhezustand erzeugt, völlig ohne Verbindung zu allen anderen schnellen, energiegeladenen Korpuskeln, die im frühen Universum umhersausen. Folglich würden sie *kalte* dunkle Materie bilden, die im kleinen Maßstab beginnen könnte zusammenzuklumpen, lange vor allem anderen.

Ein anderes Objekt, das sich gebildet haben könnte, als die Quarks zu Baryonen verschmolzen, wird ein „Quark-Nugget" genannt. Dies ist eine hypothetische Zusammenballung von *vielen* Quarks, viel mehr als die mehreren Hundert, die in schweren Kernen wie Gold, Blei oder Uran gefangen sind. Anders als normale Kerne, die nur aus up- und down-Quarks bestehen, enthalten diese Nuggets auch eine beträchtliche Zahl strange-Quarks. Arnold Bodmer von der University of Illinois, Edward Witten aus Princeton und Robert Jaffe vom MIT haben vorgeschlagen, daß diese Kombination tatsächlich eine stabile Form der Materie sein könnte.

Typische Größen dieser Quark-Nuggets könnten von einem Millimeter bis zu einem Meter reichen – alles aus Quarks und daher ein extrem schwerer Stoff. Wenn solche stabilen Klumpen existieren und im frühen Universum erzeugt werden könnten, dann würden sie einen exzellenten Kandidaten für kalte dunkle Materie abgeben, denn sie wären sehr schwer und langsam. Es ist vorstellbar, daß Quark-Nuggets in Teilchenbeschleunigern erzeugt werden könnten, in Experimenten, bei denen zwei schwere Kerne mit hoher Energie aufeinander geschossen werden.

In gleicher Weise könnten wir uns die Erschaffung kleiner Schwarzer Löcher während einer der Phasenübergänge des frühen Universums vorstellen, vor dem Einsetzen der Urknall-Nukleosynthese zu einer Zeit von etwa einer Sekunde. Solche „urzeitlichen" Schwarzen Löcher wären kleiner als die „normalen" Schwarzen Löcher, die sich, wie wir jetzt denken, als eines der Endprodukte des stellaren Zusammenbruchs bilden. Sie könnten auftreten, wenn es ausreichend große Dichteschwankungen irgendwann im frühen Universum gegeben hat.

Um stabil zu sein, müßte ein urzeitliches Schwarzes Loch mindestens eine Billion Kilogramm Materie enthalten – etwa die Masse eines Berges. Nur ein bißchen kleiner, und sie hätten ihre gesamte Massen-Energie abgestrahlt, wie Stephen Hawking als erster gezeigt hat. Aber ein urzeitliches Schwarzes Loch, das größer als dies und kleiner als die Masse der Sonne ist, gäbe einen hervorragenden Kandidaten für kalte dunkle Materie ab. Vielleicht gab es in dem Moment, als die Quarks zu Protonen und Neutronen gefroren, so große Dichteschwankungen, daß viele, viele Quarks zu Objekten mit der Masse eines Planeten zusammenklebten. Solche urzeitlichen Schwarzen Löcher könnten nun unsichtbar in dem dunklen Halo unserer eigenen Galaxie lauern.

In Wahrheit sind Quark-Nuggets und urzeitliche Schwarze Löcher eine andere Art baryonischer dunkler Materie, weil sie aus Quarks erzeugt werden können, die nicht leuchten. Um sie zu machen, brauchen wir nichts Exotischeres vorschlagen als die Quarks selbst, welche im frühen Universum im Überfluß existiert haben müssen. Wir müssen nur ungewöhnliche „Zustände" der Quark-Materie etablieren, die *vor* dem Auftreten der Urknall-Nukleosynthese hergestellt worden sind und dadurch einen größeren Anteil der Quarks oder Baryonen in einem entscheidenden Moment der kosmischen Entwicklung aus dem Spiel genommen haben. Die Nukleosynthese kann danach ablaufen und verwandelt die verbleibenden Protonen und Neutronen in Wasserstoff, Helium und Lithium.

Topologische Überreste aus der GUTs-Epoche sind eine weitere mögliche Form kalter dunkler Materie. Dies wären exotische Objekte wie die kosmischen Strings oder die magnetischen Monopole, die in den Kapiteln 5 und 6 erwähnt wurden. Diese vollzogen keinen Übergang vom vereinheitlichten, symmetrischen Raum, der vor 10^{-34} Sekunden existierte, zu dem gewöhnlichen Raum, in dem wir heute leben. Da die Energiedichte in jener Epoche gewaltig war, wären dies extrem massive Objekte – weit, weit massiver als normale Teilchen. Kleine Schlaufen der Strings, wenn sie stabil wären (und dies ist ein *großes* wenn), verhielten sich wie kalte dunkle Materie. Genauso die magnetischen Monopole, welche wie winzige Bälle symmetrischen Raumes anstatt von Röhren oder Schlaufen sind. Wegen ihrer gewaltigen Massen würden auch sie sich extrem langsam bewegen. Obwohl die Inflation das Universum vermutlich von fast allen magnetischen Monopolen befreit hat, ist es vorstellbar, daß eine neue Fassung der Theorie einige solcher Reste übrigließe, die bis zum heutigen Tag überleben könnten.

Obwohl die kalte dunkle Materie sehr geschickt bei der Bildung der Galaxien ist, springt man mit ihr jedoch in anderen wichtigen Gebieten zu kurz. Zunächsteinmal erreicht sie keine hohen Geschwindigkeiten, weil sie so schwerfällig ist und so schnell zusammenklumpt. Folglich hat die Hypothese der kalten dunklen Materie einen schweren Stand, die hohen Pekuliargeschwindigkeiten zu erklären, die vor kurzem in unserer eigenen Ecke des Universums festgestellt wurden.

Noch ein anderes Problem ist, daß kalte dunkle Materie sich mit den Baryonen anhäufen würde, um sichtbare Galaxien und Halos zu machen. Obwohl dies die beobachteten Strukturen gut wiedergibt, macht es der Inflation schwere Probleme, die einen Wert von Ω *exakt* gleich eins verlangt. Wie Sie sich erinnern, kann die innere Dynamik der Galaxien und Haufen einen Wert von 0,1 bis vielleicht 0,3 unterstützen, aber nicht eins. Wenn kalte dunkle Materie und Baryonen überall im gleichen Verhältnis zusammengeballt wären, würde das bedeuten, daß Ω nicht größer als 0,3 ist. Wir brauchen deshalb etwas *anderes* neben kalter dunkler Materie, wenn sich die Inflation bewahrheiten soll.

Die Verfechter der kalten dunklen Materie bestehen für gewöhnlich auf etwas, was „Auswahleffekt" genannt wird, um dieses Problem zu lösen. Bei diesem Ansatz, aus einem ad hoc gegebenen Grund, leuchten die meisten Anhäufungen von Baryonen und kalter dunkler Materie einfach nicht. Nur die glücklichen etwa zehn Prozent, vielleicht die massivsten Zusammenballungen, können die baryonische Materie in ihren Kernen entzünden. Die anderen 90 Prozent bleiben dunkel und unsichtbar. Vielleicht bevölkern sie die riesigen Leeren des intergalaktischen Raumes als „totgeborene Galaxien". Wir können diese Situation mit einer Bergkette vergleichen, von der nur die höchsten Gipfel im Sommer schneebedeckt sind. Von Weitem wären diese die einzigen, die sichtbar sind.

* * *

Ein letzter Kandidat mit Außenseiterchancen ist das, was als „Schattenmaterie" bekannt wurde. In jeder Theorie von Allem, welche die Schwerkraft mit den anderen drei Grundkräften in der Zeit vor 10^{-43} Sekunden zu vereinen behauptet, kann ein paralleles Universum entstehen (vermischt mit unserem eigenen), das völlig andere Kräfte und Teilchen hat. Dies ist nicht eines der „Blasen-Universen", die bei der neuen Inflation kurz nach 10^{-43} Sekunden entstehen; jene sind unterscheidbare Räume, abgekapselt von unserem eigenen. Dieses ist ein Schattenuniversum, das genau den gleichen physikalischen Raum einnimmt wie das vertraute Universum, aber abgesehen von der Gravitation keine normale Wechselwirkung mit ihm hat. Wir können uns vorstellen, daß die Teilchen der Schattenmaterie Schattenatome und -moleküle bilden könnten. Es könnte Schattenfelsen und -pflanzen geben, sogar Schattenmenschen, -planeten, -sterne und -galaxien, die sich genau durch unsere eigenen bewegen, fast völlig unbemerkt.

Sobald die beiden kurz nach 10^{-43} Sekunden voneinander getrennt werden, wäre der einzige Einfluß, den dieses Schattenuniversum auf unser eigenes haben könnte, jener durch die Kraft der Gravitation. Alle Materie im Universum zieht andere Materie an, ganz gleich von welcher Art. Abhängig davon, was für Massen und Geschwindigkeiten solche Schattenmaterie annimmt, könnte sie aus unserer Sicht entweder als heiße oder als kalte dunkle Materie wirken. Wenn die Schattenteilchen schwer oder langsam wären, würden sie sich wie kalte dunkle Materie verhalten und könnten sich mit den Baryonen im galaktischen Maßstab zusammenballen. Wenn sie leicht und schnell wären, würden sie sich wie heiße dunkle Materie verhalten und sich nur auf dem Maßstab von Haufen oder noch größer ansammeln. Vom kosmologischen Standpunkt gesehen kommt es nicht darauf an, woher ein Teilchen kommt. Wenn es sich zur Zeit der Galaxienentstehung langsam bewegte, fällt es in die Kategorie der kalten dunklen Materie; wenn es sich schnell bewegte, ist es heiße dunkle Materie.

Die Schattenmaterie, wenn es sie denn gibt, kann nicht genauso wie der Stoff in unserem eigenen, vertrauten Universum sein – bestehend aus Schattenquarks und Schattenleptonen, die in drei Schattenfamilien vorkommen, jede mit ihrem eigenen leichten Schattenneutrino. Diese Anordnung würde die Schranke der Nukleosynthese für die Zahl der leichten subatomaren Teilchen verletzen (siehe Kapitel 4). Denken Sie daran, wir haben schon drei verschiedene Typen von leichten Neutrinos, und in die Überlegungen der Urknall-Nukleosynthese könnte schwer auch nur eine einzige weitere Art leichter Teilchen einbezogen werden. Abgesehen von dieser Einschränkung wissen wir jedoch überhaupt nichts über die Eigenschaften der Schattenmaterie. Und weil sie mit uns nur durch die Schwerkraft in Wechselwirkung treten könnte, würden wir bei ihrer Messung schwere Zeiten durchmachen!

* * *

In diesem Kapitel haben wir versucht, die beliebtesten Kandidaten für die dunkle Materie zu beschreiben. Diese Liste ist jedoch keinesfalls erschöpfend. Praktisch jede Theoretikerin und jeder Theoretiker hat eine eigene Lieblingstheorie, und die dunklen Teilchen, die diese vorhersagt, könnten oben nicht aufgeführt sein – oder sie könnten eine Variante einer der dargestellten allgemeinen Kategorien sein. Weil sehr wenig über die Eigenschaften der dunklen Materie bekannt ist, mit Ausnahme der Tatsache, daß sie existiert, gibt es im Augenblick genug Raum für theoretische Spekulationen. Sobald sich die Messungen verbessern, sollte sich diese Situation ändern, und einige oder alle diese Kandidaten werden unvermeidlich in Ungnade fallen. Es ist gut möglich, daß sich die dunkle Materie als etwas ganz anderes herausstellen wird, als oben erwähnt.

10. Keime des Kollaps

Ein weiteres fossiles Überbleibsel des Urknalls ist die großräumige Struktur des Universums. Seine Bedeutung für eine vollständige Theorie der Schöpfungsgeschichte wurde erst in den letzten Jahren allmählich verstanden, als eine überraschende Beobachtung nach der anderen ans Licht kam. Die schaumige Struktur mit ihren Leeren und blättrigen Gebilden, die starke räumliche Korrelation zwischen Haufen und die hohen Pekuliargeschwindigkeiten der Galaxien in der uns umgebenden kosmischen Nachbarschaft haben frühere Vorstellungen von den ersten Augenblicken des Daseins stark herausgefordert. Und wir können sicher sein, daß die Überraschungen noch nicht aufgehört haben.

Einfach die Art der Materie im Universum anzugeben (baryonisch oder nicht, kalt oder heiß) ist nicht genug, um die auffälligen Muster zu erklären, die am Himmel zu beobachten sind. Es gibt offensichtlich keinen Mangel an Kandidaten für die dunkle Materie, die sich in den Wahlkampf stürzen, wie wir im Buch immer wieder erläutert haben. Aber jeder einzelne Aspirant allein versagt bei der Berücksichtigung mindestens eines wichtigen Aspektes der großräumigen Struktur. Die endgültige Lösung muß komplexer sein.

Um das Universum mit all seiner offensichtlichen Struktur aufzubauen, brauchen wir eine Art von urzeitlichen Keimen, die den Kosmos durchziehen, auf denen die Materie kondensieren kann wie der Wasserdampf zu den Tautropfen auf einem dünnen Spinnennetz. Diese Keime könnten kaum mehr als ein zufälliges Muster von Dichteüberschüssen sein – winzige Kräuselungen in einem ansonsten vollkommen glatten Ozean ursprünglicher Substanz. Oder sie könnten die ausgedehnten physikalischen Überreste der symmetrischen GUTs-Phase des frühen Universums sein, wie etwa kosmische Strings oder vielleicht Domänenwände und andere, komplexere Erscheinungen.

Im Grunde beinhalten alle aktuellen Vorstellungen von der Erzeugung solcher kosmischen Keime neue physikalische Vorgänge oder Gebilde, die nicht in irdischen Laboratorien untersucht werden können. Durch Deutung der heute beobachtbaren großräumigen Strukturen, den äußerlichen Erscheinungsformen dieser Urknallüberreste, könnten wir etwas über die Physik der Vereinheitlichung lernen, welche die Ereignisse in den frühen Momenten des Universums regiert haben muß, das heißt, Beobachtungen der größten Strukturen im Universum mit dem Teleskop könnten uns etwas über die grundlegende Physik lehren. Dies ist ein äußerst aufregender Ausblick.

* * *

Bis vor kurzem war ein zufälliges Muster von Dichteüberschüssen die bei Kosmologen beliebteste Art von kosmischen Keimen. In Theorien mit Inflation entstehen diese natürlicherweise während des GUTs-Phasenübergangs – als Quantenfluktuationen auf einem glatten urzeitlichen Meer von Materie und Energie. Im Grunde sind diese Unregelmäßigkeiten, die zufällig im Weltraum verteilt sind, eine unvermeidliche Folge in der Theorie der neuen Inflation. Wir müssen überhaupt keine Ad-hoc-Annahmen einführen, um sie zu erzeugen. Wie im Kapitel 8 bemerkt, können wir bestimmte Große Vereinheitlichte Theorien wie SU5 sogar aufgrund der Tatsache ausschließen, daß Dichteüberschüsse, die im GUTs-Übergang erzeugt wurden, viel zu groß gewesen wären. Anstatt sich sehr allmählich zusammenzuziehen und dabei Galaxien zu bilden, wären sie sofort zu gewaltigen Schwarzen Löchern kollabiert, und es gäbe uns nicht, um davon zu erzählen.

Heutzutage halten die Kosmologen diese zufälligen Dichteüberschüsse für ziemlich selbstverständlich. Aber vor nur einem Jahrzehnt waren alle solchen urzeitlichen Unregelmäßigkeiten ausnahmslos Ad-hoc-Annahmen für die Anfangsbedingungen des Universums; es war kein Weg vorstellbar, sie zu erzeugen. Die Hypothese der Inflation kam dann zum Glück daher, um für einen Mechanimus zu sorgen, der im Prinzip *sowohl* die Gleichmäßigkeit auf extrem großen Entfernungsmaßstäben als auch die Unregelmäßigkeiten im Kleinen erzeugte, die zur Bildung von Strukturen nötig waren. Obwohl die augenblicklich verfügbaren Theorien etwas Feinabstimmung benötigen, um die Kräuselungen der Materiedichte davon abzuhalten, zu Flutwellen zu werden, haben wir nun zumindest einen wahrscheinlichen physikalischen Mechanismus, um sie überhaupt erst zu erzeugen.

Während des GUTs-Übergangs entstandene Unregelmäßigkeiten hätten in der einen oder anderen Form überlebt, bis die Epoche der Galaxienbildung einige tausend Jahre später begann. Dieser Vorgang kann nicht einsetzen, bevor die Materie über die Strahlung als größter Bestandteil der Massen-Energie des Universums überwiegt. Die Schwerkraft kann die Unregelmäßigkeiten nicht verstärken, wenn die Strahlung (Teilchen, die sich mit Lichtgeschwindigkeit bewegen) ständig alles glättet. Nichtbaryonische dunkle Materie kann beginnen, sich anzusammeln, wenn ihre Energiedichte die der umgebenden Strahlung übertrifft; dies tritt ein, wenn das Universum etwa 10 000 Jahre alt ist. Aber die baryonische Materie kann dem nicht folgen, bis sie vollständig von der Strahlung entkoppelt ist. In einem Universum mit der kritischen Dichte ($\Omega = 1$), ereignet sich dieser Moment, wenn es etwa 100 000 Jahre alt ist.

Bis diese Entkopplung eintritt, hätten die urzeitlichen Unregelmäßigkeiten nur als Orte der Keimbildung gedient, an denen sich die nichtbaryonische Materie allmählich angesammelt hätte. Dieser Vorgang hätte sich unauffällig für etwa 100 000 Jahre fortgesetzt, bis die Baryonen von der Strahlung entkoppelten und selbst zu kondensieren begannen. Schließlich, nach mehreren hundert Millionen Jahren, sollten daraus leuchtende Objekte hervorgegangen sein und zu scheinen begonnen haben, als diese großen Anhäufungen von Materie anfingen, den Schwerkraftkollaps durchzumachen. In solch einer Folge von Ereignissen sollte das endgültige Muster des zu beobachtenden Lichts in gewisser Weise das ursprüngliche, zufällige Muster der Unregelmäßigkeiten widerspiegeln, das sich aus der inflationären Epoche entwickelte – sofern nicht andere physikalische Prozesse dabei stören.

Es braucht so eine lange Zeit, bis sich sichtbare Objekte bilden, weil die winzigen Unregelmäßigkeiten in der ursprünglichen Dichte des Universums nur langsam mit der Hubble-Expansion wachsen können. An der beobachteten Gleichförmigkeit der kosmischen Hintergrundstrahlung erkennen wir, daß diese Unregelmäßigkeiten sehr klein gewesen sein müssen. Nur wenn eine Unregelmäßigkeit bis zu dem Punkt gewachsen ist, wo die Dichte darin etwa das Doppelte des umgebenden Durchschnitts beträgt, kann ein rascher Schwerkraftkollaps wirklich beginnen. Der gesamte Vorgang erfordert viele Millionen Jahre, und manchmal Milliarden.

Wie in Kapitel 9 erwähnt, hätte heiße dunkle Materie sämtliche urzeitlichen Dichteüberschüsse auf äußerst große Entfernungen verschmiert. In diesem Szenario wären extrem große Himmelsobjekte mit der Masse von heutigen Superhaufen zuerst kollabiert, gefolgt von ihrer Aufteilung in kleinere Objekte wie etwa gewöhnliche Galaxien. Obwohl die Kosmologen die offensichtliche großräumige Struktur mit heißer dunkler Materie simulieren können, die auf zufälligen Dichteüberschüssen kondensiert, erleiden sie bei dem Versuch Schiffbruch, die Galaxien früh genug zu erzeugen, um den tatsächlichen Beobachtungen zu entsprechen. In solch einem auf dem Kopf stehenden Szenario der Strukturbildung erscheinen einzelne Galaxien viel später, als es beobachtet wird – Milliarden von Jahren nach dem Urknall.

Kalte dunkle Materie leistet bessere Arbeit bei der frühzeitigen Herstellung von Galaxien. Aber sie häuft sich mit baryonischer Materie an, und wir wissen aus Kapitel 3, daß die in sichtbaren Galaxien und Haufen versammelte Materie ein Ω von höchstens 0,3 geben kann. Folglich haben Modelle des Universums, die auf kalter dunkler Materie beruhen, Schwierigkeiten, das von der Inflation geforderte $\Omega = 1$ zu erhalten. Entweder müssen wir von der Inflation überhaupt ablassen (eine Alternative, die die meisten Theoretiker ungern akzeptieren) oder wir müssen eine zusätzliche Annahme wie etwa den Auswahleffekt einführen. Irgendwie haben dieser Argumentation zufolge nur 10 bis 30 Prozent der ursprünglichen Anhäufungen zu glühen begonnen, wohingegen die übrigen 70 bis 90 Prozent dunkel und unseren Blicken verborgen bleiben, vielleicht die unermeßlichen Leeren bevölkernd, die kürzlich im intergalaktischen Raum entdeckt wurden.

Die frühesten Verfechter der kalten dunklen Materie mit dem erforderlichen Auswahleffekt waren überraschenderweise Kosmologen mit einem starken Hintergrund

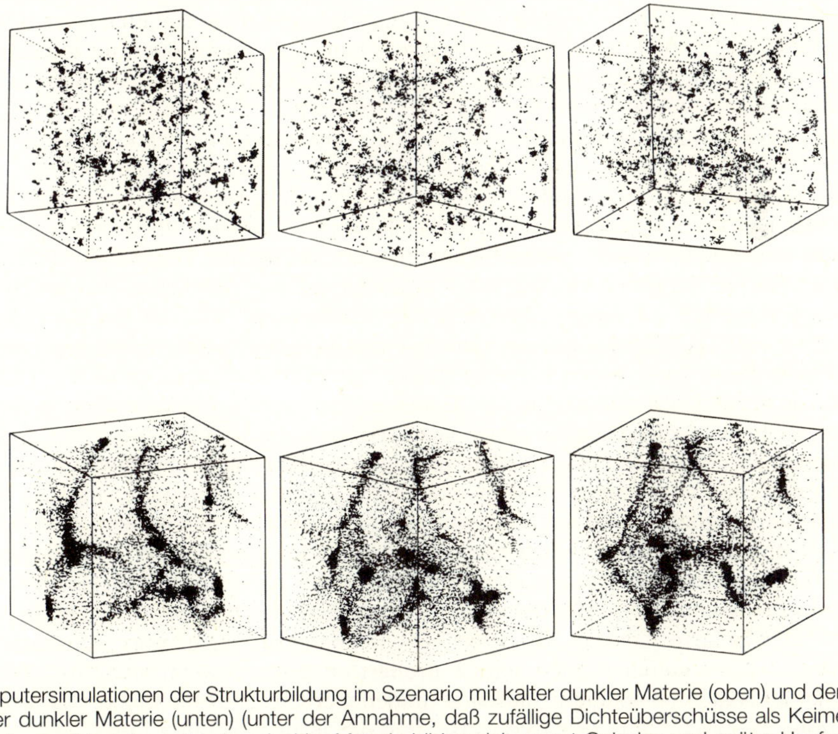

Computersimulationen der Strukturbildung im Szenario mit kalter dunkler Materie (oben) und dem mit heißer dunkler Materie (unten) (unter der Annahme, daß zufällige Dichteüberschüsse als Keime wirken). In den Modellen mit kalter dunkler Materie bilden sich zuerst Galaxien und später Haufen; mit heißer dunkler Materie treten im Gegensatz dazu erst großräumige Anhäufungen auf, denen später die Aufteilung und die Galaxienbildung folgen.

aus der traditionellen optischen Astronomie. Gruppen von Astronomen an der University of California in Berkeley und in Santa Cruz waren besonders begeisterte Verfechter der kalten dunklen Materie. Sie sagten letzten Endes, daß sie nicht glauben konnten, was sie mit ihren eigenen Augen sahen. Mit anderen Worten: »Beobachtungen mit einem Teleskop geben uns ein verzerrtes Bild des Universums.«

Obwohl sie einen überwältigenden Erfolg bei der Erklärung der Galaxienbildung hatten, haben die Verfechter der kalten dunklen Materie nun ernste Schwierigkeiten zu erklären, wie die derart hohen Pekuliargeschwindigkeiten der Galaxien möglich sind. Sie erinnern sich vielleicht aus Kapitel 7, daß die benachbarten Galaxien, einschließlich unserer Milchstraße höchstselbst, sich mit Geschwindigkeiten von nahezu 600 Kilometern pro Sekunde relativ zur gleichförmigen kosmischen Hintergrundstrahlung bewegen. Wie kann dies passieren?

Wenn wir kalte dunkle Materie postulieren, mit oder ohne Auswahleffekt, haben wir am Ende eine Menge sich langsam bewegender Klumpen, die nur herumhängen und Platz wegnehmen, nichts besonders Eigenartiges anstellen und sich nur allmählich mit der gleichförmigen Hubble-Expansion ausdehnen. Je stärker wir übrigens den Auswahleffekt in solch einem Modell werden lassen, desto *niedriger* kommen die Pekuliargeschwindigkeiten heraus. Kalte dunkle Materie erscheint unvereinbar mit hohen Geschwindigkeiten.

In einem allgemeinen Modell mit Auswahleffekt kann man annehmen, daß die leuchtende Materie, die in Teleskopen zu sehen und mit Radioantennen nachzuweisen ist, einfach nicht die zugrundeliegende Verteilung der unsichtbaren Materie wiedergibt. Die sichtbare Materie ist, sagen wir, hier und die dunkle Materie ist da drüben. Man kann sich sicherlich vorstellen, das es im dunklen Universum eine andere Struktur gibt als im sichtbaren, so daß wir unsere Schlußfolgerungen über die zugrundeliegende Struktur nicht auf das gründen können, was wir am Himmel sehen. Licht *muß* nicht der Materie folgen.

Aber ein Auswahleffekt macht es sogar noch schwerer, hohe Pekuliargeschwindigkeiten zu erhalten. Und während solche Geschwindigkeiten in Modellen des Universums mit kalter dunkler Materie ohne Auswahleffekt auftauchen, können diese Modelle nicht $\Omega = 1$ erreichen; die Stärke des Auswahleffekts, die nötig ist, um sie den Beobachtungen eines kleinen Ω auf kleinen Maßstäben anzupassen, läßt keine hohen Geschwindigkeiten zu. Wenn Sie mit trägem Zeugs anfangen, werden Sie mit trägem Zeugs enden – sofern es nicht etwas *anderes* gibt, was die Geschwindigkeit verleiht. Heiße dunkle Materie, die zunächst einmal äußerst flink ist, hat nicht soviele Schwierigkeiten, diese hohen Geschwindigkeiten zu erreichen (aber sie steht immer noch vor dem alten Stolperstein, die Galaxien früh genug zu erschaffen, wenn zufällige Dichteüberschüsse die einzigen verfügbaren Keime sind).

Verteidiger der kalten dunklen Materie führen an, daß die beobachteten hohen Geschwindigkeiten relativ selten im Universum sein könnten – nur eine Laune der Natur. Sie machen deutlich, daß einige ihrer Modelle (jene ohne Auswahleffekt) gelegentlich kleine Gebiete mit hohen Pekuliargeschwindigkeiten hervorbringen. Vielleicht sind wir zufällig gerade in einem ganz besonderen Teil des Universums angesiedelt.

Ob man nun heiße oder kalte dunkle Materie einsetzt, wird es doch für jedes Szenario schwierig, das auf zufälligen Dichteüberschüssen beruht, wenn sich die Haufen als mit anderen Haufen stark korreliert erweisen – wenn, heißt das, Haufen öfter in der Nähe von anderen Haufen gefunden werden. Falls nicht noch etwas anderes mitwirkt, erwarteten wir naiverweise, daß die Haufen zufällig in der ungeheuren Weite des Weltalls verstreut sind. Über die gewaltigen Entfernungen, um die es dabei geht, hätte die Gravitation einfach nicht genug Zeit gehabt, um sie zueinander zu ziehen. Selbst wenn er eine Pekuliargeschwindigkeit von 1000 Kilometern in der Sekunde gehabt hätte, hätte sich ein Haufen höchstens 30 Millionen Lichtjahre weiterbewegen können, seit er entstanden ist. Obwohl die ersten Daten über die Haufenkorrelation vorläufig, und viele weitere Untersuchungen notwendig sind, wurden doch schon ernsthafte Zweifel an diesen zufälligen Dichteschwankungen geweckt. Sie sind vielleicht nicht die Hauptursache der großräumigen Struktur des Universums.

Ein weiteres Problem verursachen die Beobachtungen von Quasaren mit großen Rotverschiebungen, die sehr großen Entfernungen entsprechen. Je größer der Abstand zu einem Quasar, desto früher ist er entstanden. Kürzlich wurden Quasare mit Rotverschiebungen beobachtet, die auf eine Entstehung der Quasare hindeuten, bevor das Universum eine Milliarde Jahre alt war. Jedes Modell, das kleine Dichteunregelmäßigkeiten als Keime verwendet, hat Schwierigkeiten, kompakte Objekte so früh zu erzeugen. Beobachtungen von einem oder zwei Quasaren mit großen Rotverschiebungen können als statistische Schwankungen verworfen werden. Aber wenn sie überall gefunden werden, dann müssen alle Modelle ausgeschlossen werden, die (ob mit heißer oder mit kalter dunkler Materie) auf kleinen Dichteschwankungen keimen.

* * *

Die jüngste Geschichte der Kosmologie war eine faszinierende Periode häufig wechselnder Gefolgschaften, mit Wissenschaftlern, die auf einen fahrenden Zug nach dem anderen aufsprangen. Bis 1980 war jedermann damit zufrieden, sein Universum nur mit Baryonen zusammenzubrauen, was zu einem Ω von 0,1 führte, aber dann kam die Inflation daher und ließ diesen Zug mit der Forderung entgleisen, daß Ω gleich eins sein sollte. Zu dieser Zeit schufen die Großen Vereinheitlichten Theorien die Mode der massiven Neutrinos, also wurde heiße dunkle Materie zum beliebtesten Weg, um die zusätzliche Masse zu liefern, die den Unterschied wettmachte. Aber als die heiße dunkle Materie (verbunden mit den zufälligen Dichteüberschüssen, die in der neuen Inflation auftauchten) Schwierigkeiten mit der Galaxienbildung bekam, verließen die Physiker dieses sinkende Schiff zugunsten der kalten dunklen Materie.

Jetzt, wo die Beobachtungen der großräumigen Struktur, der hohen Pekuliargeschwindigkeiten und der Quasare mit großen Rotverschiebungen Zweifel an der kalten dunklen Materie wecken, schwenkt die Gefolgschaft wieder einmal um. Das Problem mag jedoch nicht in der Wahl der dunklen Materie liegen, sondern im kosmischen Netzwerk der Gravitationskeime, die zur Strukturbildung nötig sind. Während der späten Achtziger begannen die Kosmologen, sich für die Vielzahl ausgedehnter Erscheinungen zu interessieren, die sich im Laufe der frühen Entwicklung des Universums bei Phasenübergängen gebildet haben könnten. Wenn sie für eine hinreichend lange Zeit nach dem Phasenübergang überlebten, könnten diese Überreste auch als kosmische Keime eines nachfolgenden Schwerkraftkollaps gedient haben.

Eine gemeinsame Erscheinung der Phasenübergänge, insbesondere solcher, die rasch eintreten, ist die Bildung von „Defekten“, die im Material hinterher zurückbleiben. Beim Gefrieren von Wasser zu einem Eiswürfel, zum Beispiel, erhalten Sie selten (wenn überhaupt je) einen einzigen, vollkommenen Eiskristall. Stattdessen zeigt der Würfel ein kompliziertes Netzwerk von feinen weißen Linien und Ebenen darin. Dies sind Defekte und Unvollkommenheiten der Kristallstruktur, wo die einzelnen Kristalle, die sich unabhängig zu bilden begannen, aufeinandertrafen und zu wachsen aufhörten. Weil die regelmäßigen Gitter zweier zusammentreffender Kristalle fast nie aneinander ausgerichtet sind, entstehen für gewöhnlich Unvollkommenheiten an den Stellen, wo die beiden sich treffen.

Grundsätzlich können alle Phasenübergänge, die in drei Dimensionen auftreten, drei Arten von dauerhaften Defekten haben, die sich in ihrer geometrischen Gestalt oder „Topologie“ unterscheiden. Defekte können punktförmige (nulldimensionale) Monopole sein, sie können (eindimensionalen) Fäden oder Filamenten ähneln und sie können die Form (zweidimensionaler) Blätter oder Wände annehmen. Kombinationen dieser Defekte und vorübergehende dreidimensionale Anhäufungen, als „Texturen“ bekannt, können auch vorkommen.

Phasenübergänge im frühen Universum, die auftreten, wenn eine vereinheitlichte, symmetrische Kraft in zwei oder mehr unterschiedliche Kräfte zerbricht, können zu allen Arten topologischer Defekte im dreidimensionalen Gefüge des Raumes führen. In diesen vereinheitlichten Theorien ist der Raum kein leeres, formloses Nichts; er kann Knoten, Verwindungen und Sprünge in seinem eigenen Aufbau haben. Diese Defekte können während der Phasenübergänge entstehen, wenn die unterschiedlichen Teile des Raumes unabhängig voneinander kristallisieren und sich anschließend treffen. Im Augenblick des Phasenübergangs ist die Energiedichte innerhalb des Defekts etwa die gleiche wie in dem umgebenden Raum, wie sie es auch in einem Eiswürfel ist. Wenn die Zeit vergeht, dehnt sich das Universum jedoch aus und kühlt ab, was die Energiedichte außerhalb des Defekts vermindert, während sie darin die gleiche bleibt. Das Innere eines solchen Defekts ist ein winziger Überrest des symmetrischen, vereinheitlichten Raumes, den es vor dem Beginn des Phasenübergangs gab. Es wäre ein Stück des ursprünglichen Raumes, das es nie schaffte, sich „abzukühlen“.

Das Phänomen der Symmetriebrechung, das eine zentrale Erscheinung der modernen vereinheitlichten Theorien der Grundkräfte ist, führt zu mehreren verschiedenen Phasenübergängen im frühen Universum, jeder in der Lage, topologische Defekte zu erzeugen. Ganz am Anfang der Zeit bricht die hypothetische Theorie von Allem in die Gravitation und die GUTs-Kraft auf. Dieser Übergang kommt etwa bei 10^{-43} Sekunden, wenn die Temperatur wahrlich mörderische 10^{33} Grad beträgt – entsprechend einer mittleren Teilchenenergie von 10^{19} Gigaelektronenvolt. In anderen Worten, jedes Teilchen hat die kinetische Energie eines Lear-Jets! Als nächstes kommt der GUTs-Phasenübergang (den wir im Einzelnen in Kapitel 8 diskutiert haben) etwa bei 10^{-34} Sekunden und diesem folgt der elektroschwache Übergang etwa 10^{-12} Sekunden später. Bis zu dieser Zeit ist die Temperatur auf bloße 10^{15} Grad gefallen, oder wenigen hundert Milliarden Elektronenvolt pro Teilchen. Schließlich, ungefähr eine Mikro-

Physikalische Kenngrößen der Phasenübergänge, die vermutlich im frühen Universum aufgetreten sind

Phasenübergang	Zeit des Auftretens	Temperatur (Kelvin)	Masse innerhalb des Ereignishorizonts
Theorie von Allem	10^{-43} Sekunden	10^{33}	10^{-5} Gramm
GUTs	10^{-34} Sekunden	10^{27}	1 Kilogramm
elektroschwach	10^{-12} Sekunden	10^{15}	10^{25} Kilogramm (Masse der Erde)
Quark-Baryon	10^{-6} Sekunden	10^{12}	10 Sonnenmassen
Spät	$> 10^{5}$ Jahre	$> 10^{3}$	$> 10^{17}$ Sonnenmassen

sekunde nach der Schöpfung, kondensiert das heiße Plasma aus Quarks und Gluonen zu einem Meer von Protonen und Neutronen, das bald darauf in das Zeitalter der Nukleosynthese eintritt. Und es gibt ein wachsendes Interesse an einem möglichen „späten“ Phasenübergang, der nach dem Moment der Entkopplung aufgetreten sein kann, als die Temperatur der Neutrinos unter 1000 Kelvin fiel.

Bei dem jeweiligen Phasenübergang ist die Größe der physikalischen Defekte, die dabei entstehen können, begrenzt durch die Größe des Ereignishorizonts in diesem Moment. Ereignisse, die am Ende eines Übergangs eintreten, wie die Inflation, können diese Größe wesentlich erweitern. Oder sie können einen Defekt praktisch auslöschen – wie es die Inflation mit der Schar der magnetischen Monopole macht. Die Gesamtmenge an Masse innerhalb eines Ereignishorizonts reicht von etwa 10^{-5} Gramm, wenn die Theorie von Allem zusammenbricht, bis hinauf zu ein paar Sonnenmassen beim Quark-Baryon-Phasenübergang und einer Masse grob gesehen gleich der der Großen Mauer zum Zeitpunkt des späten Übergangs.

* * *

Der kosmische String ist eine Art von topologischem Defekt, dem in den späten Achtzigern viel Aufmerksamkeit geschenkt wurde. Er ist ein »exotisches, unsichtbares Gebilde, gesponnen aus den Theorien der Teilchenphysiker«, schreibt Alex Vilenkin, ein sowjetischer Physiker, der jetzt an der Tufts University arbeitet und ein führender Vertreter der Idee ist. »Strings sind Fäden, die vom Gefüge des neugeborenen Universums übrigbleiben.« Sie ergeben ein ansprechendes Netzwerk von Keimen für die Kondensation von Galaxien und Haufen.

Wenn es sie gibt, wären diese Stränge urzeitlicher Substanz Spuren des ultrahochenergetischen, symmetrischen Vakuums der GUTs-Epoche, die *nicht* in gewöhnlichen „leeren“ Raum verwandelt wurden. Im Endeffekt wären sie Sprünge im Raum. Neil Turok, ein Astrophysiker in Princeton, der viel der eigentlichen Arbeit mit der Simulation des Verhaltens der kosmischen Strings geleistet hat, vergleicht sie mit Erscheinungen, die auftreten, wenn geschmolzenes Metall zu rasch abkühlt. »Wenn Sie es abkühlen, finden Sie Defekte und Sprünge.« bemerkt er. »Wenn das Universum abkühlt, werden Sie feststellen, daß es sich allmählich mit einer Anordnung von Defekten füllt.« Kosmische Strings sind fadenartige Brüche im Raum, gefüllt mit dem Überrest ultrahoher Energie der GUTs-Epoche.

Wenn es sie wirklich gibt, wären kosmische Strings massiv bis zum *Äußersten.* Die Schätzungen schwanken beträchtlich, aber sie sollten typischerweise mehr als eine Million mal eine Milliarde Tonnen pro Zentimeter auf die Waage bringen, obwohl sie nur weniger als ein Billionstel eines Billionstel eines Zentimeters dünn sind. Ein ziemlich erstaunliches Zeugs. Mit solch einer riesigen Masse könnten sie gar nicht anders, als nahegelegene Materie heftig anzuziehen. Also könnte ein urzeitliches Netzwerk aus kosmischen Strings gut die nötigen Keime für die Strukturbildung im Universum liefern.

Anders als gewöhnliche, alltägliche Fäden können kosmische Strings kein Ende haben (außer an einem magnetischen Monopol, den wir für äußerst selten halten). Also läuft er entweder in sich selbst zurück und bildet eine Schlaufe, oder er dehnt sich den ganzen Weg bis in die Unendlichkeit aus – als ein „unendlicher“ String. Obwohl äußerst massiv, wären die Strings sehr straff gespannt und würden fast mit Lichtgeschwindigkeit vorbeirauschen, sich biegend und krümmend, wenn sie hin und her schnellen. Wenn sich jedoch zwei Strings kreuzen oder ein einzelner String sich selbst, können sie reißen und sich in anderer Weise wieder verbinden. »Lange,

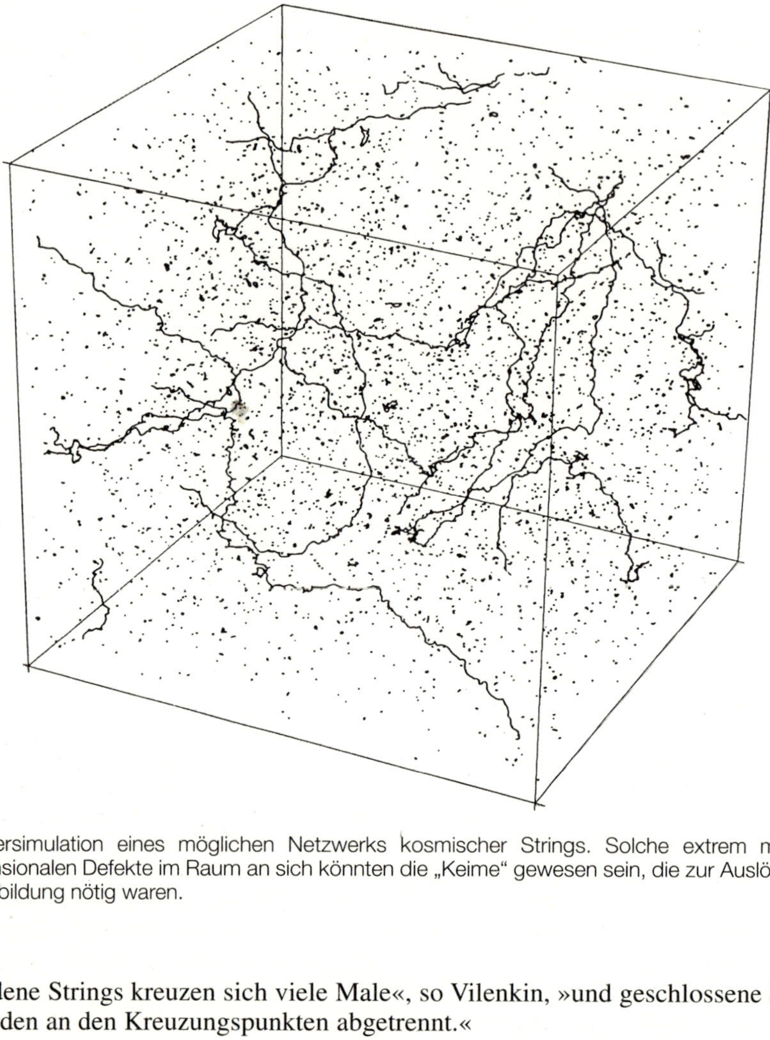

Computersimulation eines möglichen Netzwerks kosmischer Strings. Solche extrem massiven, eindimensionalen Defekte im Raum an sich könnten die „Keime" gewesen sein, die zur Auslösung der Galaxienbildung nötig waren.

gewundene Strings kreuzen sich viele Male«, so Vilenkin, »und geschlossene Schlaufen werden an den Kreuzungspunkten abgetrennt.«

* * *

Diese Schlaufen waren ursprünglich als die kosmischen Keime vorgeschlagen worden, die zur Bildung von Galaxien und Haufen führten. »Die kleinsten Schlaufen bringen die Galaxien hervor – sie sitzen einfach da und ziehen die Materie zu sich hin«, bemerkte Turok. »Größere Schlaufen werden einfach kleinere an sich reißen und Galaxienhaufen bilden.« Wenn in der Nähe dunkle Materie lauerte, hätte solch ein Vorgang eingesetzt, sobald die Materie nach etwa 10 000 Jahren eine größere Verbreitung erreicht hätte als die Strahlung. Die Strukturbildung wäre schon voll im Gange, wenn tausende Jahre später die sichtbare Materie von der Strahlung entkoppelt und sich dem Kollaps der dunklen Materie anschließt. Kleinere Schlaufen kosmischer Strings verdampfen unter Aussendung von Gravitonenstrahlung. Die kleinsten Schlaufen verdampfen rasch, und die größeren später, wobei die allergrößten noch heute existieren.

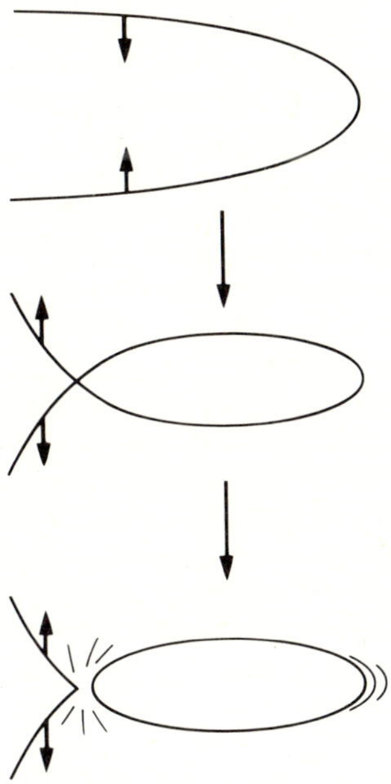

Eine Schlaufe eines kosmischen Strings, typischerweise hunderttausende Lichtjahre im Durchmesser, kann sich bilden, wenn ein langer String sich selbst kreuzt.

Aber das Ausbleiben einer beobachtbaren Wirkung dieser Gravitonenstrahlung (welche wir detaillierter im Kapitel 11 erklären werden) wurde bereits zu einem Problem für die früheren Modelle der kosmischen Strings. Einige Kosmologen haben diese Schwierigkeit umgangen, indem sie vorschlugen, daß die „Bugwellen", die von den kosmischen Strings gebildet werden, wenn sie durch die verteilte Materie rauschen, diejenigen sind, die als Keime dienen. Solche sekundären Wellen in der Materiedichte, sagen Jane Charlton an der University of Arizona und David Bennett in Princeton, könnten die Bildung von Galaxien und Haufen auslösen. Neuere Simulationen bestätigen dieses Bild.

Kosmische Strings sind ziemlich widerstandsfähige Objekte, angesichts der mörderischen Hitze im frühen Universum. Weil sie ein eigenes Leben führen, und nicht einfach Dichteüberschüsse in einem urzeitlichen Meer der Materie und Energie sind, können sie nicht durch die Wirkung schneller subatomarer Teilchen weggewischt werden. Deshalb funktionieren sie sowohl mit heißer als auch mit kalter dunkler Materie gut und fördern die rasche Bildung der Galaxien, während sie einen Wert von Ω gleich eins zulassen. Für sich allein genommen, können die kosmischen Strings nicht $\Omega = 1$ ergeben; etwas anderes, wie massive Neutrinos, wird dafür gebraucht. Aber sie eröffnen einen Weg, um Galaxien früh genug zu machen und damit unseren Beobachtungen zu entsprechen.

Die Kombination von heißer dunkler Materie und kosmischen Strings mag einer der wenigen Wege sein, um die hohen Pekuliargeschwindigkeiten hervorzubringen, die die Sieben Samurai und andere Gruppen festgestellt haben (siehe Kapitel 7). Hohe Geschwindigkeiten würden entstehen, wenn die Strings extrem massiv sind, was sie notwendigerweise sein müssen, um die rasende heiße Materie wirksam anzuziehen. In solch einem Fall würde die sichtbare, baryonische Materie sehr hohe Geschwindigkeiten erreichen, wenn sie im Vorgang des Schwerkraftkollaps auf den String (oder seine Bugwelle) zufällt.

Wenn wir andererseits die Strings mit lustloser kalter Materie zusammenbringen, würden wir am Ende zu niedrige Geschwindigkeiten haben, um zu den Beobachtungen zu passen. In diesem Fall können die Strings nicht allzu massiv sein, oder die Strukturen würden sich so schnell bilden, daß die Mikrowellen-Hintergrundstrahlung übermäßig verzerrt wäre. Aber ein weniger massiver String bedeutete schwächere weitreichende Anziehung, und niedrigere Pekuliargeschwindigkeiten kommen daher zustande, wenn die Materie einwärts fällt.

Wenn die ersten Anzeichen der hohen Pekuliargeschwindigkeiten sich bewahrheiten, und sie auch anderswo in Universum gefunden werden, dann hätten die kosmischen Strings vielleicht die heiße dunkle Materie als Kandidaten wiederbelebt. Vielleicht besteht die dunkle Materie trotz allem wirklich aus massiven Neutrinos, die sich auf massiven kosmischen Strings anhäufen. Wir sollten jedoch mit dem Urteil warten, bis detaillierte Simulationen mit Modellen, die Bugwellen kosmischer Strings plus heißer dunkler Materie anwenden, abgeschlossen sind. Die Beschränkungen, die die Abwesenheit der Gravitonenstrahlung und das Fehlen von Inhomogenitäten in der Hintergrundstrahlung auferlegen, liefern wichtige praktische Tests solcher Modelle.

* * *

Wenn topologische Defekte wie etwa kosmische Strings die Keime der Strukturbildung abgeben, können wir leichter die räumliche Korrelation erklären, die zwischen Galaxien und Haufen beobachtet wurde. Aus dem Kapitel 7 erinnern Sie sich, daß Galaxien wahrscheinlicher nahe anderen Galaxien gefunden werden (im Vergleich zu einer zufälligen Verteilung), und daß eine ähnliche Aussage für Haufen gilt. Wenn Gebilde mit der Geometrie von Strings oder Wänden die Keime des Kosmos darstellten, sollten die am Himmel zu beobachtenden Muster überhaupt nicht zufällig sein; sie sollten in irgendeiner Weise mit der Verteilung der ursprünglichen Defekte zusammenhängen. Man würde natürlich erwarten, zwei Galaxien (oder zwei Haufen) *öfter* beieinander zu finden als man das normalerweise in einem zufälligen Muster entdeckt – wie es beobachtet wird. Neil Turok hat zum Beispiel gezeigt, daß, wenn Galaxien auf Schlaufen kosmischer Strings kondensieren, das entsprechende mathematische Verhalten der Korrelationsfunktion für Haufen (wie von Bahcall und Soneira bestimmt) herauskommt. Ähnliche Analysen werden für Galaxien gemacht, die in den Bugwellen der kosmischen Strings kondensieren.

Ein anderer Weg, um die Muster zu verstehen, die sich aus topologischen Defekten als Keime bilden, ist der Gebrauch der „Fraktale". Wie von Benoit Mandelbrot in *Die fraktale Geometrie der Natur* entwickelt, sind die Fraktale der beste Weg, um das bruchstückweise Ausfüllen des Raumes zu beschreiben. Regelmäßige geometrische Formen haben ganzzahlige Dimensionen: eine Linie hat eine Dimension, eine flache Scheibe hat zwei, eine Kugel hat drei. Grundsätzlich kann es jedoch auch Formen mit nicht-ganzahligen, gebrochenen Dimensionen geben. (Von dem lateinischen Wort „Fraktur" (= Bruch) kommt der Name „Fraktale".) Die meisten Gegenstände, denen man in der Natur begegnet, so fiel Mandelbrot auf, werden besser auf der Grundlage von Fraktalen beschrieben als durch den Gebrauch einfacher geometrischer Formen wie Dreiecken oder Kugeln. Computergraphische Abbildungen natürlicher Ansichten – wie etwa Bäume, Flüsse, Wolken oder Berge – werden jetzt fast ausschließlich mit Fraktalen erzeugt.

Anhand der beobachteten Korrelationen der Galaxien und Haufen kann gezeigt werden, daß sie einem fraktalen Muster mit einer Dimension von etwa 1,2 folgen. Fast ein lineares Muster (welches eine Dimension von eins hätte), heißt das, aber nicht ganz. Die Dimension 1,2 entspricht den drei Dimensionen des normalen Raumes minus 1,8, welcher Wert näherungsweise im Potenz-Gesetz der Korrelationsfunktionen auftaucht ($1/r^{1,8}$, wobei r der Abstand zwischen zwei Galaxien oder Haufen ist; siehe Kapitel 7). Wie Turok gezeigt hat, können Schlaufen kosmischer Strings tatsächlich fraktale Muster mit einer Dimension nahe bei diesem Wert und dem beobachteten Grad der Korrelation ergeben. (Sie stimmen hervorragend mit Haufen-Haufen-Korrelationen und ziemlich gut mit Galaxie-Galaxie-Korrelationen überein. Die Schwerkraft hatte jedoch wahrscheinlich in letzterem Fall einigen Einfluß, bewegte die Galaxien umher und veränderte die ursprünglichen Korrelationen.)

Mit topologischen Defekten machen wir daher ermutigende Fortschritte bei der Erklärung der großräumigen Struktur des Universums. Schlaufen kosmischer Strings scheinen die beobachteten Korrelationsfunktionen der Haufen besser wiederzugeben als Modelle, die zufällige Dichteüberschüsse keimen lassen, und in einigen Fällen können sie hohe Pekuliargeschwindigkeiten ergeben. Eine Verbindung dieser Defekte mit heißer dunkler Materie liefert auch eine natürliche Form des Auswahleffekts – bei der die sichtbaren Objekte nicht der zugrundeliegenden Verteilung der Materie folgen. Zur Zeit der Galaxienbildung bewegte sich die heiße Materie noch zu schnell, um sich überhaupt irgendwo anzuhäufen, so daß die langsameren Baryonen von massiven Defekten stärker beeinflußt worden wären. Dies gibt uns einen relativ einfachen Mechanismus, der uns hilft zu erklären, warum die Dichte der Materie nahe bei Galaxien und Haufen, die ein Ω von 0,1 bis 0,3 liefert, etwa dieselbe ist wie die maximale Baryonendichte ($\Omega = 0{,}1$), die die Urknall-Nukleosynthese zuläßt. Schließlich könnten die Störungen der Gravitation, die von Wänden oder von den Bugwellen langer Strings hervorgerufen werden, enorme blattartige Strukturen hervorbringen, wie die Große Mauer, die von Geller und Huchra entdeckt wurde. Vielleicht sind alle die Leeren, blättrigen Gebilde und Filamente, die kürzlich beobachtet wurden, einfach die Nachkommenschaft dieser massiven kosmischen Defekte.

* * *

Eine schlaue Idee, die in den späten Achtzigern kurzzeitig Beachtung fand, war die Möglichkeit „supraleitender" kosmischer Strings. Anstatt die umgebende Materie anzuziehen, schlug Ewald Witten 1985 vor, könnte diese Art kosmischer Strings „explodieren" und sie wegblasen. In bestimmten Großen Vereinheitlichten Theorien, bemerkte er, können kosmische Strings extrem große elektrische Ströme leiten, weil sie überhaupt keinen Widerstand haben; sie wären supraleitend. Normalerweise wäre der Strom, der in einer Richtung entlang des Strings fließt, dem in die andere Richtung fließenden Strom gleich, so daß sich die beiden aufheben, und es gäbe unter dem Strich keinen Effekt auf die Welt draußen.

Wenn es jedoch ein urzeitliches magnetisches Feld im frühen Universum gegeben hätte, würde eine Schlaufe eines supraleitenden kosmischen Strings, der durch dieses Feld schnellt, einen Nettostrom in die eine oder andere Richtung entwickeln und anfangen, elektromagnetische Strahlung auszusenden. Die Schlaufe würde schrumpfen, der Strom darin würde über jede Grenze anwachsen und die Schlaufe würde heller und heller scheinen. Schließlich wäre ihre Strahlung nach Wittens Vorschlag absolut gewaltig. Da sie fortlaufend emittiert wird, anstatt auf einen Schlag, könnte sie Materie über große Entfernungen treiben.

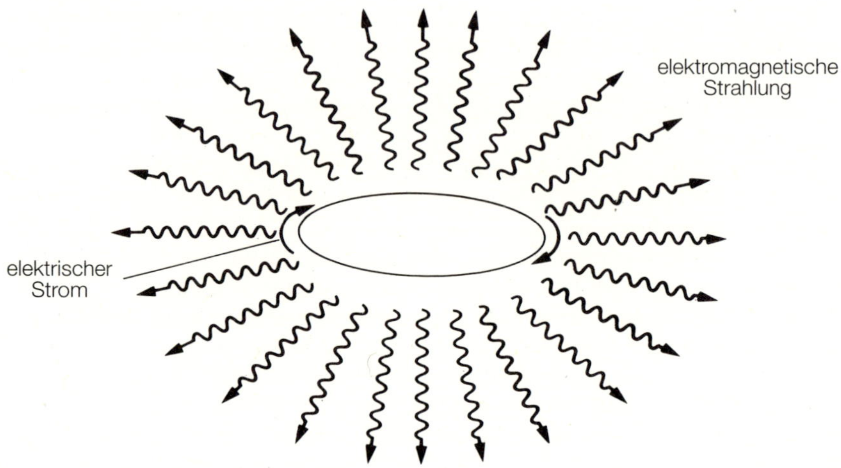

Eine Schlaufe eines supraleitenden kosmischen Strings. Wegen des Fehlens eines elektrischen Widerstands können sich gewaltige Ströme in solch einer Schlaufe aufbauen. Diese Ströme erzeugen eine intensive elektromagnetische Strahlung, welche die Materie in alle Raumrichtungen auseinanderschieben würde.

Unabhängig von Witten, und lange bevor er seine Idee vorschlug, hatten Leonard Cowie und Jeremiah Ostriker in Princeton urzeitliche Explosionen als Ursprung der großräumigen Struktur verfochten. Bei diesem Ansatz mußte es eine Art von Objekten geben, die in der Ära der Galaxienbildung explodierte und so Schockwellen erzeugte, welche die Materie heftig umherschoben. Getrieben von diesen Schockwellen, hätte die Materie begonnen, sich in Galaxien und Haufen anzusammeln und dabei riesige Leeren im Weltraum zurückgelassen, die um die ursprünglichen Explosionspunkte zentriert waren.

Obwohl es eine ansprechende Erklärung der beobachteten schaumigen, großräumigen Struktur war, insbesondere der riesigen Leeren, die nach und nach in den Achtzigern beobachtet wurden, bot das Cowie-Ostriker-Modell keinen Hinweis darauf, was die explodierenden Keime hätten sein können. Supernovae und andere vertraute astronomische Explosionen erzeugen nicht annähernd genug Energie, um Materie über Millionen von Lichtjahren zu schieben. An dieser Stelle kamen Wittens supraleitende Strings zur Hilfe.

1986 taten sich Ostriker, Witten und Chris Thompson von der Princeton University zusammen, um eine Arbeit zu veröffentlichen, die beide Ideen aufnahm. In ihrem Modell lieferten Schlaufen supraleitender Strings die nötigen Keime für die Explosionen und warfen riesige Schauer von Photonen in alle Richtungen aus. Diese Explosionen hätten „Blasen" in das heiße urzeitliche Plasma aus baryonischer Materie und Strahlung gepustet. Aber jedwede dunkle Materie – heiß oder kalt – wäre überhaupt nicht von diesen Explosionen berührt worden, denn sie kann definitionsgemäß nicht mit Photonen wechselwirken. Also wäre dunkle Materie *in* den Blasen zurückgeblieben, während die baryonische Materie durch den Raum geschoben worden wäre, auf den sich ausdehnenden Oberflächen der Blasen wie Treibgut vor einer gigantischen Welle. Schließlich wäre diese baryonische Materie kondensiert, wenn zwei Blasen zusammenstießen, zu blattartigen Anordnungen von Galaxien, die in den späten Achtzigern festgestellt wurden.

Solch ein hybrides Modell, das auf explodierenden kosmischen Strings und einem Hintergrund dunkler Materie beruhte, besaß viele wünschenswerte Eigenschaften. Es lieferte nicht nur die schaumige Struktur der Galaxien und Haufen, sondern sie tat dies *sowohl* mit heißer als auch mit kalter dunkler Materie. Explodierende kosmische Strings stellten auch ein weiteres natürliches Schema eines Auswahleffektes zur Verfügung, weil die Explosionen baryonische und nichtbaryonische Materie weit voneinander weggetrieben hätten. Das Modell ergab eine relativ gleichmäßige Verteilung der dunklen Materie, wohingegen die baryonische Materie sich zu Haufen und Galaxien anhäufte. Wir bräuchten immer noch dunkle Materie, um $\Omega = 1$ zu erhalten. Aber wir könnten hohe Pekuliargeschwindigkeiten *sowohl* mit heißer als auch mit kalter dunkler Materie erzeugen, weil es die Explosionen sind, und nicht die Gravitation, die diese hohen Geschwindigkeiten auslösen. Und die Haufen-Haufen-Korrelationsfunktion kam ebenfalls richtig heraus, mit einer fraktalen Dimension nahe eins, weil der tatsächliche Ursprung der Struktur auf einem eindimensionalen, string-artigen Gebilde beruhte. Alles in allem waren die supraleitenden kosmischen Strings eine sehr ansprechende Idee.

Aber das äußerst heftige Verhalten, das von ihnen zu erwarten ist, wurde vor kurzem ins Feld geführt, um die supraleitenden kosmischen Strings als ernsthafte Kandidaten für das Keimen der Strukturbildung auszuschließen. Die Explosionen mußten so groß und kräftig sein, daß sie das Spektrum der Mikrowellen-Hintergrundstrahlung gestört hätten. Das heißt, statt eines fast vollkommenen Spektrums eines schwarzen Körpers, das vom COBE-Satelliten gemessen wurde (siehe Kapitel 6), hätte es Verzerrungen gegeben. Diese werden nicht festgestellt. Die einzigen Explosionen, die noch mit den präzisen COBE-Ergebnissen vereinbar waren, wären zu schwach gewesen, um die meisten der auffälligen großräumigen Strukturen hervorzubringen. Supraleitende kosmische Strings wurden deshalb von Anfang 1990 an ausgeschlossen.

* * *

Ein Problem mit kosmischen Strings und anderen topologischen Defekten ist ein potentieller Konflikt mit der Inflation. Wenn das inflationäre Zwischenspiel nach der Bildung der kosmischen Strings, oder jedes anderen topologischen Defekts, der während der GUTs-Epoche entsteht, vor sich geht, dann würden wir erwarten, daß diese von der Inflation weggeblasen werden – genau wie die magnetischen Monopole. Es wären von ihnen hinterher einfach nicht genug übrig, um die vielen ursprünglichen Keime zu liefern, die für die Bildung der Galaxien und Haufen nötig sind. Obwohl wir an Großen Vereinheitlichten Theorien so herumbasteln können, daß die Strings *nach* der Inflation entstehen, oder zumindest erst ganz am Ende dieser Periode, so ist ein solcher Ad-hoc-Ansatz jedoch nicht sehr überzeugend. Es gibt Theorien, die „erweiterte Inflation“ genannt werden, bei denen die Defekte von der Inflation nicht weggeblasen werden, aber diese Ideen haben (bis jetzt) unter den Wissenschaftlern noch keine breite Zustimmung gefunden.

Ein anderer Weg um diese Schwierigkeit herum ist, die nötigen Keime in einem weiteren Phasenübergang zu erzeugen, der sehr spät im Verlauf des Urknalls eintritt. Wenn dies nach der Entkopplung der Strahlung von der Materie passiert, würde es in keiner Weise die gleichmäßige Verteilung der kosmischen Hintergrundstrahlung stören. Solch ein später Phasenübergang könnte zum Beispiel eintreten, wenn die Neutrinos eine sehr winzige Masse von etwa 0,01 Elektronenvolt haben, was ein Zwanzigmilliardstel der Elektronenmasse ist. Wenn diese Masse von einem symmetriebrechenden Mechanismus herrührt, an dem ein Higgs-artiges Feld beteiligt ist, dann würde dies zu einem späten Phasenübergang führen.

Weil dieser Übergang eintritt, *nachdem* Materie und Strahlung entkoppelten, sollte jeder topologische Defekt, den er erzeugt, eine zu vernachlässigende Wirkung auf die heutige Mikrowellen–Hintergrundstrahlung haben, auch wenn er sehr große Unregelmäßigkeiten in der Materiedichte auslöste. Ein später Phasenübergang könnte auch Strings, Texturen und Domänenwände (auch „kosmische Membranen" genannt) hervorbringen. Letztere sind zweidimensionale Gebilde der Vakuumenergiedichte. Solche großen Dichteschwankungen oder topologische Defekte könnten sofort beginnen, Strukturen zu bilden, ohne eine Phase langsamen linearen Wachstums abzuwarten, wie in Kapitel 6 diskutiert.

In diesem Szenario ist die großräumige Struktur des Universums eng mit den Keimen verbunden, die sich aus dem Phasenübergang herausbilden. Wie Strings, könnten sowohl Texturen als auch Domänenwände anziehend oder explosiv sein; folglich können sie alle Arten von interessanten Strukturen und Geschwindigkeiten hervorbringen. Und weil Strukturen sich danach sehr rasch bilden können, könnten späte Phasenübergänge auch in der Lage sein, das Vorhandensein von Objekten wie den Quasaren zu erklären, die kürzlich bei extrem großen Rotverschiebungen beobachtet wurden. Konventionellere Modelle, die zufällige Dichteüberschüsse beinhalten, haben es schwer, die großen Anzahlen dieser Objekte so früh im Universum zu erzeugen.

Die Idee eines späten Phasenübergangs ist jedoch so neu, daß die Kosmologen noch keine Zeit hatten, viele ihrer Auswirkungen zu erforschen. Wir müssen zum Beispiel die Entwicklung von Texturen und kosmischen Membranen simulieren und sehen, ob sie wirklich die beobachteten Eigenschaften der Galaxien und Haufen erzeugen. Wenn weitere Messungen weiterhin anzeigen, daß die Mikrowellen-Hintergrundstrahlung äußerst gleichmäßig ist, nicht unregelmäßiger als wenige Teile auf eine Million, dann könnten Theorien dieses Typs die einzigen sein, die noch Bestand haben. Was jetzt für eine sehr radikale Idee gehalten wird, muß vielleicht sehr ernst genommen werden.

Wenn es durch weitere Untersuchungen bestätigt wird, könnte die anscheinend regelmäßig Folge von „Großen Mauern", die bei den Durchmusterungen entlang eines Sehstrahls entdeckt wurde, sehr wohl ein Beweis für einen späten Phasenübergang sein. Die typische Größe dieser Mauern – mehrere hundert Millionen Lichtjahre – ist etwa das, was man erwarten kann. Und solche sich wiederholenden, „kristallinen" Arten von Strukturen können unmittelbar mit Phasenübergängen in Zusammenhang gebracht werden (statt mit dem Ergebnis der Massenanziehung), genauso wie Kristalle, die in einem Labor wachsen, das Ergebnis eines Übergangs aus der flüssigen in die feste Phase sind. Diese aufregende Möglichkeit, die Anfang 1990 auftauchte, wird sicher der Gegenstand intensiver Aktivität in den kommenden Jahren sein.

* * *

Wir sind seit 1980 einen langen Weg in Richtung auf ein Verständnis des Ursprungs der Struktur im Universum gegangen, aber wir müssen vielleicht noch einen weiten Weg gehen. Jedes unserer Szenarien hatte eine Anzahl begründeter Erfolge und einige ungelöste Schwierigkeiten. Vielleicht gibt es noch eine weitere Alternative für die urzeitlichen Keime, die wir noch nicht einmal in Erwägung gezogen haben. Die Kosmologie ist im Augenblick in einem solchen Fluß, daß es völlig unklug wäre, eine solche Eventualität von vornherein auszuschließen. Sicher gibt es noch mehr neue Moden und reiche, bizarre Theorien, die gleich um die Ecke auf uns warten.

11. Den Kosmos erforschen

Heute haben wir starke Beweise, daß der Großteil des Universums aus dunkler Materie besteht, die anders ist als alles, was wir im alltäglichen Leben wahrnehmen. Die Physiker nehmen diesen Vorschlag fast als erwiesene Tatsache. Aber es fällt uns schwer, alle die faszinierenden strukturellen Erscheinungen, die Sie in diesem Buch kennengelernt haben, allein durch Heranziehen eines der vielen möglichen Kandidaten zu erklären. Die vollständige Erklärung muß komplexer sein als dies, und nicht nur dunkle Materie, sondern auch etwas *anderes*, wie Wellen im urzeitlichen Ozean der Materie, eine Art von Auswahleffekt oder topologische Defekte im Raum an sich umfassen. Wie soll man zwischen allen diesen verfügbaren Alternativen unterscheiden? Wie können wir die vollständige Antwort herausbekommen?

Vor ähnliche Probleme gestellt, hätten die Kosmologen früherer Tage kapitulierend mit den Schultern gezuckt und sich in die Sicherheit ihrer Gleichungen zurückgezogen, in der Überzeugung, daß Messungen so gut wie unmöglich sind. Aber jetzt nicht mehr. Die jüngsten Fortschritte in Wissenschaft und Technik haben die Kosmologie auf eine Stufe mit anderen Wissenschaften gestellt. Sie ist jetzt zu einer *experimentellen* Wissenschaft geworden, mit Folgen für die Wirklichkeit, die uns helfen, ihre sich stark vermehrenden Hypothesen zu testen.

Während traditionelle Astronomen eifrig das elektromagnetische Spektrum nach seltsamen Erscheinungen absuchen, die von den verschiedenen Theorien gefordert werden, untersucht eine neue Generation von Astro-Physikern die ultrahoch-energetischen kosmischen Strahlen und Neutrinos, die aus dem Weltall eintreffen. Alle diese Wissenschaftler haben viele neue Werkzeuge sowohl im Weltraum als auch auf der Erde zur Verfügung, die ihnen helfen, Antworten auf kosmologische Fragen zu suchen. Auch die Teilchenphysiker haben die Jagd nach der dunklen Materie aufgenommen und suchen ihre verräterischen Spuren in dem umgebenden Halo der Milchstraße oder versuchen, sie mit roher Kraft bei Experimenten zu erzeugen, die an leistungsstarken Speicherringen in der ganzen Welt durchgeführt werden. Es gibt reichlich Aktivität, die jetzt im Gange ist oder kurz vor dem Anfang steht und welche dringend benötigte Daten in naher Zukunft liefern sollte.

* * *

Eine wichtige verbleibende Frage ist der Aufenthaltsort der dunklen Baryonen, die sich *irgendwo* draußen im Weltraum verbergen müssen. Wie wir von den Überlegungen der Urknall-Nukleosynthese wissen, ist die Gesamtdichte der Baryonen wesentlich größer als der Teil, den wir gegenwärtig sehen können. Suchen die dunklen Baryonen die galaktischen Halos heim? Oder lauern sie tief in den intergalaktischen Leeren? Auch wenn sie für dunkel gehalten werden, könnten diese matten Baryonen immer noch eine Art von verräterischem Kennzeichen haben, das die Astronomen in die Lage versetzen würde, sie zu orten.

Wie schon bemerkt, finden die Astronomen bei Untersuchung des Lichts von entfernten Quellen, das eine Leere durchquert hat, häufig dunkle Linien im elektromagnetischen Spektrum. Diese stammen von Atomen, die einen Teil des Lichts absorbierten, welches die Atome vor Äonen durchdrang. Das Licht von entfernten Quasaren beispielsweise zeigt dunkle Absorptionslinien, die von Wasserstoffgas verursacht werden und manchmal von Kohlenstoff, Sauerstoff, Silizium und Eisen. Diese Elemente scheinen in gigantischen Wolken vorzukommen, die so groß wie Galaxien sind. Bis jetzt ist die Menge der Materie, die in diesen intergalaktischen Wolken zu finden ist, etwa so groß wie die leuchtende Materie, die bereits in Galaxien beobachtet wurde. Aber es ist immer noch nicht genug, um für alle fehlenden Baryonen aufzukommen.

Ob diese Wolken totgeborene Galaxien, die niemals scheinen werden, oder junge Galaxien sind, die schließlich Sterne bilden sollten, bleibt eine offene Frage. Die 1989er Beobachtung einer relativ nahegelegenen rotierenden Wolke aus Wasserstoffgas am Rande des Zusammenbruchs (siehe Kapitel 6) bevorzugt die letztere Deutung. Und jene Wolken, die schwere Elemente enthalten, *müssen* eine Art stellarer Nukleosynthese mitgemacht haben, wobei anschließend Supernovae schweres Material zurück in das Weltall ausgestoßen haben. Aber sind die dafür verantwortlichen Sterne nur zu matt, um sie zu sehen? Oder ist etwas anderes, etwas noch Merkwürdigeres im Gange?

In großen Haufen und Superhaufen werden oft Röntgenstrahlen aus dem intergalaktischem Gas heraus beobachtet, das in ihren Zentren von hoher Dichte aufgeheizt wird. Diese riesigen Ensembles von Galaxien stellen im Grunde ein einzigartiges Laboratorium dar, um die Beschaffenheit des intergalaktischen Mediums zu untersuchen. Obwohl die Gasmenge, die bis jetzt bei den ersten Durchmusterungen der Röntgenquellen gefunden wurde, nicht die gesamten dunklen Baryonen erklärt, könnten empfindlichere Durchsuchungen, die jetzt geplant werden, zusätzliche Mengen finden. Insbesondere wurde der ROSAT-Satellit (kurz für ROentgen SATellit) 1990 gestartet, um den Himmel nach Röntgenstrahlen aus außergalaktischen Quellen abzusuchen.

Eine weitere Möglichkeit, wie sich schließlich dunkle Baryonen in den intergalaktischen Räumen zeigen könnten, sind Objekte niedriger Masse wie etwa Braune Zwerge. Diese scheinen mit zu geringen Leuchtstärken, um bis jetzt nachgewiesen worden zu sein. Sobald das Hubble-Weltraumteleskop repariert worden ist, könnten diese Objekte letzten Endes auftauchen. Oder vielleicht werden sie über ihre Infrarotstrahlung nachgewiesen, durch Einsatz satellitengestützter Detektoren, die für diesen Teil des Spektrums empfindlich sind.

Wenn es eine Anhäufung dunkler Materie gibt, die in einer Leere lauert, baryonisch oder nicht, sollte sie als Gravitationslinse wirken – die Lichtstrahlen entfernterer Objekte krümmend, wenn sie die Leere auf dem Weg zur Erde durchqueren. Solch ein Effekt könnte beispielsweise auftreten, wenn eine große Galaxie zwischen der Erde und einem entfernten Quasar sitzt. Das Licht des Quasars wird gebeugt und fokussiert durch das Schwerefeld der Galaxie, so daß Abbilder des Quasars an zwei oder drei Stellen nahe der Galaxie auftreten, statt als ein einziger Lichtpunkt. Die Astronomen haben bereits mehrere solcher identischer Zwillinge oder Drillinge ausgemacht – plus einem Lichtbogen, der wahrscheinlich aufgrund des gleichen Effekts einer Gravitationslinse auftritt.

Große Anhäufungen dunkler Materie in einer Leere würden das Quasarlicht in ähnlicher Weise beeinflussen, was uns einen indirekten Weg eröffnet, sie nachzuweisen. Wenn wir identische Zwei- oder Dreifachbilder entdecken, aber keine Galaxie in der

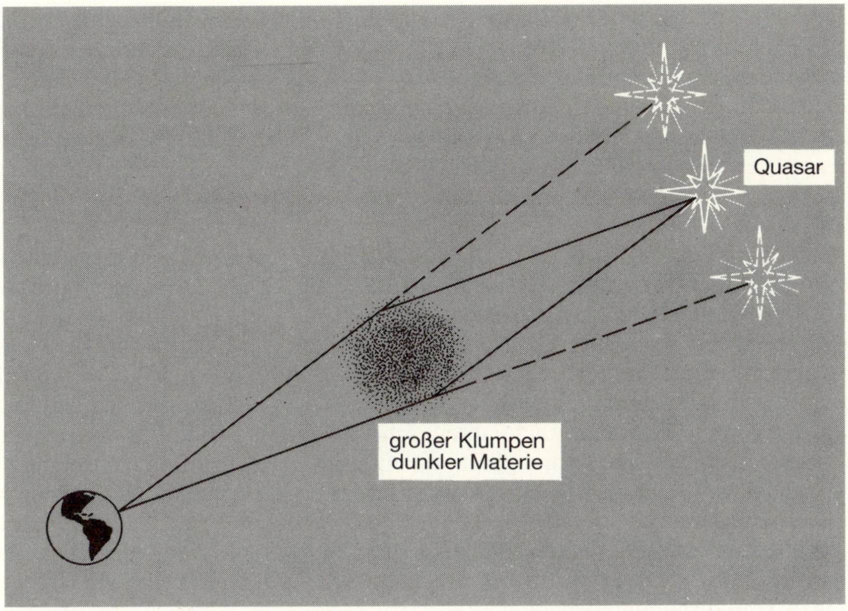

Ein Klumpen dunkler Materie als Gravitationslinse für das Licht eines Quasars. Das Licht wird leicht gebeugt, wenn es durch diesen Klumpen hindurch- und an ihm vorbeigeht, wodurch mehrfache Abbilder eines einzigen hellen Objekts erzeugt werden.

Nähe, um diesen Effekt auszulösen, dann wäre dies ein aussagekräftiger Hinweis auf etwas Dunkles und Massives, das in der Nachbarschaft lauert.

Man muß jedoch beweisen, daß es wirklich mehrfache Abbilder desselben Objekts *gibt* – und nicht nur zwei oder drei benachbarte Objekte, die sich gleichen. Solch ein Paar wurde zum Beispiel 1986 entdeckt, von dem behauptet wurde, es sei durch eine Gravitationslinse verursacht. Eine Weile lang löste dies große Aufregung aus. Aber als die anfänglich unsichtbaren Teile der elektromagnetischen Spektren der beiden anschließend untersucht wurden, stellte sich das Paar als zwei in Wirklichkeit getrennte Objekte heraus.

In ähnlicher Weise können Schwarze Löcher oder Braune Zwerge in dem Milchstraßenhalo das Licht außergalaktischer Quellen beugen, wenn es auf dem Weg zur Erde vorbeikommt. Wenn es sie in ausreichender Zahl gäbe, könnten wir ein leichtes „Flackern“ oder Zittern der weitentfernten Quellen beobachten, wenn diese unsichtbaren „Linsen“ sich durch unser Gesichtsfeld bewegen. Nahegelegene Zwerggalaxien, genannt die Magellanschen Wolken, stellen eine hervorragende Reihe von Quellen zur Verfügung, deren Licht durch den dunklen Halo unserer Galaxie laufen sollte. Zwei Teams von Wissenschaftlern, eines vom Lawrence Livermore Laboratory und das andere aus Saclay bei Paris, rüsten Teleskope in Chile eigens dafür aus, um in den Magellanschen Wolken nach diesem Flackern zu suchen. Jedes schwerkraftbedingte Zittern müßte jedoch vom dem Funkeln unterschieden werden, das natürlicherweise auftritt, wenn das Licht auf Dichte- und Temperaturschwankungen in der Erdatmosphäre trifft.

Das Auffinden des Aufenthaltsortes der dunklen Baryonen hat wichtige Folgerungen für die Modelle des Universums mit heißer und kalter dunkler Materie. Wenn die galaktischen Halos wirklich aus baryonischer dunkler Materie bestehen, ist keine kalte dunkle Materie dafür nötig, und heiße dunkle Materie wäre daher bevorzugt, den Großteil des Universums auszumachen. Wenn diese Baryonen stattdessen in totgeborenen Galaxien gefunden werden, oder anderen Wolken normaler Materie, die in den intergalaktischen Leeren liegen, dann würde kalte dunkle Materie für die Halos benötigt.

* * *

Ein weiteres wichtiges Ziel der Astronomen ist, die Beobachtungen der großräumigen Erscheinungen im Universum zu bestätigen und auszudehnen. Diese Art von Untersuchungen steht erst auf einer vorläufigen Stufe. Viel präzisere und umfassendere Daten sollten schließlich im Laufe dieses Jahrzehnts zur Verfügung stehen.

Mehrere Gruppen sind mit der Überprüfung der Beobachtungen von hohen Pekuliargeschwindigkeiten in unserer örtlichen galaktischen Nachbarschaft beschäftigt, den umgebenden 300 Millionen Lichtjahren schätzungsweise, die zusammen mit der Milchstraße mit einer Geschwindigkeit von etwa 600 Kilometern in der Sekunde herumrasen. Solche Messungen sind schwierig, wie Sie sich erinnern, weil die Astronomen die Abstände zu anderen Galaxien genau bestimmen müssen. Das ist keine Kleinigkeit. Aber sorgfältige Arbeit muß hier geleistet werden, weil hohe Pekuliargeschwindigkeiten, wenn sie verifiziert werden, das Ende für viele Szenarien der großräumigen Strukturbildung bedeuten.

Die Weise, in der sich Haufen bündeln, erfordert ebenfalls weitere Untersuchungen, weil dies eines der wesentlichen Argumente für die topologischen Defekte als Keime der Strukturbildung ist. Hierbei ist das Hauptproblem statistischer Natur. In den riesigen Entfernungen, die für Haufen charakteristisch sind, sind einfach noch nicht soviele Objekte katalogisiert. Die Schlußfolgerungen hinsichtlich der Korrelation von Haufen sind noch vorläufig und könnten auf Projektionseffekte zurückzuführen sein. Wir brauchen eine viel umfassendere, nicht einseitige Auswahl an großräumigen Strukturen, so daß wir uns Haufen heraussuchen und bestimmen können, wie stark sie miteinander korreliert sind. Satellitengestützte Röntgenbeobachtungen mögen ein guter Weg sein, um solche Kataloge mit einer objektiven Auswahl zu erstellen.

Heutige Untersuchungen der Korrelationen beruhen in erster Linie auf einem größeren Katalog der Galaxien und Haufen, dem Abell-Katalog, der vor mehr als 20 Jahren von dem verstorbenen UCLA-Astronomen George Abell erstellt wurde. Dieser Katalog wurde *nicht* für die Art von Untersuchungen entwickelt, die jetzt damit versucht werden. Mehr und bessere Daten werden dringend benötigt, einschließlich der Positionen und Rotverschiebungen der Haufen in weit größeren Entfernungen als im Augenblick verfügbar sind. Wir brauchen auch umfassendere Informationen über Objekte, die nur von der Südhalbkugel aus sichtbar sind. Eine neue Durchmusterung unter der Leitung von George Efstathiou aus Oxford zielt darauf ab, die Rotverschiebungen von 10 000 Galaxien am Südhimmel zu ermitteln. Photographische Platten werden *automatisch* nach Galaxien und Haufen abgesucht, wodurch die Einseitigkeiten des Beobachters ausgeschlossen werden.

Große Teleskope, die nur für die Kartographierung der Struktur des Universums bestimmt sind, würden helfen, die Probleme zu lösen. Aber angesichts der Baukosten waren die Astronomen bis vor kurzem widerwillig, ein größeres Teleskop einer einzigen Aufgabe zu widmen – sogar einer von solch immenser Wichtigkeit für die Kosmologie. Es ist eher typisch, daß Teleskope jede Nacht für eine andere Aufgabe verwendet werden, was es schwierig macht, eine Untersuchung in großem Maßstabe durchzuführen. Da die Astronomen erkennen, was systematische Durchmusterungen über die grundlegende Physik offenbaren könnten, fangen sie jedoch an, solch eine spezialisierte Verwendung für ihre Teleskope zu befürworten.

Die University of Chicago, Princeton University und das Institute for Advance Study bauen jetzt ein 2,5-Meter-Teleskop, dessen einziger Zweck die Kartographierung von Galaxien ist. Dieses Teleskop wird eine Glasfaseroptik verwenden, um die Spektren vieler Galaxien gleichzeitig bei einer Beobachtung zu erhalten. Weil die Menge der Daten, die in diesem Projekt gesammelt werden soll, enorm ist, vergleichbar zu dem eines Hochenergiephysik-Experiments, werden Teilchenphysiker vom Fermilab an den Mühen der Datenanalyse beteiligt sein. Innerhalb von fünf Jahren erwarten diese Wissenschaftler, die Rotverschiebungen von über einer Million Galaxien zu messen, im Vergleich zur gegenwärtigen Gesamtzahl aus allen Quellen von etwa 10 000. Mit so vielen Galaxien können großräumige Strukturen genau kartographiert werden, und die statistische Aussagekraft der verschiedenen Argumente wird nicht länger zweifelhaft sein. Wenn Strukturen mit einer Größe von hunderten von Millionen Lichtjahren wirklich und allgegenwärtig sind, dann werden wir gezwungen sein, zufällige Kräuselungen in der urzeitlichen See der Materie als Keime der Strukturbildung zu verwerfen.

Wenn die Probleme mit seiner Optik behoben sind, sollte das Hubble-Weltraumteleskop eine neue Ära der Astronomie eröffnen. Hoch in einer Umlaufbahn über der Erdatmosphäre wird es Objekte mit gegebener Helligkeit zehnmal weiter entfernt nachweisen, als jene, die wir momentan mit bodengestützten Teleskopen sehen können. Wir könnten sogar in der Lage sein, Galaxien zu beobachten, wie sie während ihrer Epoche der Entstehung vor mehr als 10 Milliarden Jahren aussahen. Bildeten sie sich aus Materie, die sich auf einem kosmischen String sammelte? Halfen Schockwellen von Explosionen bei der Auslösung des Kollaps? Oder trat irgendein anderes

Das Hubble-Weltraumteleskop, das im April 1990 vom Space Shuttle in eine Erdumlaufbahn getragen wurde. Dieses 2,4-Meter-Teleskop sollte letztendlich einen einzigartigen Ausblick auf die Vorgänge bieten, die während der Epoche der Galaxienbildung abliefen.

unvorhergesehenes Ereignis ein? Gab es Quasare, als das Universum weniger als 100 Millionen Jahre alt war? Waren sie in einem Alter von 500 Millionen Jahren allgegenwärtig?

Das Hubble-Teleskop mag schließlich die Antworten auf diese Art Fragen liefern. Aber es ist auch nur ein einziges Gerät, das viele in Betracht kommende Benutzer haben wird, die sich um die begrenzt verfügbare Zeit bewerben. Notwendigerweise werden systematische Untersuchungen mit diesem Teleskop hinter der Suche nach himmlischen Kuriositäten zurückstehen.

Ende 1990 plant die NASA, ein Instrument zu starten, das Advanced X-Ray Astronomical Facility (AXAF) genannt wird und für die Röntgenastronomie in gleicher Weise genutzt werden soll wie das Hubble-Teleskop für die optische Astronomie. Röntgenstrahlen werden von Atomen erzeugt, die auf hohe Temperaturen erhitzt wurden – Millionen von Grad –, die unter extrem heftigen Bedingungen auftreten. Wenn dann zum Beispiel Explosionen irgendwelcher Art an der Galaxienbildung beteiligt sind, sollte es Mengen heißer Gase geben, die von AXAF nachweisbare Röntgenstrahlen emittieren. Damit sollten wir in der Lage sein zu sagen, ob Explosionen die Galaxienbildung verursachten oder nicht und dadurch bestimmen, ob Schockwellen der Gravitation behilflich waren.

Wie früher schon erwähnt, ist von großen Galaxienhaufen ebenfalls bekannt, daß sie heiße röntgenemittierende Gase enthalten, ein möglicher Ort dunkler Baryonen. Aber wie verbreitet ist dieses heiße Gas? Wir wissen es noch nicht. AXAF wird in der Lage sein, die ausgedehnten Durchmusterungen zu machen, die uns verraten sollten, ob solch ein heißes Gas je alle dunklen Baryonen erklären kann oder nicht.

In Ergänzung zu diesen Weltraumgeräten ist eine neue Generation großer, bodengestützter Teleskope im Kommen. Viele Jahrzehnte lang war das größte arbeitende Teleskop das Hale-Teleskop auf dem Mount Palomar bei San Diego, mit einem Spiegel von fünf Metern Durchmesser. Ein Sechs-Meter-Gerät, das in der Sowjetunion in Zelenchukskaya im Kaukasus gebaut wurde, arbeitete nie erwartungsgemäß. Jetzt planen mehrere Gruppen, Teleskope mit Spiegeln von 8, 10 oder sogar 16 Metern Durchmesser zu bauen – manchmal in Anordnungen von zwei oder mehreren Spiegeln, die optisch oder elektronisch verbunden sind. Mit der Fähigkeit, viel mehr Licht zu sammeln, wird diese neue Generation von Teleskopen in der Lage sein, viel schwächere Objekte aufzunehmen, als heute zu beobachten sind. Wie das Hubble-Teleskop könnten sie Fenster zur Epoche der Galaxienbildung öffnen oder den Astronomen erlauben, neue Objekte mit extrem großen Rotverschiebungen zu entdecken.

Eines dieser neuen Teleskope ist das Keck-Teleskop, das vom CalTech und der University of California gebaut wird. Mit einem riesigen, segmentierten Spiegel von zehn Metern Durchmesser ist es auf den Mauna Kea auf Hawaii gestellt worden, um die atmosphärischen Verzerrungen zu minimieren, die seine Auflösung begrenzen könnten – seine Fähigkeit, Objekte scheinbar kleiner Dimensionen zu unterscheiden. Eine zweite Version dieses einzigartigen Teleskops ist jetzt im Planungsstadium.

Ein weiteres großes Teleskop wird von einem Konsortium geplant, das aus der University of Arizona, der Ohio State University und dem Osservatorio Astrofisica di Arcetri in Italien besteht. Genannt das Columbus-Projekt, wird es zwei Acht-Meter-Spiegel verwenden, die sechs Meter voneinander getrennt sind, was ihm die Auflösung eines 22-Meter-Teleskops verleiht (8 + 6 + 8 = 22) und die Lichtsammelfähigkeit eines 11-Meter-Teleskops. (Die vereinte Fläche zweier Acht-Meter-Scheiben entspricht der einer einzigen Elf-Meter-Scheibe.)

Schließlich hat sich ein Konsortium westeuropäischer Staaten einschließlich Frankreich, Italien und Deutschland entschlossen, das Very Large Telescope in den Bergen Nordchiles zu bauen, eine lineare Anordnung von vier Acht-Meter-Spiegeln, die unabhängig verwendet oder mittels Optik oder Computer verbunden werden können. Es wird die Lichtsammelfähigkeit eines Spiegels von 16 Metern Durchmesser haben, was es mit Leichtigkeit zum größten Teleskop der Welt macht.

Sobald diese großen Teleskope gebaut sind, sollten sie eine heilsame Wirkung auf die Verfügbarkeit kleinerer Geräte haben. Astronomen, die sich auf verrückte Objekte mit großer Rotverschiebung konzentrieren, werden wahrscheinlich mehr Zeit den großen Teleskopen widmen, was die kleineren Geräte für ausgedehnte Galaxiendurchmusterungen von der Art freimacht, die die schaumig großräumige Struktur des Universums entdeckte. Wir könnten schließlich den gegenwärtigen Stand der Dinge überwinden, bei dem die Teleskop-Zeit unter einer riesigen Zahl unzusammenhängender Projekte aufgeteilt ist, und stattdessen allmählich ein zusammenhängendes Bild des Universums im Ganzen erhalten.

Ein Vier-Meter-Teleskop, das völlig der Bestimmung von Rotverschiebungen der Galaxien an der Südhalbkugel gewidmet ist, wäre ein großer Segen für die Kosmologie. Zusammen mit dem Chicago-Princetoner 2,5-Meter-Teleskop, das nun im Bau ist, würde es uns helfen, eine dreidimensionale Karte des Universums bis in viel größere Tiefen zu erstellen, als es bis jetzt verwirklicht wurde. Solch eine Karte würde feststellen, wie allgegenwärtig die schaumige Struktur wirklich ist, und ob sie sich mit der Zeit fortentwickelt. Sind die Leeren wirklich Blasen? Bleibt die Größe der Blasen die gleiche? Ist die Struktur wirklich schwammartig? Oder blattartig? Dies ist die Art von Fragen, die wir werden beantworten können, wenn mehr und größere Teleskope den Galaxiendurchmusterungen auf immer größeren Entfernungen gewidmet werden.

Neue Durchmusterungen werden es auch erlauben, detailliertere Überprüfungen der Messungen von Loh und Spillar zu machen (siehe Kapitel 8), die die anscheinende Dichte der Galaxien benutzten, um zu schließen, daß der Raum in der Tat flach ist – in Übereinstimmung mit $\Omega = 1$. Ihre Ergebnisse werden in Frage gestellt, weil die galaktische Entwicklung ihre Fähigkeit beeinflußt haben könnte, Galaxien in großen

Ein Modell des „Very Large Telescope". Diese Anordnung von vier 8-Meter-Teleskopen wird von einem europäischen Konsortium in den Bergen Nordchiles gebaut.

Entfernungen auszuwählen, wodurch ihre Daten einseitig würden. Systematische Galaxiendurchmusterungen sollten es uns erlauben, solche Effekte festzustellen, wenn es sie gibt, und etwaige notwendige Berichtigungen zu machen. Auf diesem Weg könnten wir schließlich eine unzweideutige Messung des Parameters Ω machen, die als ein Prüfstein theoretischer Vorurteile dient.

* * *

Umfangreiche Galaxiendurchmusterungen werden einen entscheidenden Test für die kosmischen Strings und andere Modelle darstellen, die auf topologischen Defekten beruhen. Durch Vermessen der großräumigen Strukturen des Universums können traditionelle optische Astronomen (deren Feld der Forschung bis zurück zu Galilei reicht) jetzt ihre Teleskope verwenden, um die vereinheitlichten Theorien der Elementarteilchen zu erforschen. Der Makrokosmos könnte wichtige Einblicke in den Mikrokosmos geben, die selbst mit den leistungstärksten Atomzertrümmerern niemals zu erhalten wären.

Ein weiterer möglicher Weg, um kosmische Strings und andere Defekte nachzuweisen, wäre ihre Wirkung als Gravitationslinsen. Eine Strecke eines kosmischen Strings sollte als eine lange Linse dienen, die zu einer Reihe von Doppelbildern führt. Leonard Cowie an der University of Hawaii entdeckte kürzlich eine Gruppe von Objekten, die viele solcher identischen Paare zu enthalten scheint. Einige Kosmologen waren der Meinung, daß diese Paare die Existenz eines kosmischen Strings offenbaren, aber andere denken, daß die Paare lediglich eine Reihe von Doppelgalaxien wie M31 und die Milchstraße sind.

Kosmische Strings und andere Defekte würden auch kleine Schwankungen in der Temperatur der Mikrowellen-Hintergrundstrahlung auslösen. Wie Albert Stebbins vom Fermilab zeigte, wäre die Temperatur der Strahlung kurz über einem String etwas anders als die darunter. Wenn ein Physiker über den String hinweg mißt, würde er oder sie eine kleine „Stufe“ bemerken – einen Unterschied von 10 Teilen auf eine Million. Die gleiche kleine Stufe würde überall entlang des Strings auftauchen. Obwohl solch eine Präzision gegenwärtig an der Grenze der Nachweisfähigkeit liegt, werden neue und bessere Instrumente diesen Ansatz bald zu einem guten Weg machen, um nach topologischen Defekten zu jagen.

Eine detaillierte Suche nach Unregelmäßigkeiten in der kosmischen Hintergrundstrahlung wird von dem COBE-Satelliten ebenso ausgeführt wie von bodengestützten Detektoren am Südpol und anderswo auf der Erde. Diese Experimente werden schließlich die Genauigkeit solcher Messungen auf eine Niveau von wenigen Teilen auf eine Million hochschieben. Wenn wir keine Unregelmäßigkeiten in der Hintergrundstrahlung auf diesem Niveau finden, könnten wir gezwungen sein, späte Phasenübergänge in Betracht zu ziehen (siehe Kapitel 10). Wenn Unregelmäßigkeiten entdeckt *werden*, müßten wir bestimmen, ob deren Muster zufällig oder korreliert ist. In letzterem Fall würden sie einen konkreten Hinweis auf eine Art von kosmischem String oder anderen topologischen Defekten darstellen. Diese Art Untersuchungen könnten sogar in der Lage sein, eines Tages die urzeitlichen kosmischen Keime direkt nachzuweisen.

Andere Hinweise auf kosmische Strings könnten von ihrer Wirkung auf die Strahlung von Pulsaren kommen, welche sehr rasch rotierende Neutronensterne sind. Als die besten bekannten „Uhren“, so gut wie oder besser als Atomuhren, emittieren einige Pulsare intensive Ausbrüche von Radiowellen in *extrem* regelmäßigen Intervallen in der Größenordnung weniger Millisekunden. Wenn Schlaufen kosmischer Strings schwingen, würden sie Gravitonenstrahlung emittieren, die sehr geringfügig (etwa 10 Teile pro Million) den Abstand des Pulsars von der Erde verändert. Die scheinbare Periode des Pulsars – die Zeit zwischen aufeinanderfolgenden Ausbrüchen – würde wegen dieser „Verwerfung" des dazwischenliegenden Raumes schwanken. Das Fehlen jeglicher solcher Schwankungen bei den bis jetzt gemachten Messungen hat bereits vielen möglichen Modellen kosmischer Strings den Garaus bereitet. Wenn die Genauigkeit sich verbessert, sollten die Wissenschaftler ein intrinsisches Niveau von Schwankungen im beobachteten Zeittakt der Pulsare feststellen, wenn eines dieser Modelle richtig ist.

Obwohl Explosionen supraleitender Strings nicht die großräumige Struktur des Universums erzeugt haben, wie mittlerweile bekannt ist, könnten sie trotzdem immer noch existieren und beobachtbare Effekte hervorrufen. Insbesondere könnten sich Hinweise auf sie in kosmischen Strahlen ultrahoher Energie zeigen. Wenn die Ströme geladener Teilchen, die im Innern der schrumpfenden Schlaufen dieses Strings kreisen, zu stark werden, bricht die Schlaufe zusammen und stößt Teilchen sehr hoher Masse und Energie aus. Solche vergehenden Schlaufen sollten auch eine wesentliche Quelle von Korpuskeln ultrahoher Energie sein, von denen einige schließlich auf die Erde auftreffen.

In der Tat *gibt* es kosmische Strahlen, die die Erde mit extrem hoher Energie treffen – bis zu fast 100 Milliarden Gigaelektronenvolt, etwa hundertmilliardenmal die Massen-Energie eines einzelnen Protons. Das ist ein ziemlich kräftiges Teilchen. Zum Vergleich: die Protonen höchster Energie, die in einem erdgestützten Teilchenbeschleuniger erzeugt werden, dem Tevatron am Fermilab, führen nur Energien bis zu 900 Gigaelektronenvolt mit sich. Der Ursprung dieser ultrakräftigen kosmischen Strahlung ist noch nicht sicher. Aber die supraleitenden kosmischen Strings könnten tatsächlich die Quelle sein, meint der Physiker Chris Hill vom Fermilab. Beobachtungen dieser kosmischen Strahlen helfen deshalb, die verschiedenen möglichen Modelle einzuschränken und ihre Willkürlichkeit zu begrenzen.

Das Fly's Eye Observatory („Fliegenaugen-Observatorium") auf den Dugway Proving Grounds in Utah ist eine Ansammlung elektronischer Geräte, um kosmische Strahlen ultrahoher Energie nachzuweisen. Diese lösen enorme Partikelschauer aus, mit vielen subatomaren Teilchen darin, wenn sie die oberen Teile der Erdatmosphäre treffen. Wenn diese Teilchen in die untere Atmosphäre hinabrasen, erzeugen sie schwache Lichtblitze, die eigentlich in den einzelnen Elementen des „Fliegenauges" detektiert werden.

Gebaut und betrieben von der University of Utah, ist der Fly's Eye Detector viel größer als jeder der vorangegangenen Detektoren kosmischer Strahlen. Er überblickt eintausend Quadratkilometer des Himmels. Nach nur wenigen Jahren des Betriebs hat er die Zahl der Ereignisse verdoppelt, die aufgrund von kosmischen Strahlen ultrahoher Energie zuvor von allen anderen Detektoren auf der Welt zusammen wahrgenommen wurden.

Nun sind andere Gruppen, einschließlich einer von der University of Chicago unter der Leitung von James Cronin und einer von der University of Michigan, geleitet von John van der Velde, in dieses Projekt eingestiegen. Diese Physiker bringen ein weiteres Detektorfeld in Stellung, auf dem Land, das das Fliegenauge umgibt, und in der Erde darunter. Die Hunderte von Geräten, die von der Chicagoer Gruppe hinzugefügt werden, werden weit mehr Informationen über die Teilchenschauer liefern, einschließlich ihrer Energie und Richtung; jene des Michigan-Teams werden dabei helfen, durchdringende Teilchen als Müonen in den Schauern zu identifizieren (siehe Kapitel 2). Mit der Zeit und den vereinten Kapazitäten aller dieser Detektoren sollte

Ein Teil des „Fly's Eye Detector" in Utah. Mit mehrfachen Spiegeln, die auf aneinandergrenzende Teile des Himmels gerichtet sind, weist dieses Gerät kosmische Strahlen ultrahoher Energie nach, wenn sie auf die obere Atmosphäre treffen.

das Fly's Eye Observatory schließlich in der Lage sein zu sagen, ob kosmische Strahlen ultrahoher Energie tatsächlich mit den Todesqualen supraleitender kosmischer Strings begannen oder nicht.

Dieses Feld von Teilchendetektoren könnte sogar aus dem All kommende Neutrinos mit ultrahoher Energie nachweisen. Wenn sie durch die Erde hindurchgehen und mit der Materie wechselwirken, kurz bevor sie an die Oberfläche kommen, würden sie sich aufwärts bewegende Teilchenschauer auslösen, die in dem Detektorfeld nachgewiesen werden könnten. In ähnlicher Weise wurden bereits große unterirdische Detektoren verwendet, um nach aufwärts strebenden Müonen zu suchen. Diese würden entstehen, wenn hochenergetische Neutrinos aus dem All kurz vor Erreichen des Detektors wechselwirken. Ein aufregendes neues Forschungsgebiet, das die Techniken der Teilchenphysik verwendet, um nach hochenergetischen Überresten astrophysikalischer Objekte zu suchen, hat somit vor kurzem angefangen, ernsthafte Fortschritte zu machen.

* * *

Eine neue Gattung von Physikern hat vor kurzem die schwierige Suche nach der dunklen Materie selbst aufgenommen – oder zumindest nach direkten Beweisen, daß dieser schattenhafte Stoff wirklich existiert. Wenn der Halo, der die Milchstraße umgibt, tatsächlich aus dunklen, nichtbaryonischen Teilchen zusammengesetzt ist, überlegen sich diese Wissenschaftler, warum sollte man nicht versuchen, sie nachzuweisen? Diese matten Korpuskeln mögen nicht allzu offensichtlich sein, aber sie sollten überall lauern, genau den Raum durchdringen, den wir bewohnen, und die Luft, die wir atmen. Vielleicht könnten superempfindliche Messungen der einen oder anderen

Art in der Lage sein, schwache Spuren dieser furchtsamen Geister zu entdecken. 1989 begann die National Science Foundation ein neues Wissenschafts- und Technologiezentrum an der University of California in Berkeley zu finanzieren, das in erster Linie der unmittelbaren Suche nach der dunklen Materie dient.

Jene Physiker, die von der kalten dunklen Materie angetan sind, haben eine besondere Motivation, sie in dem hiesigen Halo zu suchen, weil sie sich hier mit der baryonischen Materie angehäuft haben *sollte*. Heiße dunkle Materie wäre andererseits weit dünner verteilt. Weil sie sich schneller bewegt, würde sie sich auf einem viel größeren Entfernungsmaßstab sammeln, was es schwerer machte, sie nachzuweisen.

Diese kalten dunklen Teilchen wurden unter dem allgemeinen Kürzel „WIMP" bekannt, für Weakly Interacting Massive Particle (schwach wechselwirkende massive Teilchen), ein scherzhafter Name, der von dem Physiker Michael Turner von der University of Chicago geprägt wurde (Der englische Ausdruck „wimp" bedeutet „Schlappschwanz" – Anm. d. Übers.). Alle WIMPs haben etwas Masse und sie können nur sehr schwächlich mit gewöhnlicher Materie wechselwirken – andernfalls hätten wir sie bereits beobachtet. In den späten Achtzigern kam die Suche nach den WIMPs auf die Tagesordnung der an dunkler Materie interessierten Physiker. Ein neuzeitlicher wissenschaftlicher Goldrausch hatte begonnen.

Wenn sie massiv genug sind, um sich in dem örtlichen Halo zu sammeln, sollten sich WIMPs auch in Objekten hoher Dichte wie etwa der Erde oder der Sonne ansammeln. Obwohl ihre Wechselwirkung mit Protonen und Neutronen außerordentlich schwach ist, werden doch gelegentlich zufällige Begegnungen stattfinden, wenn ein WIMP durch eine dieser Kugeln hindurchgeht. Das WIMP gibt etwas Energie ab, wenn es zurückprallt – und wird ein bißchen langsamer. Nach mehreren solcher Begegnungen könnte es genug an Geschwindigkeit und Energie verloren haben, um durch die Gravitation festgehalten zu werden. Größere Konzentrationen von WIMPs würden nahe der Erde und der Sonne auftreten, weil diese Kugeln beständig durch den Halo fegen und neue Anhänger aufsammeln. Also könnte der beste Platz, um nach kalter Materie zu suchen, genau unter unseren eigenen Füßen sein!

Eine Weile lang schien es, daß es indirekte Hinweise auf WIMPs geben könnte, welche sich im Kern der Sonne sammeln, wie von John Faulkner von der University of California in Santa Cruz und William Press aus Harvard vorgeschlagen wurde. Wenn WIMPs die richtige Masse hätten, behaupteten diese Wissenschaftler, dann würden sie den Kern der Sonne kühlen, indem sie Energie in die äußeren Bereiche transportieren. Dieser Verlust würde die Temperatur des Sonnenkerns vermindern und die Rate der dort ablaufenden thermonuklearen Reaktionen verlangsamen. Weil diese Reaktionen Neutrinos erzeugen, die fähig sind, dem Kern zu entfliehen, würde diese Kette von Ereignissen den Fluß der Neutrinos verkleinern, der von der Sonne emittiert wird.

Solch ein Effekt könnte bereits von Raymond Davis vom Brookhaven National Laboratory festgestellt worden sein. Seit mehr als zwei Jahrzehnten, angefangen in den Sechzigern, hat er geduldig die solaren Neutrinos mit Hilfe eines riesigen Tanks voll Perchlorethylen (einer gebräuchlichen Reinigungsflüssigkeit) untersucht, der tief in der Homestake-Goldmine unter den Black Hills in South Dakota aufgestellt ist. Gelegentlich traf ein Neutrino von der Sonne ein Chloratom im Tank und verwandelte es in ein Argonatom, das Davis später extrahierte und mit sehr empfindlichen Methoden nachwies, die in der Lage sind, einzelne Atome zu zählen. Die Rate solarer Neutrinos, die er beobachtete, ist nur etwa ein Drittel dessen, was nach den Standardmodellen des Sonnenkerns erwartet wird. Neuere und genauere Untersuchungen des solaren Neutrinoflusses bestätigten diesen Befund. Sie wurden von einer Wissenschaftlergruppe durchgeführt, die einen großen unterirdischen Detektor in der japanischen Kamiokande-Mine verwendeten, und ergaben eine Rate von 40 Prozent der zu erwartenden Neutrinos. Solch ein Fehlbetrag an solaren Neutrinos, behaupteten Faulkner und Press, kann leicht durch WIMPs mit einer Masse zwischen zwei und zehn Gigaelektronenvolt erklärt werden, die Energie aus dem Kern abführen und ihn um zehn Prozent abkühlen. (Andere Theoretiker bieten natürlich andere Erklärungen an.)

Aber WIMPs, die sich im Kern der Sonne (und der Erde) sammeln, sollten noch einen anderen wichtigen Effekt haben. In solch erhöhten Konzentrationen würden WIMPs oft auch ihren Antiteilchen (den Anti-WIMPs) begegnen. Das Paar würde sich gegenseitig auslöschen und gelegentlich Neutrinos sehr hoher Energie erzeugen, die die Sonne mit Energien größer als einem Gigaelektronenvolt verlassen würden. Diese Neutrinos sollten eine sehr deutliche Spur in den unterirdischen Detektoren hinterlassen, welche in der ganzen Welt vergraben sind, um den Protonenzerfall zu beobachten (siehe Kapitel 5). Außer dem Kamiokande-Detektor in Japan gibt es den IMB-Detektor in einem Salzstock bei Cleveland (Ohio), der in Zusammenarbeit der University of California in Irvine, der University of Michigan und des Brookhaven National Laboratory gebaut wurde. Diese beiden enormen Wassertanks waren in der Lage, etwa 20 Neutrinos mit viel niedrigerer Energie aufzuzeichnen, die aus der 1987er Supernova stammten. Aber sie haben bis jetzt keine Neutrinos hoher Energie nachweisen können, die nicht auf anderem, konventionellerem Wege zu erklären sind.

Die Tatsache, daß keine aus der Sonne kommenden Neutrinos hoher Energie festgestellt wurden, weckt ernste Zweifel an dem Vorschlag von Press und Faulkner. Das Fehlen jeglicher solcher auffälligen Ereignisse scheint auch ein Hinweis zu sein, daß

Ein Taucher inspiziert das Innere des IMB-Detektors, der über 8000 Tonnen hochreinen Wassers enthält. Die Wände werden von tausenden von Photomultiplier-Röhren bedeckt. Diese sind für winzige Lichtblitze empfindlich, welche geladene Teilchen verursachen, wenn sie durch Wasser hindurchgehen.

mehrere der beliebteren Kandidaten der kalten dunklen Materie, wie Photinos und andere neutrale SUSY-Teilchen, schwerer als zehn Gigaelektronenvolt sein müssen, wenn sie die kalte Materie im Halo unserer Galaxie erklären sollen. Die Erklärung für die Abweichung bei den solaren Neutrinos liegt wahrscheinlich woanders (vielleicht in der Möglichkeit, daß Neutrinos eine sehr winzige Masse haben).

Ein weiterer Hinweis auf schwere WIMPs - Photinos beispielsweise – könnte die Detektion hochenergetischer Photonen in kosmischen Strahlen sein. Wenn ein Photino im Halo sein Antiteilchen trifft, würden die beiden sich auslöschen und gelegentlich ein Paar energiegeladener Photonen erzeugen. Oder sie könnten auch Proton-Antiproton-Paare erzeugen. Beide Möglichkeiten führten zu deutlichen, mononenergetischen Merkmalen in kosmischen Strahlen. Das Fehlen jeglicher derartiger Beobachtungen setzt bislang diesen Möglichkeiten strenge Grenzen.

Viele Physiker in der ganzen Welt versuchen nun, das Auftreten eines einzelnen WIMPs nachzuweisen, wenn es ein Proton oder Neutron in gewöhnlicher Materie entfernt. Um überhaupt eine Chance zu haben, solch eine seltene Begegnung zu sehen, müssen sie dem WIMP genug Materie in den Weg legen und trotzdem in der Lage sein, die unglaublich winzige Energieabgabe nachzuweisen, die beim Rückstoß eines einzelnen Protons oder Neutrons auftritt. Geräte, die fähig sind, diese hohe Anforderung zu erfüllen, müssen äußerst gut von zufälligen kosmischen Strahlen und von dem radioaktiven Hintergrund abgeschirmt werden, die sich leicht als falsches Signal einschleichen . Und sie müssen für gewöhnlich auf sehr tiefe Temperaturen nahe dem absoluten Nullpunkt abgekühlt werden, weil die klitzekleine Energieabgabe, die von einem echten WIMP zu erwarten ist, ansonsten in den normalen Wärmeschwingungen der Atome untergehen würde. Es ist wirklich eine herausfordernde Aufgabe, aber eine ständig wachsende Zahl von Physikern ist bereit, es zu versuchen.

Eines der bislang besten Ergebnisse solcher Suche nach dunkler Materie im Labor wurde 1990 von David Caldwell und seinen Mitarbeitern von der University of California in Santa Barbara, dem Lawrence Berkeley Laboratory und der Stanford University berichtet. Diese Physiker verwendeten extrem reine Germaniumkristalle, um nach bestimmten seltenen Arten des Kernzerfalls zu suchen. Ihnen wurde jedoch klar, daß ihre Detektoren empfindlich genug waren, um die Effekte bestimmter Elektronen aufzuzeichnen. Diese werden von Protonen herumgestoßen, welche ihrerseits vertrieben wurden, nachdem bestimmte Arten von WIMPs mit ihnen zusammenstießen. Aus der Abwesenheit jeglicher solcher Effekte schlossen sie, daß diese Arten von WIMPs Massen von weniger als 15 Gigaelektronenvolt haben oder mit der Materie weit schwächer wechselwirken müssen, als es die Neutrinos tun. Diese Ergebnisse machen es auch besonders unwahrscheinlich, daß es WIMPs mit den von Faulkner und Press benötigten Eigenschaften gibt, welche den Fehlbetrag an solaren Neutrinos erklären. Und zusammen mit der unteren Grenze für die Masse jedes zusätzlichen Neutrinos (über die drei bekannten Arten hinaus), die aus den LEP- und SLC-Experimenten mit dem Z-Teilchen erhalten wurde, können diese Experimente jegliches schwere Neutrino als tauglichen Kandidaten für die dunkle Materie ausschließen.

Eine weitere direkte Nachweismethode, ursprünglich von dem polnischen Physiker André Drukier vorgeschlagen und von mehreren europäischen Wissenschaftlern weiterentwickelt, beruht auf der Verwendung von vielen, vielen winzigen Perlen supraleitenden Materials. Wenn man diese Perlen auf ausreichend niedrige Temperaturen abkühlt, werden sie supraleitend. Außer daß sie einem hindurchgehenden elektrischen Strom keinerlei Widerstand bieten, erlauben die Supraleiter auch äußeren Magnetfeldern nicht, in sie einzudringen. Nehmen wir nun an, ein WIMP dringt in eine Perle ein und entfernt eines seiner Protonen oder Neutronen. Dieses Korpuskel könnte genug Energie abgeben, um die winzige Perle bis zu dem Punkt zu erwärmen, wo sie nicht mehr supraleitend ist. Die Perle „wird normal“ im üblichen Jargon; ein äußeres Magnetfeld kann wieder hineingelangen. Solch eine auffällige Zustandsänderung kann nachgewiesen werden, sogar in einer einzigen winzigen Perle, durch etwas, was „SQUID“ genannt wird (Supraleitender Quanteninterferenz-Detektor).

Andere, ähnliche Methoden zum direkten WIMP-Nachweis werden entwickelt. Die meisten beinhalten die Jagd nach winzigen Energiebeträgen in kleinen Mengen superkalter Materie. Alle stehen dem gleichen ernsten Problem gegenüber, daß thermische Schwankungen, zufällige kosmische Strahlen, ein radioaktiver Hintergrund oder sogar das unschuldige Rumpeln eines vorbeifahrenden Lastkraftwagens ähnliche Effekte auslösen können, ohne die Vermittlung durch welche WIMPs auch immer. Niemand erhob bis jetzt den Anspruch, einen überzeugenden Beweis für eine Begegnung mit WIMP-Materie erbracht zu haben. Diese Art Forschung hat jedoch erst vor kurzem begonnen und das sich schnell entwickelnde Feld mag in naher Zukunft wichtige Ergebnisse hervorbringen.

Die Methoden, die wir bislang erwähnt haben, eignen sich am besten für *schwere* Formen der kalten dunklen Materie, wie etwa Photinos oder sehr schwere Neutrinos, mit Massen größer als zwei Gigaelektronenvolt. Die Programme zum Nachweis des Axions im Labor andererseits umfassen andere, aber ebenso neuartige Techniken. Wenn sie für den umgebenden Halo verantwortlich sind, wären diese schmächtigen, ätherischen Teilchen absolut allgegenwärtig – weit verbreiteter sogar als die Neutrinos oder das Licht (Billionen pro Kubikzentimeter, nach manchen Schätzungen). Aber sie wären so leicht und so langsam, daß ihr Einfluß auf die normale Materie absolut nicht wahrzunehmen und jenseits aller Hoffnungen auf einen Nachweis wäre. Folglich müssen wir Meßtechniken einsetzen, die ihre riesige Anzahl ausnutzen.

Eine gemeinsame Eigenschaft der Axionen in ihren vielfältigen Erscheinungsformen ist ihre Neigung, in zwei Photonen gleicher Energie zu zerfallen. Je schwerer das Axion, desto schneller muß dieses Verschwinden eintreten. Wenn die Axionen zum Beispiel Massen von acht Elektronenvolt hätten und wenn der Halo eines Haufens aus ihnen bestünde, dann wäre er alles andere als dunkel. Statt dessen würde er mit einem sanften blauen Licht glühen – Photonen von vier Elektronenvolt in alle Richtungen emittierend. Die Tatsache, daß solch ein Glühen nicht nachgewiesen wurde, trotz ausgedehnter Suche durch Michael Turner und seine Kollegen, bedeutet, daß wir mit Sicherheit Axionen mit Massen in der Nähe von zwei bis zehn Elektronenvolt ausschließen können.

Andere astrophysikalische Argumente können verwendet werden, um die mögliche Masse der Axionen einzuschränken. Wenn sie zum Beispiel ungefähr 1000 Elektronenvolt auf die Waage brächten, würde die Sonne durch Axionemission zu schnell abkühlen; die Tatsache, daß die Sonne jeden Tag aufgeht, bedeutet, daß es keine Axionen mit dieser Masse gibt. Das Brennen von Helium in Roten-Riesen-Sternen würde niemals je einsetzen, wenn es Axionen mit Massen von mehr als etwa 0,01 Elektronenvolt gäbe. Da dies jedoch tatsächlich auftritt, in solch offensichtlichen Roten Riesen wie dem Stern Antares im Sternbild Skorpion, muß jedes dieser Axionen leichter als diesem Wert entsprechend sein.

Als man sie in den frühen Achtzigern erstmals vorschlug (siehe Kapitel 9), hielt man die „unsichtbaren Axionen“ für absolut nicht nachweisbar, sie könnten niemals beobachtet werden. Diese schmächtigen Geister mußten so leicht und ätherisch sein, daß ihr Zerfall in Photonen viele, viele Male das Alter des Universums benötigen würde. Und jedes Photon, daß doch herauskommt, wäre praktisch unmöglich aufzufinden. Aber seit diesen ersten Jahren wurden mehrere interessante Labornachweismethoden vorgeschlagen – und einige wagemutige Physiker haben bereits begonnen, solch eine Messung zu versuchen.

1983 merkte der Theoretiker Pierre Sikivie von der University of Florida an, daß „unsichtbare" Axionen in der Gegenwart eines extrem starken Magnetfeldes gezielt in Mikrowellenphotonen verwandelt werden könnten. Das Feld sollte in einem fast auf den absoluten Nullpunkt abgekühlten Hohlraum aus Kupfer erzeugt werden, so daß die thermischen Schwingungen nicht das wahre Signal überdeckten. Unter diesen Voraussetzungen sollte man Axionen durch das spontane Auftreten von Überschußenergie im Hohlraum nachweisen können, wenn dieser auf genau die richtige Mikrowellenfrequenz abgestimmt ist. Jedes Axion, das den Hohlraum durchdringt, würde dort in Mikrowellen verwandelt werden, was die Energieausbeute des Hohlraumes vergrößert.

Vom ersten Experiment nach diesem Muster, durchgeführt in Zusammenarbeit von Physikern aus Brookhaven, Fermilab und der University of Rochester unter der Leitung von Adrian Melissinos, wurde 1987 berichtet. Um ein extrem starkes Magnetfeld zu erhalten, verwendeten sie einen großen supraleitenden Magneten, der im Brookhaven National Laboratory auf Long Island zur Verfügung stand. Ihr Opfer war ein unsichtbares Axion mit der unvorstellbar kleinen Masse von 0,000 005 Elektronenvolt – Zehn*billionstel* der Masse eines Elektrons! Diese unerschrockenen Physiker standen

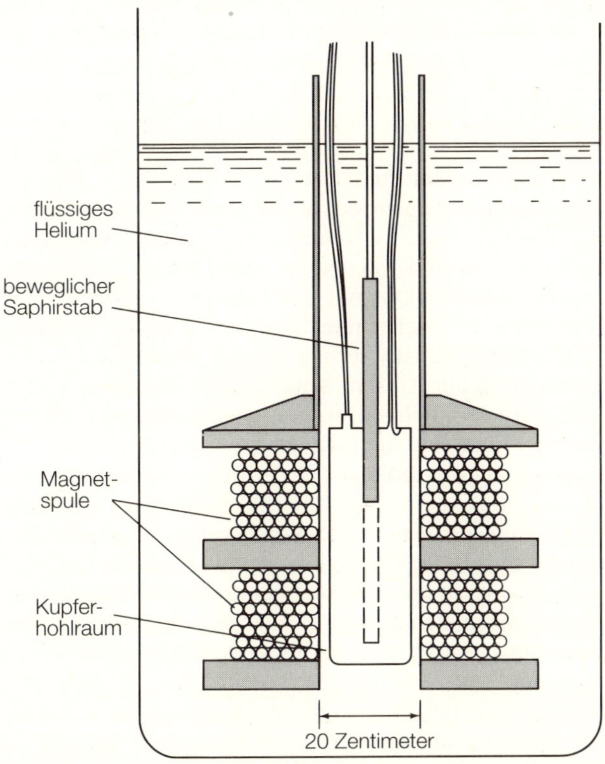

Querschnitt des Axion-Detektors, der in Zusammenarbeit von Wissenschaftlern aus Brookhaven, vom Fermilab und von der University of Rochester gebaut wurde. Axionen, die im Inneren des Hohlraums aus Kupfer zerfallen, würden diesen mit Mikrowellenfrequenzen in Resonanz bringen; der Trick besteht darin, diese schwachen Schwingungen nachzuweisen.

schließlich mit leeren Händen da, aber die Empfindlichkeit ihrer Apparatur war sowieso hundertmal zu gering, um solch ein Axion jemals nachzuweisen. Unverzagt verbessern sie nun ihre Apparatur und planen, die Jagd fortzusetzen. Ein neues Team, geleitet von Karl van Bibber vom Lawrence Livermore Laboratory (und einschließlich Sikivie sowie Turner), versucht nun, einen viel größeren Hohlraum mit ausreichender Empfindlichkeit zu bauen, um Axionen in einem Massenbereich nachzuweisen, der $\Omega = 1$ liefern kann.

Sogar die spektakuläre 1987er Supernova, SN1987A, kann uns mit Informationen über Axionen versorgen. Die Tatsache, daß Elektron-Neutrinos aus diesem stellaren Anfall auf der Erde mit den erwarteten Anzahlen und Energien wahrgenommen wurden, kann nur bedeuten, daß diese Neutrinos, und nicht die Axionen, den wichtigsten Weg darstellten, auf dem Energie aus dem kollabierenden Kern des sterbenden Sterns entkam. Der Kern wurde durch Neutrino-Emission „gekühlt", heißt das, und nicht durch Axion-Emission.

Mehrere unabhängige Teams von Physikern haben diese Beobachtung benutzt, um die bislang strengsten Grenzen für die mögliche Masse jedes unsichtbaren Axions festzulegen. Sie muß einer Gruppe zufolge (welche David Schramm einschloß) kleiner als 0,001 Elektronenvolt sein. Nur ein enger Bereich der Axionmasse kommt jetzt noch in Frage – jener zwischen etwa 0,000 01 und 0,001 Elektronenvolt. Dies ist genau der Bereich von Axionmassen, der $\Omega = 1$ liefern kann, also gibt es ein großes Interesse an der nächsten Generation von Axionsuchaktionen. Die Supernova-Beschränkungen für die Axionmasse stellen eines der beeindruckendsten Ergebnisse aus dem blühenden Feld der Elementarteilchen-Astrophysik dar.

* * *

Wenn sich die dunkle Materie als heiß erweist, dann ist der wahrscheinlichste Kandidat ein massives Neutrino, mit einer Masse irgendwo zwischen 20 und 30 Elektronenvolt. Zumindest *wissen* wir, daß es Neutrinos in ausreichender Zahl gibt, was weit mehr ist, als wir über alle die anderen, exotischeren Korpuskeln sagen können, die gegenwärtig befürwortet werden. Obwohl das Elektron-Neutrino bereits vom Wettbewerb ausgeschlossen wurde (weil seine Masse, wie aus Labormessungen bekannt, kleiner als zehn Elektronenvolt ist), verbleiben das Müon-Neutrino und das Tau-Neutrino als denkbare Kandidaten. Unsere ästhetischen und theoretischen Vorurteile bevorzugen ebenfalls diese Möglichkeit, weil wir natürlich erwarten, daß die Neutrino-Partner der schwereren Leptonen ihrerseits massiver sind.

In einer Reihe ziemlich empfindlicher Experimente wurden die Massen des Müon- und des Tau-Neutrinos zu weniger als 250 000 Elektronenvolt beziehungsweise 35 Megaelektronenvolt gemessen. Die Kosmologie verlangt jedoch, daß sie beide weniger als 30 Elektronenvolt auf die Waage bringen, weil schwerere Neutrinos die Dynamik des frühen Universums in einer Weise beeinträchtigt hätten, die nicht in Übereinstimmung mit dem Beobachteten steht. So sind die heutigen experimentellen Grenzen noch sehr weit von dem kosmologisch interessanten Bereich der Neutrinomassen entfernt.

Direkte Labormessungen der Massen dieser beiden Neutrinos sind jedoch fast unmöglich, weil sie die unsichtbaren Zerfallsprodukte von weit schwereren Teilchen sind – dem Müon und dem Tau-Teilchen. Wir müßten viele, viele Zerfälle mit außerordentlich hoher Präzision messen, weit jenseits der gegenwärtigen experimentellen Möglichkeiten, um schließen zu können, daß eine oder beide dieser Neutrinomassen im Bereich von 20 bis 30 Elektronenvolt liegen. Alles, was wir heute anbieten können, sind grobe obere Schranken, jene, die oben angegeben sind und welche mit der Zeit nur allmählich enger werden.

Eine Hoffnung für die Messung der Massen des Müon- und des Tau-Neutrinos (wenn sie in den Bereich der kosmologisch interessanten Massen fallen) wäre ihr Nachweis in einer benachbarten Supernova. Denken Sie daran, daß die 1987er Supernova, die in der Großen Magellanschen Wolke etwa 170 000 Lichtjahre entfernt stattfand, genügend Elektron-Neutrino-Ereignisse in zwei unterirdischen Detektoren hervorrief, so daß die Physiker eine obere Grenze von 25 Elektronenvolt für seine Masse festlegen konnten (siehe Kapitel 9). Wenn solch eine Supernova in der Milchstraße aufträte, könnten wir *tausende* von Neutrinos in unterirdischen Detektoren beobachten und allmählich eine Art von der anderen unterscheiden.

Das Sudbury Neutrino Observatory, ein unterirdischer Detektor, dessen Bau in der kanadischen Provinz Ontario am Beginn der neunziger Jahren geplant ist, sollte besonders empfindlich für Tau-Neutrinos sein, weil er schweres Wasser (das aus Deuterium statt Wasserstoff besteht, D_2O statt H_2O) als aktives Medium enthält. Obwohl dies bestenfalls ein gewagter Versuch ist, könnten wir Glück haben. Vielleicht kann uns eine Supernova, die vor Ende dieses Jahrzehnts in unserer Nachbarschaft auftritt, verraten, ob das Tau-Neutrino schwerer ist als die anderen.

Indirekte Messungen einer kleinen aber endlichen Neutrinomasse könnten aufgrund eines quantenmechanischen Phänomens auch noch möglich sein, das als „Neutrino-Mischung“ bekannt ist. Wenn Neutrinos eine Masse haben, sogar nur eine außerordentlich winzige Masse von einem Bruchteil eines Elektronenvolts, dann würden die verschiedenen Arten miteinander „mischen“. Das bedeutet, daß ein physisches Neutrino, das in einem Labor hergestellt wird, eigentlich eine *Kombination* aus zwei oder drei verschiedenen Arten ist. Das Neutrino, das zum Beispiel bei einem Müon-Zerfall auftaucht, verbrächte die meiste Zeit als Müon-Neutrino, aber winzige Bruchteile seiner Zeit als ein Elektron- oder Tau-Neutrino. Durch Messung des Ausmaßes solchen Mischens könnte man in der Lage sein, die Massen der verschiedenen Arten zu eichen.

1980 führte ein vorläufiges Ergebnis, das auf eine solche Mischung hinzuweisen schien, zu großer Erregung über die Möglichkeit, daß Neutrinos wirklich eine kleine Masse haben könnten (siehe Kapitel 9). Aber dieses Ergebnis wurde nicht bestätigt, und seitdem haben Experimentatoren keine klaren Hinweise auf das Neutrino-Mischen gefunden. Das hat sie jedoch nicht davon abgebracht, die Jagd fortzusetzen. Experimente am Fermilab, zum Beispiel, könnten bald bei der Suche nach Tau-Neutrino-Mischung in den kosmologisch interessanten Bereich von 20 bis 30 Elektronenvolt vorstoßen.

Das Neutrino-Mischen könnte auch für den Fehlbetrag an solaren Neutrinos verantwortlich sein, der in den früher erwähnten Homestake- und Kamiokande-Experimenten festgestellt wurde. Die meisten der Elektron-Neutrinos, die bei den nuklearen Reaktionen tief im Kern der Sonne erzeugt werden, könnten sich in Müon- oder Tau-Neutrinos verwandeln, während sie durch ihre äußeren Schichten rasen. Aber letztere beiden Neutrinosorten würden in diesen unterirdischen Detektoren einfach nicht registriert werden, was zu dem beobachteten Fehlbetrag führte. Damit solche „Massenoszillationen“ auftreten können, müssen eines oder mehrere dieser drei Neutrinos eine kleine, aber endliche Masse besitzen – in der Größenordnung von 0,001 bis 0,01 Elektronenvolt.

Über einen ähnlichen Fehlbetrag wurde 1990 nach einem sowjetisch-amerikanischen Experiment berichtet, das unter dem Kaukasus zwischen dem Schwarzen und dem Kaspischen Meer in der UdSSR stattfand. Dies war das erste Experiment, das große Mengen (30 Tonnen) der Elements Gallium als aktives Detektormaterial benutzte, wodurch das Experiment für den Großteil der niederenergetischen Elektron-Neutrinos empfindlich wurde, die im Kern der Sonne erzeugt werden (im Unterschied zu den Homestake- und Kamiokande-Detektoren, die nur die Neutrinos hoher Energie sehen). Obwohl diese Ergebnisse vorläufig sind, könnten wir letztendlich die ersten konkreten Hinweise auf eine von null verschiedene Neutrinomasse bekommen, was eine äußerst wichtige Entdeckung wäre.

Wenn sich dies bewahrheitet, wären die Massen der Elektron- und Müon-Neutrinos immer noch zu klein – weniger als 0,01 Elektronenvolt –, um das Universum zu schließen. Aber in der bevorzugten Theorie für den Ursprung der Neutrinomasse, als „Wippenmechanismus" bekannt, könnte das Tau-Neutrino dann eine Masse von etwa 30 Elektronenvolt haben. Dies ist fast die richtige Neutrinomasse, die für $\Omega = 1$ gebraucht wird.

* * *

Traditionelle Experimente der Teilchenphysik an den großen Beschleunigern und Speicherringen in der ganzen Welt sind ein weiterer Teil der laufenden Jagd nach Kandidaten der kalten dunklen Materie. Am häufigsten werden die supersymmetrischen oder SUSY-Teilchen gesucht wie etwa das Photino oder das Gluino. Das leichteste Miglied der SUSY-Familie, Sie erinnern sich, sollte massiv und stabil sein. Zusammen mit einigen anderen wünschenswerten Eigenschaften wird dieses LSP-Teilchen dadurch zu einem hervorragenden Anwärter auf den Posten der dunklen Materie im Universum.

Die beste Art von Anlagen, die man für eine solche Teilchensuche verwenden kann, sind die Colliding-beam-Maschinen (Speicherringe), in denen zwei Strahlen von Teilchen hoher Energie sich fast mit Lichtgeschwindigkeit in entgegengesetzter Richtung bewegen und schließlich zusammenstoßen. Im allgemeinen enthält ein Strahl stabile Teilchen gewöhnlicher Materie – Elektronen oder Protonen – und der andere Strahl enthält ihre Antiteilchen – Positronen oder Antiprotonen. Wenn sich ein Teilchen und sein Antiteilchen am Punkt des Zusammenstoßes treffen, vernichten sie sich gegenseitig. Die gesamte gewaltige Energie, die in ihrer Bewegung steckte, wird plötzlich verfügbar, um neue, exotische und *schwere* Teilchen zu machen.

Die Experimentatoren umgeben den Stoßpunkt mit konzentrischen Lagen von Teilchendetektoren, in dem Versuch, die Bahnkurven, Energien und andere dem Erkennen dienende Charakterzüge der subatomaren Teilchen aufzuzeichnen, die bei solchen heftigen Zusammenstößen herauskommen. Mit Hilfe von computergestützten Rekonstruktionen dieser sichtbaren Überreste versuchen die Physiker zu bestimmen, was *sonst noch* aus den Trümmern entstanden sein könnte – und was überhaupt dem Nachweis entging. Ein Neutrino beispielsweise hinterläßt keine wie auch immer geartete sichtbare Spur. Aber sein Auftreten kann immer noch indirekt festgestellt werden, durch den Beweis, daß ein Anteil der Energie in einem spezifischen Teil des umgebenden Detektors fehlt.

Stoßereignisse mit solch einer „Fehlende-Energie"-Kennzeichnung könnten auch die Erschaffung eines stabilen, neutralen SUSY-Teilchens signalisieren wie etwa dem Photino. Nach normalen Maßstäben nicht wahrnehmbar, würde es den Punkt des Zusammenstoßes verlassen und durch die umgebenden Detektorschichten völlig unbesehen hindurchgehen. Seine einzige Spur ist ein unerklärlicher Energiebetrag, der nicht wie erwartet im Detektor auftauchte. Was auch immer die fehlende Energie fortgetragen hat, es müßte etwas *Dunkles* sein.

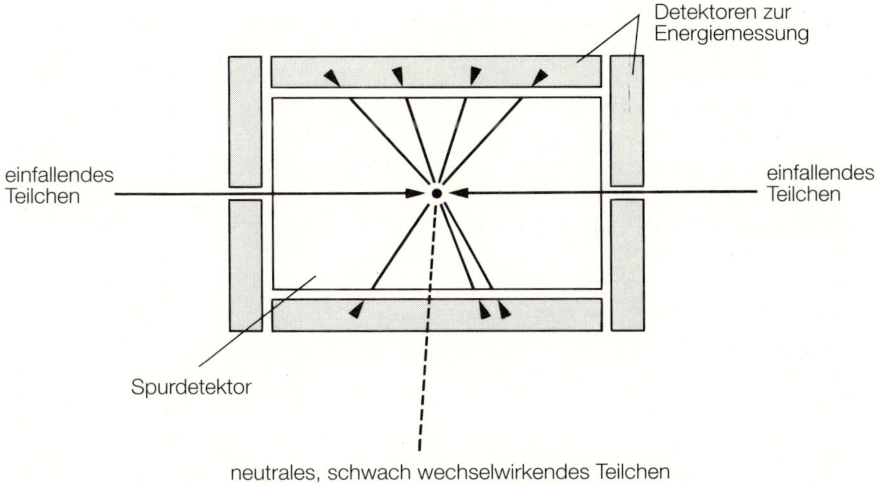

Ein Ereignis mit „fehlender Energie“, wie es in einem großen Detektor beobachtet werden könnte, der den Punkt umgibt, wo zwei Teilchenstrahlen zusammenstoßen. Ein neutrales Teilchen, das sehr schwach mit Materie wechselwirkt, würde ohne eine Spur zu hinterlassen davonkommen, und auf der einen Seite des Detektors würde mehr Energie abgegeben werden als auf der anderen.

Solche Ereignisse mit dem Kennzeichen fehlender Energie sind 1984 in der Tat gefunden worden, bei einer Zusammenarbeit europäischer Physiker unter der Leitung von Carlo Rubbia, die mit einem Proton-Antiproton-Speicherring am CERN arbeiteten. Eine Zeit lang gab es eine große Aufregung, daß vielleicht wirklich SUSY-Teilchen entdeckt worden waren, mit Massen von weniger als 50 Gigaelektronenvolt. Aber weitere Analysen und Experimente, sowohl von Rubbias Team als auch von anderen Gruppen, bewiesen, daß diese Deutung nicht zulässig war. Die fehlende Energie konnte durch gewöhnliche Vorgänge erklärt werden, wie etwa den Zerfall eines Tau-Leptons in ein (unsichtbares) Tau-Neutrino und andere Trümmer. Neuere Experimente am CERN weisen darauf hin, daß die Masse des Photinos, wenn es dieses gibt, größer als 15mal die Protonenmasse sein muß.

Die Suche geht jedoch weiter, in dem Energiebereich, der durch den Tevatron-Speicherring am Fermilab eröffnet wird. In dieser Maschine können Protonen und Antiprotonen auf Energien nahe bei einer *Billion* Elektronenvolt, oder einem Teraelektronenvolt, beschleunigt werden – fast tausendmal die Energie, die in ihren Ruhemassen steckt. Die Protonen und Antiprotonen stoßen miteinander in einem enormen Detektor zusammen, der als „Collider Detector at Fermilab“ (CDF) bekannt ist. Mit soviel Energie, die in einem winzigen Gebiet konzentriert wird (etwa die Größe eines Protons), ist es leicht, neue Teilchen mit Massen weit jenseits derer des Z-Teilchens zu erschaffen. Dieses ist das schwerste Elementarteilchen, von dem man mit Bestimmtheit weiß, daß es existiert. Mit diesem Speicherring und Detektor haben Wissenschaftler bereits festgestellt, daß Squarks und Gluinos Massen größer als 100 Gigaelektronenvolt haben müssen. Vielleicht wird sich das Photino schließlich hier zeigen, in Gestalt von Ereignissen mit fehlender Energie.

Mittlerweile hat eine neue Generation von Elektron-Positron-Speicherringen detaillierte Untersuchungen des massiven Z-Teilchens begonnen. Der Stanford Linear Collider, oder SLC, jagt Elektronen und Positronen auf Energien von 50 Gigaelektronenvolt und schießt sie an einer einzigen Stelle aufeinander. Er ist so ausgelegt, daß er

Der „Collider Detector at Fermilab" oder CDF. Er umgibt den Punkt, wo Protonen und Antiprotonen hoher Energie zusammenstoßen und wird von Physikern für die Suche nach verräterischen Spuren extrem massiver, exotischer Teilchen verwendet.

eine große Zahl dieser Teilchen mit einer Masse von 91 Gigaelektronenvolt erzeugt. Am CERN nahm der Large Electron-Positron Collider, als LEP bekannt, 1989 seinen Betrieb zu dem gleichen Zweck auf. Bis Mitte 1990 hatte dieser 27-Kilometer-Speicherring etwa 300 000 Z-Teilchen erzeugt.

In der ersten Runde ihrer Messungen haben SLC und LEP bewiesen, daß es nur drei verschiedene Arten leichter Neutrinos gibt – und nicht mehr. Durch Bestätigung einer Vorhersage, die auf der Urknall-Nukleosynthese beruhte, haben die Physiker, die Speicherringe verwenden, eine kosmologische Schlüsselaussage verifiziert und einen dichten Deckel auf die Komplexität des Universums gesetzt. Sie halfen auch, die schweren Neutrinos als brauchbare Kandidaten für die kalte dunkle Materie zu erledigen. Eine vierte Art von Neutrino mit einer Masse von weniger als etwa 45 Gigaelektronenvolt wird durch die LEP- und SLC-Messungen ausgeschlossen, und die meisten höheren Massen wurden bereits durch die unterirdischen Germaniumexperimente von Caldwell und Mitarbeitern verworfen.

Die 1990er LEP-Messungen gehen noch weiter und beschränken die Massen und die Stärke der Wechselwirkung für jede *andere* Art von WIMPs, die einen größeren Beitrag zur Masse des Universums liefern könnten. Ein neutrales SUSY-Teilchen mit weniger als der Hälfte der Masse des Z-Teilchens, zum Beispiel, würde dem Z-Teilchen einen weiteren Weg zum Zerfall bieten – und dadurch seine Lebensdauer geringfügig verkürzen. Aber die sehr präzisen LEP-Messungen dieser Lebensdauer stehen in völliger Übereinstimmung mit den Vorhersagen, die auf dem Standardmodell mit nur drei Familien von Quarks und Leptonen beruhen. Nichts Anderes ist nötig. Wenn es irgendein WIMP gibt, das beim Zerfall von Z auftreten kann, muß es schwerer als 15 Gigaelektronenvolt sein und seine Wechselwirkung mit der Materie muß weniger als ein *Zehntel* so stark sein wie die eines Neutrinos. Das ist schrecklich schwach. Angenommen, es existiert, wird es sehr schwer sein, solch ein Teilchen direkt nachzuweisen, aber gut konstruierte unterirdische Dektektoren könnten noch eine Chance haben.

Das nächste bedeutende Ziel für die Elektron-Positron-Speicherringe ist die Jagd nach dem mutmaßlichen Higgs-Teilchen. Dieser fehlende Baustein im Standardmodell wird für den Zusammenbruch der elektroschwachen Kraft verantwortlich gemacht und für die Ausstattung der Teilchen mit Masse. Dies wäre nicht das Ultra-Higgs-Teilchen, das ausführlich im Kapitel 8 diskutiert wurde und zentral am Vorgang der Inflation beteiligt ist. Aber es ist eine ähnliche Art von Objekt, und seine Entdeckung hätte eine wahrlich unermeßliche Bedeutung für unser Verständnis des Universums. Das Higgs-Teilchen wird verbreitet als der Schlüssel zum Phänomen der Symmetriebrechung betrachtet – eine zentrale Erscheinung in allen vereinheitlichten Theorien der Elementarteilchenkräfte.

Wenn das Higgs-Teilchen eine Masse von weniger als etwa 50 Gigaelektronenvolt trägt, sollte es letztendlich im LEP bei den Z-Zerfällen auftauchen. Aber weil das sehr selten geschehen wird, müssen Physiker viele *Millionen* von Z-Teilchen erzeugen, bevor sie sich der Entdeckung wirklich sicher sein könnten. Bis Mitte 1990 haben die CERN-Physiker keine Hinweise auf irgendein Higgs-Teilchen am LEP gefunden, und sie konnten den Schluß ziehen, daß seine Masse größer als etwa 40 Gigaelektronenvolt sein muß.

Wenn die Higgs-Masse zufällig größer als 50 Gigaelektronenvolt ausfällt, haben die am LEP arbeitenden Wissenschaftler immer noch eine zweite Chance, es zu finden. Bis 1994 sollte dieser Speicherring bereit sein, um Elektronen und Positronen mit Energien von bis zu 100 Gigaelektronenvolt aufeinander zu schießen, zweimal soviel wie am SLC. Dies erlaubt LEP, Paare massiver W-Bosonen von je 80 Gigaelektronenvolt zu erzeugen. Diese höheren Energien werden auch die ausgedehnte Suche nach dem Higgs-Teilchen gestatten, bis zu einer Masse von 80 Gigaelektronenvolt.

Um den Massenbereich weit jenseits des W und Z zu untersuchen, bedarf es kolossaler Teilchenbeschleuniger wie dem Superconducting Supercollider, oder SSC, der gerade in Texas im Bau ist. Mit einem Preisschild über etwa acht Milliarden Dollar daran, wird dieser 87-Kilometer-Ring in zwei gegenläufigen Strahlen Protonen auf Energien nahe 20 Teraelektronenvolt jagen. Proton-Proton-Zusammenstöße bei Gesamtenergien von bis zu 40 Teraelektronenvolt sollten in der Lage sein, schwere neue Teilchen mit Massen von wenigen hundert Gigaelektronenvolt bis zu einigen Teraelektronenvolt zu erschaffen. Ein bescheideneres Unterfangen ist mit 16 Teraelektronenvolt der Large-Hadron-Collider, oder LHC, der zum Bau im vorhandenen LEP-Tunnel am CERN vorgeschlagen wurde; er könnte nach Teilchen mit Massen bis zu einem Teraelektronenvolt suchen. Wenn es sie gibt (und sie nicht bereits entdeckt wurden), sollten sich das Higgs-Teilchen und die SUSY-Teilchen letztendlich im LHC und SSC zeigen. Oder vielleicht wird etwas anderes gefunden, das größere Veränderungen an der Art erfordert, in der Theoretiker über Kräfte nachdenken. Etwas muß dabei herauskommen, bei diesen wahrlich enormen Energien.

Indem sie uns einen ersten Blick auf das Higgs-Feld erlauben, könnten diese Speicherringe uns eine entscheidende Information über die genaue Natur der Masse an sich liefern. Dies würde den Physikern helfen, tiefgründige Fragen zu beantworten, wie etwa: Warum sind Dinge schwer? Wir könnten einem Gebilde, sehr ähnlich dem symmetrischen Vakuum der GUTs-Epoche, begegnen, dessen Überreste heute immer noch als topologische Defekte im leeren Raum existieren könnten. Diese Mammutmaschinen könnten uns deshalb helfen, die Natur des Vakuums selbst zu verstehen und das Gefüge des Universums zu untersuchen. Dies ist wirklich ein aufregender Ausblick.

Der LHC und der SSC können auch bei der Suche nach extrem schweren WIMPs helfen – Teilchen kalter dunkler Materie mit Massen bis zu mehreren Teraelektronenvolt. Jüngsten theoretischen Arbeiten zufolge kommt dieses Massenniveau der höchsten möglichen Masse nahe, die WIMPs besitzen und trotzdem dafür verantwortlich sein können, daß Ω den am meisten bevorzugten Wert von eins annimmt. Nun, da Massen von einem bis zehn Gigaelektronenvolt ausgeschlossen wurden, wie früher erwähnt, wird dieser Massenbereich von Teraelektronenvolt für den wahrscheinlichsten Platz gehalten, an dem sie sich zeigen könnten. Die Entdeckung solch eines ultramassiven, für die meiste Masse des Universums verantwortlichen WIMPs, könnte sich als wichtiger erweisen als selbst die Entdeckung des Higgs-Teilchens.

* * *

Die moderne Naturwissenschaft beruht auf Beobachtung und Messung, und die Kosmologie ist keine Ausnahme. Die Rätsel der dunklen Materie und die Struktur des Universums werden nicht einfach nur durch Denken und Rechnen gelöst, sondern auch durch Überwachen und Prüfen. Wir brauchen Forschung an vielen verschiedenen Fronten, mit Teleskopen und Satelliten, mit unterirdischen Detektoren und solchen für die kosmische Strahlung, sowie die Suche nach dunkler Materie in kleinen Labors und nach Teilchen in gigantischen Speicherringen. Und wir können nicht im voraus wissen, welche wichtigen Entdeckungen schließlich gemacht werden. Einige völlig unvorhergesehene Überraschungen werden fast mit Sicherheit auftauchen. Aber bis zum Ende dieses Jahrhunderts, wenn nicht eher, hoffen wir zu wissen, was den Großteil des Universums ausmacht und wie diese außergewöhnliche Materie so verteilt wurde, wie sie es ist.

Danksagung

Jede Veröffentlichung aus der und über die Wissenschaft stützt sich weitgehend auf die Arbeit anderer, und dieses Buch ist keine Ausnahme. Wir möchten deshalb den folgenden Wissenschaftlern für ihre Hilfe und Ermutigung danken, insbesondere für die nützlichen Gespräche über den Inhalt dieser Seiten: Charles Alcock, Jean Audouze, John Bahcall, Edmund Bertschinger, George Blumenthal, Richard Bond, David Caldwell, Marc Davis, Alan Dressler, John Ellis, Sandra Faber, William Fowler, Katherine Freese, George Fuller, Jay Gallagher, Margaret Geller, James Gunn, Alan Guth, Chris Hill, John Huchra, Nick Kaiser, Edward Kolb, David Koo, Masatoshi Koshiba, John Learned, Andrej Linde, Grant Mathews, Keith Olive, Jerry Ostriker, Bernard Pagel, Jim Peebles, William Press, Joerl Primack, Martin Rees, Hubert Reeves, Bernard Sadoulet, Pierre Sikivie, Joseph Silk, George Smoot, Gary Steigman, Alex Szalay, Michael Turner, Terry Walker und David Wilkinson. Wir danken auch Stephen Hawking für das Vorwort zu diesem Buch.

Wir danken der University of Chicago, Fermi National Accelerator Laboratory und dem Stanford Linear Accelerator Center für ihre Unterstützung während der Zeit, in der dieses Buch geschrieben wurde. Wir wissen auch die Gastfreundschaft des Aspen Center for Physics zu schätzen, wo ein Teil des Buches vollendet wurde.

Wir sind Roberta Bernstein dankbar für ihre Hilfe bei der Bearbeitung des Manuskripts. Jerry Lyons verdient unseren besonderen Dank für seine wertvolle Hilfe bei der Klärung unserer ursprünglichen Ideen und für die Durchsicht des Manuskripts vor der Veröffentlichung. Und wir danken Georgia Lee Hadler, die keine Mühe gescheut hat, unsere unbeholfene Prosa und unsere skizzenhaften Zeichnungen in das ausgefeilte Werk vor Ihnen zu verwandeln.

Dies war ein eigenwilliges Buch, daß im Laufe der mehr als fünf Jahre, in denen es geschrieben, neu geschrieben, durchgesehen, überarbeitet und veröffentlicht wurde, ein Eigenleben angenommen hat. Wir sind deshalb den Frauen sehr dankbar, die uns Unterstützung und Ermutigung in den verschiedenen Stadien dieses Projekts gewährt haben – Sandra Foster, Linda Goodman und Judith Schramm. Wir möchten auch die Hilfe und die Einsicht des verstorbenen Tobi Saunders von Bantam Books anerkennen, der der erste im Verlagswesen war, der die Bedeutung unseres Themas erkannte.

Michael Riordan
David Schramm

Danksagung des Übersetzers

Für seine Hilfe bei der Übersetzung zahlreicher Fachbegriffe danke ich Herrn Dipl.-Phys. Eike Guenther vom Max-Planck-Institut für Astronomie, Heidelberg.

Steffen Pauly

Weiterführende Literatur

Bücher allgemeinen Interesses

Barrow, John D., and Joseph Silk, *The Left Hand of Creation*, Basic Books, 1983.

Bartusiak, Marcia, *Thursday's Universe*, Times Books, 1986.

Close, Frank, Michael Marten und Christine Sutton, *Spurensuche im Teilchenzoo*, Spektrum der Wissenschaft, 1989.

Crease, Robert P., and Charles C. Mann, *The Second Creation*, Macmillan, 1986.

Davies, Paul, *Superforce*, Simon & Schuster, 1984.

Ferris, Timothy, *Coming of Age in the Milky Way*, William Morrow, 1988.

Hawking, Steven, *Eine kurze Geschichte der Zeit*, Rohwolt, 1988.

Krauss, Lawrence, *The Fifth Essence*, Basic Books, 1989.

Lederman, Leon und David N. Schramm, *Vom Quark zum Kosmos*, Spektrum der Wissenschaft, 1990.

Pagels, Heinz R., *The Cosmic Code*, Bantam Books, 1983.

Pagels, Heinz R., *Perfect Symmetry*, Simon & Schuster, 1985.

Riordan, Michael, *The Hunting of the Quark*, Simon & Schuster, 1987.

Sutton, Christine, *The Particle Connection*, Simon & Schuster, 1984.

Trefil, James, *The Moment of Creation*, Scribner's, 1983.

Tucker, Wallace, and Karen Tucker, *The Dark Matter*, William Morrow, 1988.

Weinberg, Steven, *Teile des Unteilbaren*, Spektrum der Wissenschaft, 1984.

Weinberg, Steven, *Die ersten drei Minuten*, Piper, 1986.

Wilczek, Frank, and Betsy Devine, *Longing for the Harmonies*, W. W. Norton, 1988.

Etwas kompliziertere Bücher

Cahn, Robert N., and Gerson Goldhaber, *The Experimental Foundations of Particle Physics*, Cambridge University Press, 1989.

Carrigan, Richard A., and W. Peter Trower, eds., *Particles and Forces*, W. H. Freeman and Company, 1990.

Carrigan, Richard A., and W. Peter Trower, eds., *Particle Physics in the Cosmos*, W. H. Freeman and Company, 1989.

Mandelbrot, Benoit B., *Die fraktale Geometrie der Natur*, Birkhäuser, 1989.

Pais, Abraham, *Inward Bound*, Oxford University Press, 1986.

Parker, Barry, *Creation*, Plenum Press, 1988.

Reeves, Hubert, *Atoms of Silence*, MIT Press, 1984.

Segrè, Emilio, *Die großen Physiker und ihre Entdeckungen*, Bd. 2: *Von den Röntgenstrahlen zu den Quarks*, Piper, 1990.

Silk, Joseph, *The Big Bang*, revised ed., W. H. Freeman and Company, 1989.

Van Helden, Albert, *Measuring the Universe*, University of Chicago Press, 1985.

Wissenschaftliche Bücher

Abbot, L. F., and So-Young Pi, eds., *Inflationary Cosmology*, World Scientific, 1986.

Audouze, Jean, and Sylvie Vauclair, *An Introduction to Nuclear Astrophysics*, Reidel, 1980.

Bahcall, John N., *Neutrino Astrophysics*, Cambridge University Press, 1989.

Balian, R., Jean Audouze, and David N. Schramm, *Physical Cosmology*, North Holland, 1980.

Borner, Gerhard, *The Early Universe: Fact and Fiction*, Springer-Verlag, 1988.

Close, F. E. *An Introduction to Quarks and Partons*, Academic Press, 1979.

Galeotti, Piero, and David N. Schramm, eds., *Dark Matter in the Universe*, Kluwer Academic, 1990.

Kolb, Edward W., and Michael S. Turner, *The Early Universe*, Addison-Wesley, 1990.

Kolb, E. W., M. S. Turner, K. Olive, D. Seckel, and D. Lindley, *Inner Space / Outer Space*, University of Chicago Press, 1986.

Misner, Charles, Kip Thorn, and John A. Wheeler, *Gravitation*, W. H. Freeman and Company, 1973.

Peebles, P. J. E., *The Large-Scale Structure of the Universe*, Princeton University Press, 1980

Peebles, P. J. E., *Physical Cosmology*, Princeton University Press, 1971.

Perkins, D. H., *Introduction to High-Energy Physics*, Addison-Wesley, 1987.

Rohlfs, Claus E., and William S. Rodney, *Caldrons in the Cosmos*, University of Chicago Press, 1988.

Weinberg, Steven, *Gravitation and Cosmology*, John Wiley, 1972.

Zee, Anthony, ed., *Unity of Forces in the Universe*, Vols. I and II, World Scientific, 1982.

Zeldovich, Yacov B., and I. D. Novikov, *Relativistic Astrophysics*, Vol. 2: *The Structure and Evolution of the Universe*, University of Chicago Press, 1983.

Bildnachweis

Seite 7	Wiedergabe mit Genehmigung von The Huntington Library, San Marino, California
Seite 15	AT&T Archives
Seite 34	CERN
Seite 35	Stanford Linear Accelerator Center
Seite 37	Fermi National Accelerator Laboratory
Seite 42	Yerkes Oberservatory
Seite 43	Palomar Observatory
Seite 50	Anglo-Australian Observatory
Seite 60	Anglo-Australian Observatory
Seite 63	NASA
Seite 84	National Optical Astronomy Laboratories
Seite 91	Lawrence Berkeley Laboratory
Seite 94	John Mather/NASA
Seite 102	M. Seldner, B. L. Siebers, E. J. Groth, and P. J. E. Peebles, *Astronomical Journal* 82, 249 (1977)
Seite 103	Valerie de Lapparent, Margaret Geller, and John Huchra
Seite 104	Margaret Geller and John Huchra
Seite 112	Ofer Lahav
Seite 147	Daten aus E. J. Groth and P. J. E. Peebles, *Astrophysical Journal* 217, 385 (1977)
Seite 152	D. Bennett and F. Bouchet
Seite 163	NASA
Seite 165	European Southern Observatory
Seite 168	Cosmic Ray Physics Dept., University of Utah
Seite 170	John Stancmpiano, NGS Staff, and Karl Luttrell, University of Michigan © 1988 National Geographic Society
Seite 178	Fermi National Accelerator Laboratory

Namen- und Sachverzeichnis

48,00

930222